国家出版基金资助项目

“十一五”国家重点图书规划项目

《生态文明与绿色低碳经济发展论丛》

刘思华　主编

生态文明时代的和谐管理

黄志斌　著

中国财政经济出版社

图书在版编目（CIP）数据

生态文明时代的和谐管理/黄志斌著．—北京：中国财政经济出版社，2011.11

（《生态文明与绿色低碳经济发展论丛》/刘思华主编）

国家出版基金资助项目　“十一五”国家重点图书规划项目

ISBN 978 - 7 - 5095 - 2613 - 2

Ⅰ．①生…　Ⅱ．①黄…　Ⅲ．①生态环境 - 环境保护 - 研究 - 中国

Ⅳ．①X321.2

中国版本图书馆 CIP 数据核字（2010）第 218914 号

责任编辑：刘五书　　责任校对：胡永立

封面设计：朱　江　　版式设计：董生萍

中国财政经济出版社出版

URL：http：//www.cfeph.cn

E - mail：cfeph @ cfeph.cn

社址：北京市海淀区阜成路甲 28 号　邮政编码：100142

发行处电话：88190406　财经书店电话：64033436

北京富生印刷厂印刷　　各地新华书店经销

787×1092 毫米　16 开　23.75 印张　321 000 字

2011 年 12 月第 1 版　2011 年 12 月北京第 1 次印刷

定价：46.00 元

ISBN 978 - 7 - 5095 - 2613 - 2/F·2226

（图书出现印装问题，本社负责调换）

本社质量投诉电话：010 - 88190744

国家出版基金资助项目
“十一五”国家重点图书规划项目
《生态文明与绿色低碳经济发展论丛》编委会

总 序

建设生态文明·发展绿色经济·构建和谐社会
——论发展中国特色社会主义"三大法宝"

党的十六大以后，以胡锦涛为总书记的党中央，科学分析我国全面参与经济全球化的新机遇、新挑战，全面认识工业化、信息化、生态化、市场化、国际化深入发展的新形势、新任务，正确把握当今世界和当代中国发展的面临的新课题、新矛盾；不仅认真总结发展中国特色社会主义的实践经验，而且高度重视世界各国发展的实践经验，从而提出科学发展观、构建和谐社会、建设生态文明、发展绿色经济[①]等一系列崭新发展理念和重大战略思想，集中体现了新世纪新阶段我们党、国家、政府在中国特色社会主义发展与经济发展问题上重大理论与实践的双重创新。因此，用科学发展观统领建设生态文明、发展绿色经济、构建和谐社会，这是以胡锦涛为总书记的中央领导集

① 本书所说的发展绿色经济是广义的，不仅是指广义的绿色产业，而且包括低碳经济、循环经济、清洁能源与可再生能源经济、碳汇经济以及其他节约能源资源与保护环境生态的经济等。

体的伟大创造。从理论层面上说，这三大重要战略思想，是中国特色社会主义发展理论与经济发展理论的基本观点，是胡锦涛为总书记的中央领导集体对中国特色社会主义理论的丰富和发展，所作出的特有的重大理论贡献，开辟了马克思主义发展理论在当代中国创新与发展的新境界，谱写了马克思主义中国化、时代化、大众化的新篇章。从实践层面上看，我们按照科学发展观的客观要求，建设生态文明、发展绿色经济、构建和谐社会的伟大实践，是中国特色社会主义实践的基本形式，应该说是21世纪中国发展的主旋律；甚至可以说，它们是21世纪发展中国特色社会主义的“三大法宝”，必将展现出中华文明发展所追求的中国生态经济社会有机整体绿色、和谐、协调、可持续发展的最高境界。“十一五”国家重点图书规划项目《生态文明与绿色低碳经济发展论丛》（以下简称《论丛》），是新中国成立以来最大的生态经济学哲学社会学出版工程，它力图从新兴交叉学科视角反映中国特色社会主义发展与经济发展的理论和实践双重创新。因此，本论丛的每部著作，都是选择发展中国特色社会主义的某个重大理论与实践问题进行双重探索，都有所创新。这就涉及发展中国特色社会主义的理论与实践问题很多，在此，仅把其中10个重大问题特意推出并加以简论，是为序。

一

科学发展观是建设生态文明、发展绿色经济、构建和谐社会的理论前提和生命线。党的十七大最终确立了社会主义生态文明观，这是把科学社会主义同中国基本国情与具体实践相结合得出来的马克思主义论断。建设生态文明，是中国特色社会主义的应有之义和重要内涵。它必然成为科学发展观的重要内涵与组成部分，是科学发展观的新发展的重要标志，使我们党的发展理论和文明理论由原来局限于

"社会的世界"扩展到"自然的世界",反映了当今世界和人类文明的最新发展理念。它不仅是对人类经济社会发展的经验,而且是对生态自然发展的经验的深刻总结与高度概括。这是科学发展观具有划时代意义的根本含义。因此,以人为本的科学发展观的完整内涵和精神实质具有两层含义:一是在经济社会领域里,处理人与人的社会关系是以人为本;二是在生态自然领域里,处理人与自然的生态关系是以生态为本。在此,广义的"生态",既是科学发展、和谐发展的核心要义,也是衡量科学发展、和谐发展的根本标志。因此,我们完全可以说,科学发展观是以人为本和以生态为本的双重价值取向的内在统一,是经济社会发展观和生态自然发展观的有机统一观。这就是科学发展观的核心内涵与基本要求的内在统一。因为,在21世纪建设生态文明、发展绿色经济、构建和谐社会的世纪,无论是全面发展,还是协调发展,尤其是可持续发展,都是与自然生态环境良性循环不可须臾分离的绿色发展,离开了人与自然和谐统一的生态发展即绿色发展就没有全面、协调、可持续发展可言。当然,也就没有科学发展可言。由此,我们必然得出一个合乎逻辑的结论:科学发展是以绿色发展、和谐发展为核心的全面、协调、可持续发展。这充分体现了科学发展观的绿色发展属性和特征。

科学发展观作为发展着的科学理论,它的理论内涵,不仅涵盖了建设生态文明的思想观念,而且涵盖了发展绿色经济的思想观念。如果说,生态文明与和谐发展是科学发展观和中国特色社会主义的应有之义与重要内涵,那么完全可以说绿色经济与绿色发展也是科学发展观和中国特色社会主义的应有之义与重要内涵。尤其是人与自然和谐协调发展,是生态文明的核心理念,也是生态自然发展观的核心理念;绿色经济的实质是经济生态和谐协调发展;和谐社会的本质是社会生态和谐协调发展。正是从"生态—经济—社会"有机整体的生态和谐协调发展意义上说,生态和谐协调已经成为当今中国和谐协调发展的根本基础。它是科学发展观在生态经济社会有机整体发展现实中的具体体现，也是社会主义和谐社会的一个最基本特征。正是在这个意义上说，在哲学层面上，科学发展观是中国特色社会主义生态文明观；在经济学层面上，是生态自然发展观和经济社会发展观有机统一的绿色经济发展观；在社会学层面上，则是中国特色社会主义和谐社会发展观。

二

发展是我们党执政兴国的第一要务。那么，发展的终极目的与价值尺度又是什么呢？尤其“三大法宝”实践选择的终极目的与价值尺度是什么呢？这是新世纪新阶段发展中国特色社会主义要解决的首要的重大理论与实践问题。党的十七大以后，传统或纯哲学社会科学理论，当然也包括传统或纯马克思主义经济学理论在内，都仍然认为，发展尤其是经济发展的终极目的与价值尺度，只是为了人的生存与发展的需要和利益，把非人类生命物种生存与发展的需要与利益，排斥在人的经济社会实践的终极目的和价值尺度之外。国际国内学术界都是如此。西方学者有句名言：“人类保护自然是出于保护自己的目的。”近几年来，学术界在阐明以人为本的科学发展观，纠正了过去把人作为工具和手段来实现经济增长的目的的错误观念，认为科学发展观的以人为本是指发展的出发点和落脚点，是为了人的生存与发展的需要和利益，人的发展是目的，即坚持把人民群众作为发展的终极目的和价值尺度。这是理论上一大进步。一些著名学者和权威刊物发表文章说：“建设生态文明，归根结底是为了人类自身的利益，也正是我们建设生态文明的归宿”。“注重生态价值和呵护好生态利益，归根到底为了人类利益，是为了更好坚持以人为本”。这种解说实际上是沿着极端人类中心主义和工业文明的思路来诠释建设生态文明，仍然没有摆脱工业文明发展的窠臼；把自然作为工具和手段来实现经济增长和最大限度地占有物质财富的目的。“三大法宝”的伟大实践，就向这种单一的终极目的和价值尺度发出了挑战。理论与实践都充分表明，工业文明是反人性（社会）和反自然（生态）的文明形态，工业文明时代的黑色经济是反人性（社会）和反自然（生态）的现代经济，资本主义工业社会是反人性（社会）和反自然（生态）的现代社会。当今我们建设社会主义生态文明、和谐社会和发展绿色经济，是人性化和生态化的崭新的现代文明、现代社会和现代经济，既要保证满足全体人民可持续生存与全面发展的需要和利益；又要保证满足非人类生命物种的生存健康与安全发展的需要和利益。这就是“三大法宝”实践选择的两重终极目的和价值尺度，这是自然、人、社会有机整体和谐协调为导向的生态文明、绿色经济、和谐社会的理论与实践的基本价值取向，更是我们探索中国特色社会主义发展与经济发展道路的理论与实践宗旨。因此，我们重构马克思主义经济学双重价值取向理论，寻找马克思主义经济学与当代人与人的发展问题和自然与生态发展问题之间的有机联系，使两者回归马克思主义经济学视野，确立它们在马克思主义经济学基本价值维度的地位。于是，我们把人和自然都是发展的终极目的的双重价值取向理论，运用到建设生态文明，发展绿色经济，构建和谐社会中来，不仅是经济智慧的升华，而且是生态智慧的升华；不仅是生存智慧的升华，而且是发展智慧的升华，必将引起包括新兴、交叉科学在内的哲学社会科学尤其会给马克思主义经济学研究带来革命性变革。

三

建设生态文明，构建和谐社会，都必须也应当大力发展绿色经济，形成生态和谐、社会和谐和经济和谐一体化的绿色经济形态。这是因为，绿色经济既是生态文明时代全新的经济形态与发展模式，又是和谐社会的最佳经济形态与发展模式。

马克思主义生态文明观认为，生态文明作为一种后工业文明，是社会形态和经济形态内在统一的全新的文明形态。从文明形态对人与自然发展关系的影响来说，工业文明是人与自然分裂与冲突的不和谐发展，可以称之为“黑色文明”，生态文明是人与自然内在统一与和谐共生的和谐发展，可以称之为“绿色文明”。因而，从生态与经济的发展关系而言，工业文明的经济形态是“黑色经济”，生态文明的经济形态是绿色经济。21世纪是建设生态文明、发展绿色经济、构建和谐社会的世纪。这个新世纪的社会形态的主导形态是生态文明或绿色文明，它们也是和谐社会的主导社会形态，这个新世纪的经济形态的主导形态是生态经济或绿色经济，它们在本质上是可持续发展经济，也是和谐社会的主导经济形态。首先，从绿色经济本质属性来看，我曾作过这样的概括：“绿色经济是可持续经济的实现形态和形象概括。它的本质是以生态经济协调发展为核心的可持续发展经济。”① 这就确认了绿色经济的生态经济属性，揭示了它的可持续经济的本质内涵。正是从这个意义上说，绿色经济作为生态文明时代的经济形态，是生态经济形态的现实象征与生动概括。其次，从现时代的经济发展实践来看，绿色经济正在朝着成为人类社会文明发展继农业文明的农业经济、工业文明的工业经济与知识经济之后的崭新经济形态的方向发展，并且现实已成为建设生态文明、构建和谐社会的重要经济发展模式。再次，从人类社会的经济形态演变的客观进程来看，生态文明是一种后工业文明形态，绿色经济是一种后工业经济形态；而包括信息经济在内的知识经济，既是工业文明高度发达的突出表现，又是在此基础上发展起来的一种后工业经济，是从工业文明的黑色经济向生态文明的绿色经济转型的经济形态，必然充当了工业文明

① 刘思华主编：《绿色经济论》，中国财政经济出版社2001年版，第3页。

和生态文明、黑色经济和绿色经济的中介。正是这个意义上，我们对绿色经济重新界定为：以生态文明为价值取向，以生态、知识、智力资本为基本要素，以人与自然和谐发展和生态与经济协调发展为根本目标，实现生态资本增殖的可持续经济。正因如此，2009 年 11 月，欧盟正式提出了新的战略构想，其核心要素就是发展绿色经济，要在未来的 10 年内，将欧盟打造成为一个"绿色知识经济体"。

社会主义和谐社会是一个自然生态和社会经济有机整体可持续发展的社会，这就决定了和谐社会的经济形态与发展模式，必然也应当是绿色经济。我曾在一些论著中提出"社会主义和谐社会是生态经济可持续性发展的社会"的新论点，此论准确地反映了和谐社会的生态经济属性和可持续发展经济的经济特征。因此，现在，我们完全可以说，发展绿色经济，铸造绿色经济形态，是对社会主义和谐社会生态经济属性和可持续经济特征的最充分体现。首先，社会主义和谐社会的科学命题，是对中国特色社会主义社会的生态与生态经济本质的最充分表达。因为社会和谐是中国特色社会主义的本质属性；生态和谐是构建社会主义和谐社会的生态基础，也是中国特色社会主义的本质属性；经济和谐是构建社会主义和谐社会的经济基础，当然是中国特色社会主义的本质属性。尤其是对于生态文明时代的现代社会主义社会，是自然生态关系和社会经济关系内在统一与和谐共生的生态经济社会有机整体。正是自然生态属性和社会经济属性的内在统一与和谐共生，才构成中国特色社会主义的本质。这种本质集中体现在人、社会、自然之间形成和谐、协调、可持续发展的关系。因此，社会主义和谐社会是一个生态经济可持续本质的社会。其次，建设生态文明、构建和谐社会，是对工业文明社会的人与自然相分裂、个人与社会相脱离、自然与社会互损而付出双重代价的基本特征的否定，是要真正实现人与自然双盛、个人与社会双强、社会与自然双赢，达到人、社会、自然和谐共生，共同繁荣与可持续发展的至高境界，最终创造一个自然生态和社会经济有机整体和谐协调可持续发展的社会。这是建设生态文明的真谛，也是构建和谐社会的要旨。再次，能够满足上述要求的只能是也应该是符合建设生态文明与构建和谐社会要求的绿色经济；只有发展绿色经济，才能建设生态和谐与经济和谐相统一的和谐经济。从自然生态意义上说，大力发展绿色经济是为和谐社会发展提供生态基础；从社会经济意义上说，大力发展绿色经济是为和谐社会发展提供经济基础。因此，大力发展绿色经济已成为当今世界经济社会发展和人类文明进步的一大趋势；绿色发展与绿色崛起更是当代中国经济社会发展、中华文明进步的势不可挡的大趋势。

四

建设生态文明、发展绿色经济、构建和谐社会，必须实施生态主导型的发展战略。这是发展中国特色社会主义的新战略，也是21世纪中国现代化发展的基本战略。这是建设生态文明和构建和谐社会的客观要求。(1) 生态文明是21世纪人类社会文明的主导文明形态，它是人与自然、人与人、人与社会、人自身四大和谐协调发展的现代文明。生态文明的这种总体特征，也是构建和谐社会的基本内容与根本目标，将成为21世纪现代经济发展和人类文明进步的主旋律和大趋势。而社会主义和谐社会的科学内涵内含着“四大和谐协调发展”，因此，建设社会主义生态文明的主旨，同构建社会主义和谐社会的主旨完全一致，这种一致性要求实施生态主导型的现代化发展战略。(2) 从我国实践来看，进入21世纪以来，我国一些地区大力提倡生态优先的发展理念，实施“生态立市（省）、环境优先”的发展战略，使一些城市、地区在走中国特色的新型工业化道路过程中，不仅在克服工业文明的弊端，而且超越工业文明，正在朝着建设生态文明社会方面前进，这实质上体现了“生态主导型的现代化发展”的基本战略。(3) 当然，从当今中国的总体上看，生态危机还在加深，它在本质上不仅是当代中国的发展危机，而且是当代中国的生存危机，是中华民族的生存方式的危机，真正缓解和克服生态危机的根本出路就在于从根本上改变现行的现代化的基本战略，实施生态主导型的现代化发展战略。(4) 全面贯彻落实科学发展观，必须把不断追求和递进实现“四大和谐协调发展”作为建设生态文明、发展绿色经济、构建和谐社会的价值原则、根本目标和运作航标，就必须要求实施自然生态、社会生态、人体生态一体化的生态文明发展战略，它在本质上是生态主导型的现代化发展战略。这种绿色发展与绿色崛起应当视为胡锦涛为总书记的中央领导集体实施科学发展战略的核心。因此，用绿色崛起带动和平崛起，走绿色和平发展道路，这是中华文明伟大复兴的必由之路。(5) 实施生态主导型的现代化发展战略，在经济领域内，就是实施绿色经济与绿色发展战略。这是21世纪可持续发展战略的集中体现。实现绿色经济发展战略，是加快转变经济发展方式、大力调整经济结构，走生态文明发展道路，从根本上促进中国生态经济社会有机整体和谐协调发展的根本大计，是具有全局性和战略性的重大战略。

五

建设生态文明、发展绿色经济、构建和谐社会的战略目标，就是把我国建设成为富强民主文明和谐的社会主义现代化国家，在发展中国家率先跨入生态文明社会，即可称之为生态社会或绿色社会。人类文明发展到今天，随着工业文明高度发达，人类社会生产与生活过程和自然界的生态过程已经完全相互交织与相互融合而浑然一体。当今维系人类生命和非生命形式的这个濒临失衡的球体上，客观存在的只是自然生态系统和社会经济系统互相依存、互相制约、互相作用、互相转化的生态经济社会有机整体。当今社会主义也是这样的有机整体，应该是人与自然、人与人、人与社会、人自身和谐共生共荣的社会有机整体发展形态。这就决定了“三大法宝”的战略目标和根本任务在实质上是完全一致的，甚至可以说，建设社会主义生态文明和构建社会主义和谐社会的目标和任务，是同一个问题的两个方面。

首先，不管是狭义还是广义的生态文明之说，建设社会主义生态文明，都必须是牢固地建立在马克思主义人、社会、自然有机整体和谐协调发展理论的基础上，推进人与自然、人与人、人与社会、人与自身和谐共生共荣、生态自然和经济社会的全面协调发展，实现生态经济社会有机整体的科学发展、和谐发展、绿色发展。只有这样，才能把中华文明建设成为人与自然、人与人、人与社会、人自身和谐协调发展的现代文明形态。这是建设社会主义生态文明的主旨，是实践马克思主义人、社会、自然有机整体和谐协调发展理论的生动体现。

其次，生态文明时代的绿色经济同工业文明时代的黑色经济的本质区别，就在于后者是建立在人与自然相分裂、社会与自然相互损的基础上；前者是建立在人与自然内在统一、社会与自然和谐共生的基础上。因此，绿色经济发展是以人与自然和谐发展、生态与经济协调发展为根本目标，是人、社会、自然和谐共生共荣的现代经济，是把中国特色社会主义经济发展的生态环境代价和社会经济成本减少到最低限度的可持续性的和谐经济。

再次，社会主义和谐社会必须是经济、政治、思想文化、生态环境等社会领域，各种要素及各个关系之间互相协调、相互融合的和谐发展状态。笔者曾把这种发展状态概括为：是“以人为主体的社会和谐发展状态，它包括人与人之间的和谐、人与自然之间的和谐、人与社会之间的和谐、人自身关系和谐四个方面的基本内涵”[①]。因此，构建和谐社会，实际上是人们不断追求和递进实现人与自然、人与人、

① 刘思华：《生态马克思主义经济学原理》，人民出版社2006年版，第484页。

人与社会之间关系的和谐发展，并最终达到人自身关系和谐发展，实现人、社会、自然有机整体和谐协调发展。正如胡锦涛同志所指出的："我们要构建的社会主义和谐社会，是经济建设、政治建设、文化建设、社会建设协调发展的社会，是人与人、人与社会、人与自然整体和谐的社会，要贯穿于建设中国特色社会主义的整个历史过程。"①

由上可知，在科学发展观的统领下，建设生态文明，就是建设生态和谐、经济和谐、社会和谐相统一的现代文明；发展循环经济，就是发展生态效率、经济效率、社会效率相统一的现代经济；构建和谐社会，就是构建生态公平、经济公平、社会公平相统一的现代社会。这样的现代文明形态和经济社会状态，就标志现代中国跨入了生态文明社会。从国内外学术界对后工业社会的研究，生态文明社会可以概括为生态社会或绿色社会。

在1994年出版的《当代中国的绿色道路》一书中，笔者明确提出："生态社会是现代经济社会发展的远景"，"农业社会——工业社会——生态社会并列为人类社会文明递进的发展序列"。在2006年出版的《生态马克思主义经济学原理》一书中，进一步指出："生态社会是和谐社会的理想模式"，揭示了绿色社会模式同和谐社会、生态文明的内在统一性。在国际上，许多学科学者的后工业社会或后现代社会的主张同笔者的主张基本相同。自20世纪90年代以来，先是西方生态学家试图以系统整体观和生态中心主义思想为基础，来构造全盘改造工业文明社会的方案，提出了"最终建立一种无等级差别的理想的生态社会"的主张。生态自治主义者对后现代社会的设想是一个在人与自然和人与社会关系上都消灭了统治、征服与压抑的绿色社会，是一个合作和谐的社会。英国学者伊恩·莫法特在《可持续发展》一书中，描述了可持续发展社会的景象，并称之为绿色社会模

① 引自《科学发展观重要论述摘编》，中央文献出版社2008年版，第72页。

式。日本经济学家在1999年提出了生态发展的共生与社会发展的共生相统一的“生态社会发展理论”。尤其是美国社会生态学者和生态社会主义学者，都设想了未来的生态社会的总体轮廓，提出了他们的生态社会观。生态社会主义理论对未来社会主义或共产主义社会发展模式的构想，就是构建一种超越资本主义和现实社会主义模式，按照生态可持续性原则，形成的人与自然、人与社会（人）、人自身和谐发展的新型社会主义社会，在这个总目标下，未来生态社会主义发展蓝图，也就是绿色社会模式。这同笔者所说的绿色社会模式，不仅是生态社会模式的形象概括，而且是“四大和谐有机整体”的生态社会的绿色概括，是完全一致的。在此，我还要特别强调的是，美国生态后现代主义的奠基人查伦·斯普瑞特克在2006年作了“生态社会的分析和展望”的演讲，指出“生态社会的选择正在高涨，并且正在成功地融入主流”，他用现实事实说明转向“生态社会的紧迫性”，还对中国给予厚望：“参与到生态社会的世界观中去，中国的社区和地区就可能在种种超越现代性的意识形态，走向绿色未来的道路上成为典范。”①

综上所述，在当代中国建设生态文明、发展绿色经济、构建和谐社会的终极目标，就是努力探索一个当今农业、工业、生态文明并存的“三元文明结构”的社会主义大国，实现中国特色社会主义文明形态超越发展，建设成为绿色经济强国、生态文明富国，在发展中国家率先把十几亿人口带进生态社会或绿色社会，即是生态（绿色）社会主义的和谐社会。这是在21世纪把我国建设成为富强民主文明和谐社会主义现代化国家的最高层次含义。

---

① ［美］查伦·斯普瑞特克著，张妮妮译：《生态后现代主义对中国现代化的意义》，《马克思主义与现实》2007年第2期。

六

建设生态文明、发展绿色经济、构建和谐社会的双重战略任务；这是中国的基本国情和21世纪中国特色社会主义发展的特殊规律所决定的。在人类文明发展史上，西方发达国家用了近300年时间，才实现工业化，使10亿人口进入工业社会。而我国仅用了60年就阔步进入工业化中后期，把13亿人口带进工业社会。但工业化的任务还没有最终完成，要继续进行工业文明建设。就在此进程中，我们又提出了建设生态文明的重大战略任务。这就是说，我们要遵循当今世界文明发展的普遍规律和共同思想，即人类文明发展正在进入生态时代，必须按照生态文明的要求进行工业文明建设，完成工业化的任务；发达国家是实现了工业化、建成高度发达的工业文明之后，才提出建设后工业文明，而中国特色社会主义则在建设工业文明的过程中就要正视建设生态文明问题。这如实反映了21世纪中国特色社会主义文明发展的特殊规律。社会主义中国作为世界上最大的发展中国家，必须坚持把发展作为党执政兴国的第一要务。因此，我们背负着建设工业文明、实现工业化和建设生态文明、实现生态现代化的双重战略任务；既面临着克服、消除工业文明的黑色经济形态与发展模式的黑色弊端，将其改造成为绿色经济形态，又面临着构建与生态文明发展相适应的绿色经济形态与发展模式的双重压力与双重应对。这是21世纪中国发展与经济发展的最根本的特殊性。根据这种特殊性来探索中国特色社会主义发展道路，使我们找到了“三大法宝”，它们充分体现了中国特色社会主义发展与经济发展应对双重压力和完成双重任务的时代步伐和客观进程。

正确认识和理解“三大法宝”尤其是建设生态文明与发展绿色经济同新型工业化的辩证关系，赋予新工业文明理论特质与新的实践导向，这是把中国经济切实转移到科学发展轨道上来所要解决的一个重大理论与实践问题。因为，(1) 党的十六大确定的新型工业化道路，只是赋予了新工业文明的信息化内涵与信息经济的特征。新工业文明只有信息维度。这种工业化与信息化融合，只是表明工业化由大机器生产力发展到信息生产力，这是工业文明发展的新阶段。由于它缺乏生态内涵，使新型工业化在本质上仍然属于工业文明形态。(2) 工业化和信息化融合难以克服传统工业化的弊端。这种弊端在人与自然的生态关系方面，是资源短缺、环境污染、生态恶化；在人与人的社会经济关系方面，是贫富悬殊、缺乏经济社会公平。我们探索新型工业化道路以来的7年间，不仅环境污染和生态破坏日益严重，而且为富不仁、劳资对立、贫富差距也变得越来越严重。从学理上说，信息化是应当获得资源消耗低的效果，但是这7年间资源高消耗没有得到缓解。对此，不少学者认为，我国探索新型工业化道路并没改变我们在传统工业文明发展老路上前行的步伐，没有达到新型工业化和建设生态文明的一致性。(3) 只有信息维度的新型工业化的主旨，主要是对传统工业文明的弊端加以限制，不会改变工业文明整体的反人性、反生态性质和不可持续性，是不能使新型工业化直接成长为生态文明的。因此，新型工业化道路在本质上是建设工业文明的发展道路；建设生态文明，是生态文明发展道路，不能把两者混为一谈。因此，在实践中推进新工业文明同生态文明有机结合与融合发展，这必须将走新型工业化道路综合为生态文明发展道路的内在环节，使建设新工业文明纳入建设生态文明之中，使它成为中华文明由工业文明向生态文明转型的过渡性文明形态。为此，我们必须对新型工业化的理论特质与实践导向重新界定。(4) 按照“三大法宝”尤其建设生态文明的新要求，赋予新型工业化生态内涵，确立新工业文明信息化维度和生态化维度的有机统一，开启新工业文明的生态视阈，为我国现代工业体系和产业结构的知识化（包括信息化）与生态化的相互协调与融合发展提供理论前提。（5）笔者曾在《生态马克思主义经济学原理》一书中提出：探索新型工业化道路，应当从一个基本点升华为两个基本点，“以信息化带动工业化，以工业化促进信息化：以生态化优化工业化，以工业化推动生态化，走出一条科技含量高、经济效益好、资源消耗低、环境污染少、人力资源优势得到充分发展的新型工业化路子。”① 因此，新工业文明不仅要大量推进信息化与工业化融合，而且要大力推进生态化与工业化融合。它不仅是实现工业化，建设高度发达工业文明的过程；而且是这种过程同信息化与生态化并行不悖且相互融合，从而推进工业文明向生态文明转型的跃迁过程。

七

加快转变经济发展方式，形成与建设生态文明、构建和谐社会相适应的绿色经济发展模式，这是21世纪现代经济发展模式的伟大革命，是生态文明与可持续经济发展理论研究的一个历史性课题，也是中国特色社会主义经济发展理论研究的一场攻坚战。首先，党的十七大明确指出，“经济增长的资源环境代价过大”，“建设生态文明；基本形成节约能源资源和保护生态环境的产业结构、增长方式、消费模式。”这表明我们建设生态文明需要由高昂代价的黑色经济发展方式向最低代价的绿色经济发展方式转变，形成最低代价的可持续的绿色经济发展模式。长期以来，我国学界对我国经济发展的创新理论模式的研究，显得十分薄弱，尤其是近年来，对建设生态文明、构建和谐社会的经济发展“模式化”问题研究，可以说还没有破题。大家知道，党的十四届五中全会制定了经济体制和增长方式两个根本转变的战略方针，时至今日，经济体制的根本转变基本实现而增长方式的转变没有实现，并且粗放型增长方式更加强化，使在工业文明发展过程

① 刘思华：《生态马克思主义经济学原理》，人民出版社2006年版，第541页。

中形成的缺乏生态内涵的经济增长方式与经济发展模式仍然处于主导地位。因此，彻底改变、超越工业文明发展的经济模式，形成生态文明发展的经济模式，这是中国特色社会主义道路的战略重点和发展思路，也是建设生态文明与构建和谐社会的极其重大的难题。我们可以说，中国现代化建设和改革开放能否取得最终成功，将取决于我们能否成功地实现工业文明发展的经济模式向生态文明发展的经济模式转变。

其次，可持续发展经济学及它的马克思主义形态的生态马克思主义经济学，全方位论证了生态是21世纪现代经济运行和经济发展中的内生变量，探讨了生态发展规律及其对经济发展和运行效率的影响，构建了最低代价生态内生经济发展模式的基本框架。绿色经济发展模式，就是这种模式的现实形态，也就是说，绿色经济发展在本质上是最低代价生态内生经济发展模式。历史与现实都表明，工业文明发展的经济模式，是“大量生产、大量消耗、大量消费、大量废弃”的不可持续的黑色经济发展模式。这种经济模式在我国工业文明发展中，形成“高开采、高投入、高消耗、高污染、低利用、低产出、低质量”的粗放型经济增长方式，这是目前我国最高代价生态外生经济发展模式的基本实现形态。因此，改革开放30年来，我国经济快速高速增长，可以说是完全被工业文明的经济发展模式所浸透。这就迫切要求我们必须创造一种与自然生态相和谐协调的科学发展模式，这已成为当今中国现代化建设的当务之急。党的十七大标志着中华文明中一个建设社会主义生态文明的新时代正在到来，建设生态文明与构建和谐社会的经济发展“模式化”，就是要形成与社会主义生态文明、和谐社会发展相适应的绿色经济模式。这就是中国特色的绿色经济发展模式，应该是超越资本主义经济模式，其本质内涵应当是最低代价的、生态内生的生态经济和谐协调可持续发展模式，即是生态自然和经济社会和谐协调可持续发展双赢发展模式。

再次，从学理上说，绿色经济是生态文明时代的崭新经济形态，从实践层面上说绿色经济是生态文明发展的全新经济模式，无论是前者还是后者，其现实的具体的实现形式，都具有多样性，其中最基本的形态，或者说主要经济技术模式，就是以低能耗、低污染、低排放为基础的低碳经济和减量化、再利用、资源化为特征的循环经济，它们都属于绿色经济范畴，都是绿色经济模式的现实体现。

八

深化经济体制改革，建立社会主义生态市场经济体制，为建设生态文明、发展绿色经济、构建和谐社会提供制度基础和体制环境。这是中国经济体制的第二次革命，即经济体制的生态革命。我国经济改革与发展，实行两个具有全局意义的根本性转变之所以呈现逆向运动，其中一个根本原因就在于，我国初步建立起的社会主义市场经济体制，未能摆脱传统计划经济体制的窠臼，仍然保留着生态与经济相脱离、人与自然不和谐的基本特征，甚至可以说，还是一个以牺牲生态环境和以牺牲大多数平民百姓的利益（包括人的生命安全与心身健康）为代价而使一部分人富起来的经济体制，它实质上是建设工业文明的经济体制。正是从这个意义上说，改革开放30年来，我国经济体制改革，基本上是沿着工业文明发展“体制化”的方向前行。所以，现行的社会主义市场经济体制克服工业文明发展那种牺牲生态环境和大多数平民百姓利益的制度与机制，显得勉为其难和无能为力。

在当今世界，无论是发达国家还是发展中国家，各国市场经济体制及运行机制，基本上是以人与自然、生态与经济相分裂与对立为特征的，使现代经济运行与发展往往不能反映生态学真理。正如一位德国学者所指出的：“迄今为止，还没有一个国家拥有围绕关注环境而组织的市场经济，德国也不例外。”[①] 因此，当今世界各国的现代市场经济体制尤其是发达国家的自由市场经济体制，不仅是当今有效需求不足的国际金融危机与全球资本主义经济危机的体制原因，而且更是生态资本有效供给不足的全球生态危机的体制原因。在改革开放30年间，我国坚持资源配置市场化的改革方向，从根本上改变了高度集中的计划经济体制，建立了社会主义市场经济体制，带来了空前的经济繁荣，创造了世界经济发展的奇迹，使我国物的世界大大发展，初步实现由贫穷向富裕的根本转变。但是，初步建立起的现代市场经济体制即没有克服当今世界各国的现代市场经济体制的根本缺陷，这就是没有超越人与自然、生态与经济相分裂与对立的根本特征，仍然是一种生态外生的非持续发展经济体制。这是我国现行的社会主义市场经济体制还很不完善的一个根本方面。它还存在着排斥市场经济体制与运行机制的生态要素，以及市场主体的厂商追求效用最大化、利润最大化与环境保护、生态建设与发展的尖锐矛盾；从而经济运行不能反映生态学真理，在创造物质生产力、使我国经济发展、日益富裕的同时，消灭了生态生产力，使我国生态资本有效供给不足、生态贫困越来越严重。国内外现代市场经济运行与发展正反两方面事实充分表明，中国特色的社会主义市场经济体制，应该是市场对资源配置的基础性调节作用同国家宏观调控与政府监督对经济社会的主导性调控作用相结合的政府主导型市场经济，这是一方面；另一方面，建立和完善社会主义市场经济必须内在地具有可持续发展的生态机制，使生态环境真正成为现代经济良性运行与可持续发展的内生要素与内在机制，就能表现出超越发达资本主义市场经济的制度优势。这是完善社会主义市场经济市场体制即现代市场经济体制创新的一个根本方向。

因此，符合生态文明发展的绿色经济发展、和谐社会发展要求的

---

① 吴晓东等译：《人类需要多大的世界 MIPS——生态经济的有效尺度》，清华大学出版社2003年版，第146页。

经济体制，是生态与经济一体化的生态内生经济体制，这就是以生态可持续性为核心的可持续发展经济体制。它要求我们必须推进生态掠夺型的工业文明经济体制向生态发展型的生态文明经济体制转变。唯有如此，才能使我国社会主义市场经济既能反映经济学的真理，又能反映生态学真理。这是建设生态文明和构建和谐社会尤其是发展绿色经济“体制化”的正确方向和重大任务，更是完善社会主义市场经济体制的正确方向与重大任务。

早在10多年前，我在《可持续发展经济学》一书中批判了传统经济体制的根本缺陷与主要弊端，深刻论述了可持续发展经济体制的本质内涵与基本特征，提出了我国经济体制改革的本身应当实现两个根本转变：一是从传统计划经济体制向现代市场经济体制的根本转变，即建立社会主义市场经济体制：二是从现代市场经济体制向可持续发展经济体制的根本转变。这种体制的要义应是基于生态关怀和人文关怀的生态可持续性，在此基础上构建全新的生态内在现代市场经济体制，即中国特色的社会主义可持续发展经济体制，它实质上是中国特色的社会主义生态市场经济体制，是对现行的现代市场经济的现实超越与理论超越。因此，实践“三大法宝”都内在要求现行市场经济体制和运行机制，克服自身的根本缺陷，使之具有生态向度和人文向度及其统一性，真正建立起生态与经济一体化的、生态内在的可持续发展经济体制。这种经济体制才是符合生态文明发展、绿色经济发展、和谐社会发展的崭新的经济体制。这是一个新的历史跨越、新的伟大实践。在理论上，尤其在实践上，这是个21世纪中国改革与发展的难题。

九

建设生态文明、发展绿色经济、构建和谐社会，都需要一场彻底的生态革命，形成整个社会主义社会运行与发展机制的全面生态化即全面绿化。20世纪下半叶以来，发达国家的工业文明高度发达，把现代人类逼进了生态危机的深渊，现今全人类还处于大规模的生态灾难之中。它不仅吞噬着自然生态（即人身外的自然），而且毁坏着人体生态（即人自身的自然），使现存的人类生存方式具有毁灭性。这是资本主义工业文明和自由市场经济的反生态和反人性的集中表现。这种人类生存方式危机的深刻根源，就是人们经济社会活动的价值观念、行为方式、社会经济、政治文化、科学技术机制的反生态化和人性化。因此，当今人类可持续生存与全面发展，需要一场深刻的生态革命，推进人类生存与发展的生产方式和生活方式的生态化转型，实现人类生存方式的全面绿化；其关键又在于现代经济领域里必须进行一场彻底的生态革命，实现现代经济运行与发展的全面绿化。生态革命要求现代经济社会活动必须按照反映自然生态规律的自然生态原则去实现世界系统运行的生态合理性，也就内在要求经济、科技、文教、政治、社会活动等经济社会运行与发展的全面绿化，当代中国的生态革命的根本目标，就是追求生态经济社会有机整体内部机制的生态化，形成社会主义生态市场经济体制机制，使中国特色的社会主义经济社会体系运行朝着人性化与生态化的方向发展，这是科学发展观和社会主义生态文明对工业文明的时代性扬弃和实践超越。生态文明、绿色经济、和谐社会是生态化和人性化内在统一的现代文明、现代经济、现代社会。因此，实践“三大法宝”，都内在要求现代经济社会运行与发展机制的人性化与生态化，实现自然生态、社会生态和人体生态的和谐协调发展。

进行经济社会的彻底生态革命，不仅要用生态理性绿化现代经济和现代社会，更重要的是而且首先是用生态理性绿化思想观念，进行彻底的思想观念的生态革命。近年来，世界各国应对国际金融危机和气候变化的过程，正如李克强同志所说：“是人们思想革故鼎新的过程，也是世界经济创新发展的过程。”在今日之中国，实践“三大法宝”的过程，确实是中国特色社会主义创新发展的过程，是推动中国特色社会主义经济发展从要素驱动向创新驱动转变的过程，这是首先要创新思想观念。从根本上说，应当是革工业文明思想观念之故，鼎生态文明思想观念之新。然而，不要说包括当代中国在内的发展中国家，就是当代发达国家已经发展到后工业社会，进入“后工业文明时代”，但人们的价值观、财富观、发展观、实现观还停留在工业文明社会，基本处于工业文明时代。正如美国学者 H. 梅多斯所说的：“生活在今天的人们是很难理解工业革命是如何深刻改变人类思想的，因为我们自己一直都在运用工业革命的思维模式进行思考。”[①] 因而需要一场彻底的思想观念生态革命。建设生态文明、发展绿色经济、构建和谐社会，当务之急就是进行新一轮的思想解放，其主旨是思维模式的生态革命。这就是从建设工业文明观念、思想、理论的禁锢下解放出来，树立和践行建设社会主义生态文明的价值观、财富观、发展观、实现观和政绩观，才能保证中国特色社会主义经济社会运行与发展朝着生态化与人性化方向发展。

十

建设生态文明、发展循环经济、构建和谐社会的最大难题和严峻挑战，就是今日之中国“资本的逻辑”已差不多成为支配社会生活一切的逻辑。“资本的逻辑”是同“三大法宝”的“劳动的逻辑”相对立的，尤其是与生态和谐、经济和谐、社会和谐不相容。因此，如何克服、摆脱“资本的逻辑”的束缚，构建和谐生态、和谐经济、和谐社会，并推进当代中国生态经济社会有机整体和谐协调发展，这是发

① ［美］唐标勒·H. 梅多斯等著，赵旭等译：《超越极限》，上海译文出版社 2001 年版，第 231 页。

展中国特色社会主义的“歌德巴赫”猜想。

首先，马克思主义对资本主义社会的批判，就是对资本逻辑的批判。在资本主义私有制下，建设工业文明是通过发展市场经济（从总体上看，主要表现为自由市场经济）来创建资本主义工业文明。于是“资本霸权逻辑”就成为资本主义工业文明和市场经济的内在性的社会经济属性。它们就完全被资本主义制度的反人性和反自然的本质特征所浸透，使反人性和反自然成为它们的内在特质。马克思曾经强调指出，资本家是“人格化的资本”，贪婪和惟利是图是他们的本性，在他们看来，世界上没有一样东西不是为了金钱而存在，他们活着就是为了赚钱。因此，资本①的惟一价值取向，就是要使自身不断增殖，以赚钱为本，追求资本利益最大化，最大限度地获取经济利益，实现赚钱发财的目的。这种资本的本性支配着企业乃至整个社会生活，它们就围绕利润最大化这一核心运转，在这种“资本霸权逻辑”支配下，资本主义工业文明与市场经济发展，就必然以牺牲精神道德为代价，以牺牲生态环境为代价，以牺牲人的生命安全与心身健康为代价，尤其是掠夺自然，破坏环境，蹂躏生态，成为“资本霸权逻辑”支配、主宰自然的必然逻辑。当今发达国家资本主义文明在“资本霸权逻辑”的支配下，不仅发生金融危机与经济危机；而且是生态经济社会极不公平、不和谐、极度片面发展的现代文明。可见，资本逻辑确实是与生态文明、绿色经济、社会和谐相对立的，资本的价值取向和生态的价值取向是相对抗的。

其次，当今之中国，处于社会主义初级阶段，改革开放初步建立起社会主义市场经济，已从排斥资本变为接纳资本，甚至允许资本扩张。在我国是以公有制为主体的多种所有制并存，个体经济、民营经济、外资经济等私人资本在数量可能超过国有资产；加之私营企业家也可以入党，以赚钱为主旨的人们无疑已成为中国社会的中坚。这样

① 这里所说的资本，是指物质资本，即是马克思《资本论》中所说的资本概念。

“资本的逻辑”已差不多成为支配中国经济社会运行的主导逻辑。从我国前段时期利用资本所带来的负效应来看，出现了许多企业见利忘义、惟利是图，道德滑坡，不择手段牟取非法暴利，官商勾结，权钱交易，腐败现象日益严重。贫富差距日益扩大，生态环境日益恶化，制造出癌症村越来越多等破坏经济和谐、生态和谐、社会和谐，使我国发展陷入了“挤资源求发展”、“有发展无幸福”的困境。这是新自由主义经济学在实践中酿成的必然恶果，其罪魁祸首，就是“资本的逻辑”。2008 年的山西溃坝事件和三鹿奶粉事件的罪魁祸首也正是“资本的逻辑”。因而，在我们面前出现了这样一个世界难题，中国现代化事业尤其经济发展离不开资本的扩张，发展私营资本经济，而在我国现阶段又难以消解、改变资本的本性，社会主义市场经济和工业文明，又不能克服市场经济和工业文明的反人性和反生态的特性，那么我们究竟如何破解这个难题呢？

再次，丰富和发展中国特色社会主义理论，消除马克思主义生态文明与和谐社会理论同我国工业文明发展与市场经济发展实践之间的尖锐矛盾，这就必须把建设工业文明纳入建设生态文明的轨道，探索中国特色社会主义生态文明、绿色经济、和谐社会发展道路。按照马克思主义观点，社会主义的最终目标，是要消灭私有经济，逐步克服、消除“资本霸权逻辑”。然而，今日之中国资本存在具有合理性，但不能认为只有等到资本的合理性完全丧失殆尽以后再去考虑超越资本。因此，“为了确保经济的发展和社会的稳定，国家不能让资本权力无限地张扬，而是通过国家的调节，以缓解资本与社会的对抗。”这就是说，“在现阶段，我们需要资本，但必须限制资本的霸权，这就是基本结论。”[①] 所以，我们为了建设生态文明、发展绿色经济、构建和谐社会，“我们不仅要利用资本与限制资本结合在一起，还要把

① 详见孙承叔：《真正的马克思》，人民出版社 2009 年版，第 398—400 页。

利用资本与超越资本结合在一起。"[①] 这就是我们要实行利用、改造、限制、超越资本的"八字"方针。利用资本发展经济，使物质生产力高度发展；改造资本就是利用资本绝对不能拜倒在资本的脚下而自由放任，而要逐步改变它的反人性和反生态性的负面影响；限制资本就是绝对不能任凭资本逻辑的横行霸道，不能让资本权力无限张扬，必须采取种种限制措施，把资本增殖、追求利润最大化，以"三个牺牲"为高昂代价降到最低限度；超越资本就是摆脱"资本的逻辑"束缚，逐步扬弃资本原则。只有这样，我们探索中国特色社会主义发展道路，才能实现生态和谐、经济和谐、社会和谐，使中华文明发展走向生态经济社会有机整体和谐协调可持续发展的理想境界，最终建设成为富强民主文明和谐的社会主义现代化国家。

最后，我还要指出的是，自党的十七大以来，建设生态文明问题已成为我国学术理论界的研究热点，引起多学科学者的极大兴趣，发表了大量的论文，出版了不少著作，国家社科基金也立项了多项课题。然而，令人遗憾的是，运用马克思主义的立场、观点、方法，研究生态文明理论，真正认识建设社会主义生态文明问题的学者（如像陈学明教授那样）却是少数；多数学者没有真正认识生态文明本身所特有的基本范畴、基本理论及其发展规律；甚至有些学者把西方经济学的环境污染治理思想，这种西方工业文明发展先污染后治理的理论表现，也归纳成为生态文明理论，这是把工业文明和生态文明混为一谈，在理论上是很不科学的。所以，我认为，在今日之中国，对建设生态文明理论的马克思主义研究，还是刚刚起步。因此，目前和今后加强对建设社会主义生态文明与和谐社会、发展中国特色的绿色经济及其相互关系研究，是中国特色社会主义生态经济社会发展理论研究的一场硬战。虽然说，本论丛存在着不少值得商榷之处，但它的出版，会为我国学术理论界更深层次的研究，提供有益的丰富的思想材

---

① 陈学明：《生态文明论》，重庆出版社2008年版，第63页。

料，必将推动中国特色社会主义生态经济社会理论与实践的不断探索与日益发展。

刘思华

2010年11月于湖北恩施

目 录

第一章
绪 论

第一节 生态文明时代我国企业管理面临的现实问题和挑战

工业文明时代对经济效益的片面追求，导致了人对自然的掠夺式开发，造成了人与自然关系的尖锐对立（生态危机），引发了声势浩大的“绿色运动”。时至20世纪80年代，伴随可持续发展理念的提出，人们在以往有关成果的基础上，开始了全面地实现人与自然和谐的理论建构和实践探索。而人与自然的和谐不可能单兵独进，它需要以人与人的和谐作为社会条件，以人自身的和谐作为主体条件。于是，不断追求和递进实现人与自然、人与人、人自身三态和谐就成为20世纪80年代后的社会经济发展大趋势和理论研究新课题，从此人类步入了生态文明时代。另一方面，20世纪40年代兴起的以信息科学和信息技术为核心的当代科学技术是工业时代孕育的自我否定的种子，这颗种子的发展壮大便迎来了人类社会生产力发展的新时代——信息时代，从20世纪60年代开始，美国、日本等都不同程度地实现了信息化。这影响到经济，便是知识经济的诞生。80年代后，发端于美国的知识经济浪潮正冲击着全球，人类正在大踏步地向知识化时代进军。可见，社会经济的生态化与知识化几乎同步，生态文明时代与知识经济时代所指的时间区间也大致重合。而且在当今世界，社会经济的生态化与知识化呈现出合流趋势，生态化以知识化为支撑，知识化以生态化为导向。就此而言，我们可以将生态文明时代与知识经济时代作为同义语替代使用。这个时代的主要特征是，知识成为社会运行和发展的战略资源和支柱产品，生态理论与实践成为人们追求和谐的着力点。

生态文明时代给我国企业发展提供了机遇，但也使我国企业发展包括企业管理面临许多现实问题和挑战，概括起来有如下几个方面：

一、世纪生态环境难题与企业环境责任

工业文明时代人类将自然视作取之不尽、用之不竭的原料库和肆意排放污物的垃圾箱，造成了自然资源的日益枯竭和环境污染的日趋恶化，使生态环境问题成为世纪难题。客观地、公允地说，企业是造成严重生态环境问题的最大“元凶”。首先，企业是自然资源消耗的绝对第一大户，且使用速度早已突破了自然的再生能力，它们是在地球留下“生态足迹”最大的一类组织。从表象上看，地球上的资源是由人来消费的，是人类共同作为的结果。事实上，资源在进入个体消费之前大多是经由企业整合处理的，企业的管理理念和工艺技术直接决定了资源的利用效率。有资料显示，如果企业能够通过对生产流程设计和生产工艺等进行根本性的变革，可使自然资源的生产率比目前提高 5 倍、10 倍甚至百倍，就可使自然资源对人类行为的可容量回归于自然的可再生范围。其次，企业是环境污染的最直接和最大的制造者，大约占到总污染排放的 70%—80%。从人类社会发展到现在，环境污染最为严重的时期就是所谓的工业文明时期，这也是企业风起云涌的时期（发达国家是从 1750 年到现在），这一时期企业行为对环境污染的量能超出了工业文明前人类一万年“破坏”量能的积累。根据有关专家的计算，二氧化碳的含量现在已经是 379PPM，大约是过去的 65 万

倍，其中人类排放的二氧化碳总量中，大约有70%到90%是石化产品，这都是企业的“贡献”。事实的景象也是如此，20世纪50年代英国伦敦的毒雾、70年代日本的水俣病到21世纪我国太湖的蓝藻、松花江的水污染，污染的始作俑者无一不是企业。

进入生态文明时代后，人们一直致力于这一难题的破解。国际社会和我国政府先后出台了一系列面向或涉及企业的政策和举措，使我国企业发展及管理面临挑战。

经济与环境的协调发展已经成为国际社会日益关注的焦点问题。在国际贸易中，WTO组织也给予环境保护和可持续发展以更多的关注，环境标志产品之标准正在替代关税与配额壁垒，成为国际贸易中越来越重要的绿色壁垒——为保护有限资源环境和人类健康而采取的限制甚至禁止贸易的措施。初期的“绿色壁垒”是不严格的，更多地体现为一些发达国家的民众在现实面前的生态觉醒，“壁垒”的力量主要是“不购买”，资料显示，当时大约有84%的荷兰人、89%的美国人和90%的德国人在购买物品时会考虑到产品的环保背景和环保标准。后来由于国际组织和国家政府的介入，逐步形成了带有强制约束力的国际规范性文件。尽管在实施过程中还有许多潜在的不规之处和不公之处，但它的“号令”作用还是显而易见的，它的“苛刻”条款已然在自觉或不自觉地促使企业生态意识的觉醒和生态责任的履行。因此，在经济全球化时代，企业只有强化自己的生态责任意识，才能保证产品的生态安全形象，才能保证产品顺利进入国际市场，才能提高企业在国际市场上的竞争力。

在纯粹的市场条件下，企业高利润低成本的价值诉求必然带来资源高耗竭、环境高污染，对此，市场机制基本失灵。“市场力量是无法保证流量的生态可持续性的。市场本身不记录它自己的日益增长的规模给生态系统带来的成本。市场价格能测量单个资源相互间的相对稀缺性，但价格通常不能反映环境中低熵资源的绝对稀缺性。”[①] 当市场到达危险的

① ［美］赫尔曼·E. 戴利著：《超越增长——可持续发展的经济学》，诸大建、胡圣等译，上海译文出版社2001年版，第44页。

无效率地步，使用外力——政府干预，变成了扭转局面的唯一途径。有鉴于此，我国政府出台了包括市场主体准入、竞争机制、产业政策、政府采购和税收补贴政策在内的绿色经济（生态经济、循环经济、低碳经济）政策，以及环境标准制度、环境影响评价制度、“三同时”制度、排污收费制度、环境保护目标责任制度、排污申报登记和排污许可证制度、限期治理制度、环境监测制度和现场检查制度等直接针对企业的环境法律制度及其生态环境监管制度。这对我国企业构成强制性导向，迫使它们对资源和环境负责。这是任何企业不能简单回避或者讨价还价的，已经有明显的信号显示，环保对于未来企业的生存、发展具有“一票否决权”，企业的非环保行为其实是将自己置于死地。

生态文明时代企业的发展还受到社会公众的环保参与、周围社区居民的监督等外力的制约。这些外力对于企业来说，有时也具有“生死攸关”的意义，如果企业无法将产品通过交换“转移”到消费者手里，无法完成被马克思称作为“惊人一跳”的动作，企业正常的资本循环就间断了；左右这一过程的一个重要因素是消费者的意志，随着社会环保意识的提高，消费者在购买商品时，价格已不再是唯一的因素，越来越多的消费者对反生态性企业表现出了排斥倾向。这也是生态文明时代我国企业面临的问题和挑战之一。

企业所面临的生态环境问题挑战的实质是要求企业不仅要追求经济效益，而且要追求生态效益，实现人与自然的生态和谐。

二、社会环境的变化与企业社会责任

工业文明时代对经济效益的单纯追求，使社会陷入个人主义、拜金主义、功利主义，从而导致道德虚无主义及人与人之间的纷争和欺诈；在企业，为了追求利润最大化，则陷入机会主义、本位主义，从而增加了企业的道德风险，造成企业内外关系的异化与失和，危及社会事业的进步和企业自身可持续发展。

进入生态文明时代后，企业生存与发展的社会环境发生了深刻变化，企业管理行为必须根据这种变化作出调适，否则就会因僵化而被时代淘汰出局。随着全球化、网络化浪潮的不断推进，企业竞争的范围逐渐扩大，进入了一个无国界的竞争时代，须在更广泛的范围培育和积累知识资本及社会资本；同时，企业与其供应商、顾客及其他利益相关者的合作关系越来越密切，企业间的竞争已不完全是先前那种你死我活的竞争，而是逐渐演变为基于网络思维下的合作竞争，需要企业内外关系的协调和谐。就我国而言，2007 年经济总量跃居世界第三，发展速度世界第一，但社会发展排名只排在世界的第 82 位，仅在印度和巴西之前，迫切需要企业回报社会，“赚钱行善”，并由此获得社会的回报，“行善赚钱”。这一切都对企业社会责任的践行提出了挑战。

生态文明时代亦即知识经济时代，要求企业管理重心从有形资产的管理发展到以知识为核心的无形资产的管理。知识经济在资源配置上以智力资源、无形资产为第一要素，在生产和消费上以知识型产品为主，因此“知识财产”的价值不断加大，超过了房屋、机器、矿产等“有形财产”的价值。“无形资产”在很大程度上决定着企业竞争优势的强弱。知识经济时代科技的飞速进步，使知识逐渐成为经济增长的首要资源，企业的知识资源也逐渐成为企业经营的主要资源。如果说传统企业生产的产品是大量的物质资源与少量的知识的结合，那么当代企业越来越多地生产蕴含大量的知识而只需少量物质资源的产品。产品或服务中知识密集度的大大增加，使当代企业的经营活动越来越显著地表现出知识为导向的经营实质，于是一种新的管理模式——知识经营出现了。知识经营的主体对象是知识和潜力，它是创造、使用、保存并转让知识和智力的一种管理模式。企业通过知识经营可以把人力资源的不同方面和信息技术，市场分析乃至企业的经营战略协调统一起来共同为企业的发展服务，增殖企业的社会资本和知识资本，从而产生整体大于局部之和的经营效果。这也对企业社会责任的履行提出了挑战。

企业所面临的人态环境问题挑战的实质是要求企业不仅要追求经济

效益，而且要追求社会效益，实现人与社会及人与人之间的人态和谐。

三、企业人的变化与企业人本追求

工业文明时代对物质利益和效率的追求，使社会陷入物本主义和消费至上主义，在着力物质产品生产的同时，刺激物质产品的消费，物质需求被奉为圭臬，精神需要被弃若敝屣，物质嗜欲盖过精神享受，结果是人为物役，心为形役，人的内心世界处于深深的对立之中。在企业，人只是机器的“螺丝钉”和效率的工具，成了技能化畸形发展的“单面人”，人的价值和尊严基本上是企业管理的盲区。

企业管理的价值是企业管理活动满足人的需要所形成的效用关系，或者说，是人的需要通过企业管理活动获得满足而形成的效用关系。企业怎样进行管理活动，追求怎样的价值受限于人的需要状态，即以人的需要的满足为企业管理活动的基本指针。人的需要按照美国心理学家马斯洛的分析，由生存需要、发展需要和享受需要三大基本要素构成，生存需要是因某种缺乏而产生的需要，包括生理需要、安全与保障需要、爱与归属的需要、自我尊重和他人尊重的需要；发展需要一般是生存需要得到满足后产生的自我实现的需要，包括事业成功、个性完善、人格高尚、情趣高雅等；享受需要是前两种需要基本满足后衍生的高级需要，伴随的是感受、体验、愉悦人生，它是人已经超越物质享受的一种灵魂感悟，故而最能体现人与动物的不同。人的需要从来都是动态和不确定的，科技、工业和商业的发展日益开发着人的需要，人的需要呈现出不断拓展和深化的趋势，在这种情况下，企业管理必须依循人的需要的变化而动态地确定自己根本的价值追求，才是科学的、理性的和人道的。

当人类社会行进至生态文明时代后，工业文明已经积累了丰厚的物质成果，在相当多的国家里，人的低层次的需要已经得到了较好的满足。于是，人们对于企业管理价值的思维视野开始由“物质”升华为“精神”，开始从自然和谐、人文精神等更高层次去认知企业管理价值，开始关注企业管理与人类高层次需求的辩证关系，开始思考企业管理中怎样体现人类的协作与爱心，甚至开始内省企业管理中快乐、自由、个性、社会公正等概念的真正寓意。这一切表明，企业生存与发展价值正在接受着时代拷问，也正在时代的敦促下不断提升，日趋理性与人本化。人既是高度理智又是高度情感的动物，渴求在一种能够愉悦心灵的环境中工作生活。和谐的企业氛围是一种无形的财富，在这样的氛围中生活与工作，有利于身心健康和心理资本的培育，有助于激发灵感和创造性思维，能够帮助他们维持最佳的工作能力状态；同时它也是构成企业状态良好的润滑剂，能够有效地减少内耗。相反，在一个实施“狼性文化”的企业氛围里，人们根本无法体味到工作的快乐和创造的愉悦，感受到的只是令人窒息的焦虑。所以通过企业管理实现对人的价值的提升成为生态文明时代的企业走向成熟的重要方向标。人性化管理作为现代企业的管理方式，相对于以往各种管理方式而言，实现了一种质的、根本性的超越。它摒弃了传统的“以人为手段”的管理理念，将“人”回归到了本真的层面——有血有肉、有情绪情感、有思维有思想的生物有机体与社会存在物，而不单纯是劳作的机器、营利的工具。不仅如此，人性化管理作为对以往管理方式的辩证否定，它还应该在更形而上的高度实现对“人性”的提升，社会发展赖以持续的基础是“人”的不断进化，包括人的智力的进化和素质的提高。所以人性化管理在尊重人，促进企业和谐发展的同时，还要能够不断完善、提高人的智能、情感和意志品质。藉此，企业的人性化管理才算真正脱离了狭隘的时空疆域，摆脱了管理自古以来“现实关怀”的有限追求，赋有了对人类“终极关怀”的哲学意义。这对生态文明时代我国的企业管理无疑也是一种挑战。

企业所面临的心态环境问题挑战的实质是要求企业不仅要追求经济效益，而且要追求人本价值，实现企业人自身的心态和谐。

综上所述，生态文明时代我国企业管理所面临的现实问题和挑战是：如何走出工业文明时代企业管理在生态、人态、心态上的误区，使企业成为生态和谐、人态和谐、心态和谐的社会经济细胞；如何克服狭隘的经济效益观，使企业实现经济效益与生态效益、社会效益的有机统一；如何规避企业的道德风险，使企业自身获得发展的同时，能为社会进步和人的全面发展添砖加瓦；为此，如何将生态文明、绿色经济、和谐经济管理、和谐的价值追求贯彻到企业管理的技术选择、心理诉求、组织协调、伦理规范和制度设计之中，进行管理创新，形成生态文明时代的和谐管理。

第二节　和谐管理研究进展与简评

几乎与“绿色运动”的掀起同步，人们从 20 世纪 70 年代开始就针对传统工业企业经济活动中“高投入、高消耗、高污染”的生产模式，展开了面向生态文明时代的企业管理的探索。1973 年日本经济团体联合会在第 33 次总会议上通过的题为“支撑福利社会的经济与我们的责任和义务”的决议和企业行动宪章，就明确提出要在注意保护环境的前提下开展企业活动①。1992 年世界环境与发展大会后，伴随国际标准化组织制订的 ISO 14000 环境系列标准的出台，可持续发展战略的实施，绿色文化运动的崛起，绿色管理因其对绿色产业、绿色产品发展的促进作用，对企业占领市场和扩大市场份额，提高经济效益和社会效益，突破绿色壁垒参与国际竞争的推动作用而成为国内外学术研究和管理实践的焦点问题②；马克·瑞利（Mark O'Reilly）等人 2000 年在《企业环境战略》上发表文章，建议以 ISO 14031 为准绳，构建一套敦促企业实施绿色管理的有效约束机制；J. 比特（Betty J.）等人在说明曼切斯特地区的环境工业快速发展现实的基础上，系统地论述了企业实现绿色管理的可能性和现实性；斯戴夫·W. 勃希（Steve W. Percy）等人在阐明实现环境可

① 樊浩：《中国人文管理》（内部文稿），1994 年第 70 期。

② 郭因、黄志斌等：《绿色文化与绿色美学通论》，安徽人民出版社 1995 年版，第 1—117 页。

持续发展的迫切性和必要性基础上，提出了一个国家乃至整个世界推进绿色管理的战略举措，并倡导要想在一个公司成功地实施绿色管理，公司的首席执行官（CEO）应首当其冲；罗格·A. 汉申（Roger A. Hinson）等人则从绿色管理的实务角度，分别引述企业成功实施绿色管理模式的案例，试图为企业推进绿色管理树立典范。安斯·科尔克（Ans Kolk）以新经济的发展为背景，阐明了因特网在绿色管理中的工具性作用及其机制，昭示出企业管理生态化与信息化的合流趋势。此外，美国莱斯特·R. 布朗（L. R. Brown）的《生态经济》（Eco－Economy）和《B模式》（Plan B）、德国赫尔曼·舍尔（Hermann Scheer）的《阳光经济》、日本岩佐茂的《环境的思想》、美国保罗·霍肯（Paul Hawken）的《商业生态学》（The Ecology of Commerce）、《哈佛商业评论》（Harvard Business Review）专辑之《企业与环境》（Business and the Environment）等等，都一致认为企业若再延续传统管理价值取向，生态公害实质上就会变成"生态工害"，解决"生态工害"的出路主要在于企业将绿色理念、生态理念诉诸于管理价值追求，施行绿色管理。这些文献为我们在科学发展观的大背景下进一步研究管理哲学提供了宝贵资料，但基本上都属于操作和实证层面，有待作管理哲学的提炼与综合。

中国加入WTO后，绿色经济和产业的发展成为国家竞争力和企业竞争力的关键所在，绿色技术与产品，绿色投资与金融，绿色营销与市场，绿色消费与工程等已成必然之势，这就为企业经营管理中施行和强化绿色管理提出了客观要求。何谓绿色管理？国内学术界普遍认为，绿色管理就是企业按照可持续发展思想和环境保护的要求，形成的一种经营理念以及相应的管理实践活动；它是以"理性生态人"（能与自然环境相协调，合理利用资源的自然人和法人）假设为理论原点，以绿色价值观为导向，以绿色技术创新为动力，以企业绿色组织为保证，以清洁生产为主线，以绿色产品为核心，以绿色营销为中介，以绿色消费为依托，以绿色认证为标准，以经济效益和生态效益相统一为目标的一种全过程管理。其主旨在于使企业在生产经营过程中做到物质能量循环再生、充分利用，乃至将企业生产经营过程纳入自然系统的循环，从而实现人与自然的和谐发展。

与此前以追求经济效益最大化为目标的各种管理模式相比较而言，绿色管理模式的理论创新是勿庸赘言的。它关于“理性生态人”的假设，对生态效益的强调等等，赋予企业管理理论以新的科学内容、价值导向、思维空间和时代精神。在实践层面上，WTO 规则和 ISO 14000 系列标准对环境保护的需求，社会公众对绿色产品的青睐，已使绿色管理成为企业冲破绿色壁垒、回避环境风险以及增强其在国内外市场竞争力的必由之路。

但人与自然的和谐（生态和谐）只是人生和谐的一个方面，它归根到底必须落实到人与人的和谐（人态和谐）以及人自身的和谐（心态和谐）。以人为本，全面协调可持续的科学发展观不仅要求生态和经济的可持续发展，而且要求人类社会的可持续发展。因此，企业不仅要谋求经济和生态效益，而且要谋求经济效益、生态效益与社会效益的统一。企业作为社会系统的一部分，不能以牺牲社会及公众的持续发展和根本利益来换取自己的一时一己之得，它不仅有责任，而且有必要重视企业人与社会的和谐以及企业的社会效益，不断追求和递进实现三态和谐和三大效益的统一。就此而言，绿色管理未将企业人与社会的和谐以及社会效益与社会责任的伦理调节放在应有的重要地位，是有局限性的。

另一方面，当今世界和谐主题的日益凸显，已使和谐理论的研究逐渐成为我们这个时代的显学，国内外的一些学者在认真梳理各国和谐理念的基础上，各自提出了适合自己文化的现代和谐论[①]。这些和谐理念影响到企业管理理论的研究，便催生出了和谐管理模式。1998 年，彼得 · A. 孔明（Peter A. Coming）在总结管理发展趋势的基础上，高屋建瓴地提出了“和谐（协同）：一个崭新的管理理念”[②]；1998 年，安

① 张立文：《和合学概论》，首都师范大学出版社 1996 年版，第 1—50 页；田广清：《和谐论》，中国华侨出版社 1998 年版，第 10—28 页。

② Peter A. Coming. Synergy: Another Idea Whose Time Has Come [J]. *Journal of Social and Evolutionary System*, 1998, 21 (1): 1-6.

鸠·克拉克（Andrew Crouch）等人发表题为“公司战略再造：从竞争走向和谐”的论文，系统地阐述了公司实施和谐管理的必要性，并就公司如何构建和谐管理机制提出了独到的见解[①]；米切尔·戈尔德（Michael Goold，2000）、拜瑞·J. 内勒巴夫（Nalebuff B. J.，1999）、安德鲁·坎贝尔（Campbell A.，1998）等人则多从企业和谐管理的实务角度，主要研究公司与顾客、供应商、竞争者、互补者的合作竞争，建立和谐关系的策略与方法。美国管理学大师彼得·德鲁克（Peter F. Drucker）在其《21世纪的管理挑战》（Management Challenges For the 21 Century）一书中，以前瞻的眼光对未来社会的诸多不确定性进行了研究，把人、企业放在社会大环境中进行考察和分析，提出了许多建设性的管理思想。他特别指出：“大企业的主要任务是创造和保持社会和谐，……我们必须学会如何在短期结果与企业的长期繁荣和生存之间取得平衡。”[②] 2002年出版的《下一个社会的管理》（Managing in the Next Society）是彼得·德鲁克后期最重要的著作之一，他更是一针见血地指出：“组织及其管理者能否成功，社会变化因素的作用将比经济因素更重要。”21世纪前后，英国管理学大师查尔斯·汉迪（Charles Handy）也相继发表了《管理之神》（Gods of Management）、《饥饿的灵魂》（The Hungry Spirit）、《觉醒的时代》（The Empty Raincoat）等著作，在这些著作里大师批评了当代企业管理思想中一些因循守旧的陋规，指出应当找出旧思维中的悖论与迷思、冲突与困境，寻找新的思维、新的观念。他指出：“未来企业要在追求效率与经济增长的同时，更去关注社会的公平与正义、环境与文明的共荣共存。”英国学者保罗·格里斯利所著的《管理价值观——企业经营理念的变革》一书，历史鲜有的成体系化地论述了新环境下企业管理价值应作怎样的调整和改变，但是遗憾的是他触摸的角度太过偏狭于企业本身。

---

① Andrew Crouch. Reframing the Strategic Problem: An Accommodation of Harmony and Belligerence in Strategic Management [J]. *Journal of Business Research*, 1998, 41: 3 - 13.

② ［美］彼得·德鲁克著：《21世纪的管理挑战》，朱雁斌译，机械工业出版社2006年版，第52—53页。

由于受几千年和谐文化传统的影响，我国学者在这方面研究著述颇丰，较有影响的成果有：席酉民先生等所著《和谐管理理论》（中国人民大学出版社 2002 年版），张德等所著《和谐管理：衡水电机模式》（机械工业出版社 1997 年版），郑天一等所著《现代企业管理模式——和谐理念》（经济科学出版社 1999 年版），以及近期发表的一些学术论文。这些研究主要集中在和谐理念及企业内、外关系的协调方面。其中，席酉民先生提出的以组织发展两轨两场的控制机制为核心的和谐管理系统观堪为和谐管理理论的基石。他认为，两轨乃企业系统的组织手段和社会的法律制度，它规定着企业员工的行为边界，约束着组织成员的实践范围，是一种有形的强制性约束。两场指协同力场和促协力场。协同力场植根于组织机能、人的精神、道德、行为习惯和企业文化等所构成的无形的内部环境；促协力场乃影响协同力场的无形的外部环境规范。两轨两场的综合作用，推动着企业系统和谐态的演进。

综合起来，这种模式将和谐理解为“协调”。认为企业管理的对象是资源和环境，其中人是最主要的资源。企业乃各种关系的总和。要认识和把握企业，要理解企业的活动，掌握企业运动、变化和发展的规律，要驾驭和管理企业，都必须从企业的关系入手。它主张通过企业内、外各种关系——企业决策层与管理层，员工与员工，管理、决策层与员工，物质技术之间，企业与市场，企业与社会及公众，企业与企业，企业与政府之间诸关系的协调，来实现企业资源的优化配置和充分利用，促使企业取得效率和效果的和谐①。

和谐管理模式给当代企业管理注入了一种与经济全球化、合作双赢的时代潮流相契合的价值取向、思维方式和行为模式，不乏理论和实践意义。但这一模式的缺陷也是很明显的：第一，对和谐理念的理解欠全面。和谐理念是和谐管理的基石。和谐管理模式没有在扬弃中国传统文化的基础上对和谐理念进行科学的系统阐释，必然使和谐管理模式的合

① 郑天一主编、任佳等著：《现代企业管理模式——和谐理念》，经济科学出版社 1999 年版，第 21—43 页。

理性以及人们对它的理解大打折扣，甚至会造成理论上的误解（如将和谐误解成和稀泥、和事佬、一团和气、不讲原则、不要竞争、圆滑等等）和实践上的偏差。第二，缺少人性假设的前提。自近代以来几乎所有的管理理论或模式都有人性假设的前提，如传统管理理论有“经济人”假设，新古典管理理论有“社会人”假设，现代管理理论有“决策人”假设①，绿色管理理论有“理性生态人”假设②等等。管理的核心是人，管理的根本使命就是创造一种适合于人，使人能最有效地工作的环境，没有人性假设，管理和管理理论就失去了逻辑与历史的出发点。第三，未突出和谐的程度高低，方向性和内外统一性。和谐是有程度高低、价值取向善恶、内外和谐向背之分的。事实上，只有那种生生、协变、臻善的生态和谐（广义），才能使企业充满生机和活力。

绿色管理要想跳出狭窄的环保圈子，为实现三态和谐和三大效益的统一作贡献，和谐管理要想真正焕发企业的生机与活力，使企业高效低耗地运作，两者就得交叉综合，走向生态和谐管理。而且不难看出，绿色管理对人与自然和谐和生态效益的侧重，和谐管理对人与人和谐和社会效益的侧重所表现出的互补性，以及两者在调动人的积极性，激发人的创造性上的一致性，为我们在三态和谐和三大效益相统一的整体思维框架下的交叉综合提供了依据，也正是对生态和谐（广义）理念的贯彻与彰显。因此，生态和谐管理理论是生态文明时代企业管理研究的必然趋向，本选题具有时代性、前沿性，因而具有理论和现实的合理性。

以往的研究在管理哲学方面的著述颇丰，如樊浩先生在《伦理精神的价值生态》一书中对经济伦理的价值生态作了系统阐述。认为“生态觉悟的实质不只是对人与自然关系的反省，而且更深刻地是对世界的合理秩序，对人在世界中的地位，对人的行为合理性的反省。”黄如金先生在《和合管理》中指出：“和合管理的价值观是以人为本与和合相互叠

① 郭咸纲：《西方管理思想史》（第二版），经济管理出版社2002年版，第35—358页。

② 徐嵩龄：《环境伦理学进展：理论与阐释》，社会科学文献出版社1999年版，第409—421页。

生的复合价值观体系”。冯军博士的《管理价值研究》、史会学博士的《管理价值论——现代管理价值实现研究》、赵剑民博士的《现代管理的价值视角——管理价值观研究》等从宏观层面上对现代管理价值观念进行了反思，从不同的角度论述了企业管理价值在新时期的变化和发展，指出人的幸福是管理价值的终极目标以及企业应当追求基于人性基础上的管理价值实现。美国夏威夷大学成中英教授所著《C理论——中国管理哲学》及系列论文，中国台湾交通大学曾仕强教授所著《中国管理哲学》及系列论文，齐振海、张正霖、官鸣各自所著《管理哲学》，杜彪教授的系列论著等，主要探讨了管理的人性观、自然观、社会观、企业观、发展观、方法论诸问题。但迄今还没有人真正从管理哲学层面来系统探讨绿色管理与和谐管理问题，更没有人将“绿色”与“和谐”有机耦合，系统探讨生态文明时代的企业和谐管理，本研究的主旨就在于变革生态文明时代管理的基本理念、人性观、价值观、效益观、技术观、心理观、组织观、伦理观和制度观，构建生态文明时代的中国企业管理哲学体系，给管理理论的研究开拓新的思维空间，为管理实践提供切合生态文明时代特征的价值原则、理想目标和运作航标，有助于管理学科内容的充实和完善，有利于企业实现经济、生态和社会效益的统一，从而提升其竞争力。

党的十六届三中全会通过的《中共中央关于完善社会主义市场经济体制若干问题的决定》中提出，要“坚持以人为本、树立全面、协调、可持续性的发展观，促进经济社会和人的全面发展”。这是党在21世纪继续深化社会主义经济体制改革，全面建设小康社会所提出的科学发展观，受到全党、全社会和学术界的广泛关注。党的十六届五中全会基于贯彻落实科学发展观的内在要求和我国国情，提出了加快建设资源节约型和环境友好型社会的战略任务。胡锦涛同志在党的十七大报告中进一步对科学发展观的理论内涵进行了深刻阐述，指出“科学发展观，第一要义是发展，核心是以人为本，基本要求是全面协调可持续，根本方法是统筹兼顾。”① 并基于生态文明建设的角度，进一步指出：必须把建设资源节约型、环境友好型社会放在工业化、现代化发展战略的突出位置。从马克思主义世界观与方法论的高度回答了“为什么要发展”，“为谁发展”，“靠谁发展”，“怎样发展”，“用什么方法方式发展”等我国现阶段社会主义现代化建设的重大问题。她作为与马克思主义发展观一脉相承、与时俱进的成果，无疑拓展了发展的内涵，阐明了我国在生态文明时代进行社会主义建设的世界观和方法论；折射到管理领域，则丰富了管理的意蕴，为管理哲学注入了新的诠释。结合近年来绿色管理与和谐管理理论的研究，一个基于科学发展观的新型管理哲学——生态和谐管理理论应运而生。

第三节 研究方法、理论架构及主要内容

生态和谐管理理论是一种生态文明时代的管理哲学。作为管理哲学研究，它在形上层面必须遵循马克思主义的实践论与认识论，针对管理实践中所提出的现实共性问题和管理理论中所存在的局限性问题，进行有效的客观调研和主观体认，把握现实的态势、经典的依据和前沿的成果，运用与时代相契合的辩证思维方法，力行综合创新，从而构建新理论或发展已有理论。其中，与生态文明时代相契合的辩证思维方法的具体形态理所当然是生态论方法。这就决定了生态和谐管理理论的研究方法必须是问题研究法，调研—体认法、生态论方法、综合创新法、体系构建法的集合。

问题研究法的采用是整个研究过程的战略起点。其依据在于“科学研究从问题开始”。在人类认识史上，曾出现过这样的观点，即认为科学研究从观察开始，英国哲学家培根就是这种观点的倡导者。在他看来，人们首先通过观察获取事实材料，然后对这些事实材料进行分析和归纳，

① 胡锦涛：《高举中国特色社会主义伟大旗帜，为夺取全面建设小康社会新胜利而奋斗》，人民出版社2007年版，第14页。

认识事物的共性和规律性，进而形成理论。事实上，人文科学的研究成果告诉我们，在科学研究的过程中，主体的观察并不是偶然、随机的行为，他总是带着一定的问题去进行观察，问题是科学研究主体专注于研究客体的动力所在，也是观察能够深入、系统、富有针对性和有效性的关键所在。而且，任何理论的发展乃至创立都是对问题的求解，没有问题的托载，就无所谓理论的价值。尤其是进入21世纪，当科学研究从宏观向宇观和微观拓展，从简单事物向复杂事物延伸之后，带着问题观察和研究的必要性更加凸显。因此，在科学始于观察的信条统治了科学界300多年后，终于被科学哲学家所否定。英国科学哲学家K. 波普尔在其《科学发现的逻辑》、《客观知识：一个进化论的研究》等著作中明确提出并论证了“科学从问题开始”的思想，并认为问题就是“背景知识中固有的预期与其所提出的观察或某种假说等新发现之间的冲突。”① 背景理论引发问题，而问题又要求理论来解决，问题与理论的相互作用推动着科学的发展。美国哲学家S. 图尔敏则与K. 波普尔仅从背景理论界定问题不同，他认为科学问题是解释的理想与目前能力的差距，“科学家通过认识他们目前解释自然界有关特征的能力与他们目前关于自然秩序或充分可理解性的理想间的差距，找到和确定了目标概念的缺陷。”② 我国学者林定夷突破了S. 图尔敏仅在自然科学范围内对“问题”的界定，提出了一个更有普适性的“问题”定义，认为问题乃是“某个给定过程当前状况与所要求的目标状态之间的差距。”简而言之，问题就是当前状态与目标状态之间的矛盾③。有鉴于此，生态和谐管理论研究的起点乃是管理中当前状态与目标状态之间的矛盾。

这种矛盾主要包括管理理论与实践各自内在的矛盾，以及两者之间的矛盾。按照生态文明时代的要求，管理哲学的研究范围和上述对绿色管理、和谐管理的局限性分析，不难发现，现有管理理论与实践在人生

---

① Propper K. *Objective Knowledge: An Evolutionary Approach* [M]. Oxford: Clareneon, 1975.

② Toulmin S. *Human Understanding* [M]. Oxford: Oxford University press, 1972. 148.

③ 欧阳康、张明仓：《社会科学研究方法》，高等教育出版社2001年版，第100—104页。

观、价值观、效益观、技术观、心理观、组织观、伦理观、制度观诸方面的矛盾非常突出。因此对生态文明时代管理中的人性假设、价值取向、效益逻辑、技术选择、心理诉求、组织协调、伦理规范、制度设计的研究就成为生态和谐管理论的主要研究问题。

问题确定之后，就要搜集“问题求解”的素材。调研法是获取素材的通用方法。通过文献调研获取经典研究和国内外前沿研究的相关信息；通过实地调研可以获取目前企业管理的有关实情，从而为生态和谐管理论的研究提供理论依据和现实依据。仅此还不够，因为企业管理的核心是人，人的内心世界不是用单纯的客观调研就可以完全把握的，所以就要求研究者根据自己的经验、智慧以及调研所得的实情进行设身处地的体认。中国哲学是强调体认的，主要包括直觉法和体会法，主张在物我不分，“与天同体，与造化同游”的思想境界和心理状态下，深入生命心灵及其管理的奥底，洞察其本质、价值和意义①。由此所获得的关于人生与人心的认识，可与调研法获得的信息相互补充和印证，为“问题求解”提供支持。

生态论方法无疑植根于生态学对天然生态系统的理性认识，是生态文明时代人之生态智慧的体现。生态理念从19世纪提出至今，已经经历了三个极为重要的阶段。1866年，恩斯特·海克尔第一次使用这个概念时，“生态”只限于自然界，只被当作“研究生物体与外部环境之间关系的全部科学”。1962年，美国女作家拉海尔·卡尔松《寂静的春天》的出版，标志着生态理念推进到第二个重要的发展阶段，即人与自然的关系。世纪之交，生态理念又经历了第二次飞跃，进入第三个阶段，成为关于人与整个世界关系，包括人与自然、人与人、人与自身关系的形上理念。生态理念从诞生到现在，几乎每过一个时期就进行一次辩证的自我否定，从生物体与自然的关系到人与自然的关系再到人与整个世界的关系，是19世纪、20世纪，直至当今21世纪生态理念发展的历史轨迹。与此相关联，生态论方法就演变为研究自然生态和人工生态复杂系统的一种普适性方法。企

---

① 曾仕强：《中国管理哲学》（第三版），（中国台湾）东大图书股份有限公司1986年版，第37页。

业管理系统不仅包括了自然因素及其属性，而且包括了社会、精神因素及其属性，是一种人工的企业生态，属于复杂巨系统，因而对它的研究必须应用生态论方法。在近代科学发展的历程中，还原论方法曾获得极大成功。它所遵循的途径是将事物分解为局部或要素，然后弄清要素的性能，再以要素来说明事物，直至把整个问题弄清楚为止。但这种方法主要适用于被格尔曼（Gellmann）称作简单性的问题，而对于复杂问题，在现代科学技术所研究的对象日益复杂的情况下，还原论的不足之处正日益明显。因为在复杂性问题中，关系网络的存在，使要素的解释力受到极大限制，人们必须基于要素与关系的系统集成及其过程演化的考察，才有可能找到问题的正确解。有鉴于此，圣菲研究所（Santa Fe Institute，SFI）展开了复杂性科学的研究。他们应用计算机技术研究复杂性问题，开创性地提出了诸如遗传算法、进化算法、以 Agent 为基础的动态经济系统模型、用数字描述的人工生命系统、Swarm 平台、基于规则的计算机建模等比数学模型更广泛和逼近的复杂系统描述和研究方法。但霍根（J. Horgan）1995 年在《科学美国人》杂志上发表的一篇文章"复杂性研究发展趋势——从复杂性到困惑"则指出，SFI 对复杂性的研究似乎陷入了困境，而摆脱这种困境的办法令人大伤脑筋。

于此，钱学森先生提出的系统集成方法论给人们研究此问题开辟了新途径。他认为对复杂问题的研究应通过人、机结合，以人为主，实现信息与知识的综合集成，通过人、机交互和反复对比、逐次逼近，实现从定性到定量的认识，从而作出对客观事物认识的科学结论①。

从哲学层面思考，还原论方法所重视的是事物的部分，是将事物的整体简单归结为部分，试图用部分去诠释整体。这种方法在处理人与自然关系时，必然导致人类中心主义，在处理人与人的关系时必然导致个人主义，在处理人自身关系时，必然导致人的心为身役的畸形发展，在企业管理中，必然导致单纯的对利润最大化的追求，整个工业文明时代

① 于景元：《钱学森的现代科学技术体系和综合集成方法论》，《中国工程科学》2001 年第 3 期。

就是处于这样的状况。事实上，任何事物，都是部分在“关系”作用下形成的结构整体。对简单事物而言，由于关系较为简单，所以人们在忽略“关系”的情况下仍能获得对结构整体的似乎正确的（实际上是近似的）说明，但对复杂系统而言，由于关系非常复杂，所以若丢掉“关系”，就无法对结构整体进行正确的说明。而且企业管理系统作为复杂巨系统，涉及自然、社会、精神三大类型的要素和关系，如果说对自然要素和关系的定量描述方法已相对较成熟，可以用数学模型和计算机建模予以求解的话，那么社会要素和关系，尤其是精神要素和关系的定量描述方法现在还不够成熟甚或还是空白，对其进行数学模型和计算机建模的处理目前尚不具有现实性。这不仅表明单纯的还原论方法对企业管理系统研究的无效性，而且说明目前 SFI 的研究以及其他类似的定量研究陷入困境的必然性。钱学森先生所提出的系统集成方法论的实质是以复杂系统对复杂系统，即把专家体系、数据和信息体系以及计算机体系有机结合成一个高度智能化的人、机结合系统来研究复杂系统，这给我们提供了重要的启示。但仍不能说明企业管理中最高原理尤其是伦理价值原理等哲学层面的问题。从整个管理认识史来看，人们乃是先从哲学层面研究管理的最高原理，提出管理的理想目标和运作航标，然后在有关工具和技术问世之后，再进行具体的科学研究，由定性走向定量。管理哲学可以上溯到埃及、希腊、罗马、印度以及我国古代，但管理科学的出现则是工业文明时代的事①。所以，在生态文明时代，我们先行用与之相契合的生态论方法研究生态和谐管理理论，为企业管理提供最高原理，理想目标和运作航标，其理论和现实合理性是不待言的。

所谓生态论方法，就是把企业系统视为一个人工生态系统，在“调研—体认”法所获得的相关现实信息、经典资料和前沿成果的基础上，考察管理全部过程的要素和关系，在要素和关系的统一中认识各种管理要素乃至企业在自然、社会系统中的生态位和应具有的结构整体特征；

① 曾仕强：《中国管理哲学》（第三版），（中国台湾）东大图书股份有限公司 1986 版，第 37 页。

在结构与功能的统一中把握企业机体的活力和动性，赋予企业以自然有机性的生生和谐，环境适应性的协变和谐和价值合理性的臻善和谐，从而使企业富有竞争力和长期竞争优势。因此，生态论方法，它作为系统研究方法和过程研究方法的统一，是对系统论研究方法的辩证否定和对还原论方法的否定之否定。还原论方法只强调事物部分对整体的作用，系统论方法强调事物的部分、关系（部分之间、部分与整体、事物与环境之间的相互作用）、结构及其性能的有机关联，生态论方法则进一步考虑事物存在与过程的复合，人工系统与生态系统的相似性及人工系统对生态系统模拟的合理性和必要性，事物内部要素及事物自身在特定环境中生态位的获取的思路和关键作用。“还原论方法——系统论方法——生态论方法”构成了工业文明时代以来哲学研究方法的辩证圆圈运动。生态论方法理当成为本书研究中所采用的重要方法。

有了调研—体认的资料和生态论考察的基础，我们就可以进行综合创新了。综合创新的方法是我国著名学者张岱年先生提出来的[①]。他认为，哲学文化研究实即综合创新，即在对中西、古今哲学文化进行充分梳理、意义理解的基础上，吸取其合理因素的营养，为我所用，转化成自身思想的有机部分，进而通过综合思考，有所创新。其实，综合是多方面的，它不仅包括已有信息和知识存量的综合，而且包括实地调研所获得的信息和知识增量的综合，还包括思路上的综合。在这里，已知信息和知识存量的综合是指对科学管理、行为主义、现代科学管理、人文管理诸流派、中西文化与哲学尤其是生态哲学之合理内核的梳理与汲取，中外绿色管理与和谐管理之研究素材的提炼。思路上的综合是指生态文明时代管理哲学研究的思考路径。具体地说，这种思考路径主要有两条：一是外在规定性的思考路径，即从整个宇宙历程中看整个人生历程，从整个人生历程中看整个管理历程[②]，从哲学研究的根本问题中看管理所涉

① 张岱年，程宜山：《中国文化与文化论争》，中国人民大学出版社1997版，第3—28页。

② 曾仕强：《中国管理哲学》（第三版），（中国台湾）东大图书股份有限公司1986年版，第39页。

及的理念问题、价值问题、社会进步问题、心灵问题，从社会人生三态和谐中看管理的三态和谐问题；二是内在演绎性的思考路径，即从管理自身的本性中看三态和谐及其相关的目的观、对象观、价值观、效益观、技术观、心理观、组织观、伦理观、制度观等根本性的问题。只有这样，才有可能使生态和谐管理理论研究取得真理性成果，真正给企业管理提供最高原理、理想目标和运作航标。

经过以上研究取得的成果，还必须成体系地陈述出来才是一种理论。理论总是成体系的，不成体系的知识只能叫常识，不能叫理论①。既然本书的主题是生态文明时代的和谐管理，属于管理哲学的范畴，那么它就必须是一个体系，这就决定了体系构建方法也是笔者必须采用的一种方法。一般而言，体系构建方法不外乎三种：公理化方法、历史与逻辑相统一的方法、从抽象到具体的方法。前者是从不证自明的公理出发，通过严密的逻辑推导的中介，演绎出具有真理性的结论。第二种是按照历史的顺序与逻辑的顺序形成理论体系，并要求两种顺序的呼应。后者是以具有合理性的概念作为逻辑原点，展开其内涵，使其从抽象的规定过渡到思维中的具体（各种规定性的综合)。本书的体系构建方法乃是这三种方法的综合。“生态和谐”既是针对生态文明时代所设计的“公理”，也是生态文明时代和谐管理的历史切入点和逻辑起点，由此开始生态和谐管理理论的展开，结果形成真理性的结论，如生态和谐人性观、三态和谐价值观、三维效益观、生态和谐管理技术观、心理观、组织观、伦理观、制度观等。

上述方法的流程往往要经过多次循环往复。当最终形成的理论体系及内含的结论的合理性有所偏误时，就要回溯到方法诸环节，分析偏误产生的原因，并进行恰当的补充和调节，直至结论的合理性凸显为止。

全书共十二章。第一章在系统梳理生态文明时代我国企业管理面临的现实问题和挑战的基础上，通过国内外绿色管理与和谐管理研究进展

---

① 萧焜焘：《关于辩证法科学形态的探索》，《中国社会科学》1980 年第 2 期。

及其特点和局限性的透视，阐明了生态文明时代和谐管理研究——生态和谐管理理论研究的必要性与合理性；针对本书的哲学性质，论述了所采用的研究方法和所展开的内容架构。

第二章基于管理实践和理论的历史事实，考察管理发展的历史轨迹及其和谐走向，揭示从农业文明时代原始综合型经验管理，到工业文明时代分化与否定型科学管理，再到生态文明时代辩证综合型和谐管理（生态和谐管理）的辩证历史过程，说明生态文明时代辩证综合型和谐管理（生态和谐管理）产生的历史必然性和现实合理性。

第三章提出并阐证生态文明时代和谐管理的基本理念——生态和谐理念（广义）。首先在对生态进行感性直观、知性分析的基础上，厘清生态的哲学意蕴：生生、协变、臻善；再运用现代系统辩证法对以《国语》为代表的中国传统和谐理念进行典型考察，梳理出和谐理念的四个规定性：多样的统一，关系的协调，力量的平衡，功能的优异；进而将“生态”与和谐相融通，形成广义的生态和谐理念，指出广义的生态和谐是具有自然有机性的生生和谐，环境适应性的协变和谐和价值合理性的臻善和谐①。它理当成为生态文明时代和谐管理的逻辑起点和实践准则。

第四章论述生态文明时代和谐管理的人性假设。将生态和谐理念在管理人性观层面予以展开，便演绎出生态和谐人假设。人的发展是与社会经济发展协同俱进的。社会经济的不断进步必然伴随人向全面发展的切近。工具人、经济人、社会人是与工业文明时代相适应的人性假设，而理性生态人乃至生态和谐人则是与生态文明时代相适应的人性假设。它的设计既具有历史的必然性，又符合生态文明时代的管理依据人性、提升人性的现实需要，而且自统计规律而言，生态文明时代的企业人的生态和谐人性特征已显示出“大数定律”和递增趋势。生态和谐人，作为以身心和谐、人生幸福为目的，需要结构的和谐为条件，生态和谐、人态和谐为契机的自然人，具有两个显著特征，一是在身心和谐中创造

① 黄志斌：《传统和谐理念的当代阐释》，《哲学研究》2006 年 11 期。

幸福人生，二是理性和情感高度统一。他在实践活动包括企业活动中所遵循的规范和原则具有明显的生态文明时代的特点，这就是生态和谐观、三维效益观、综合安全观和广义生态方法论。生态和谐人的型塑遵循着人格健康、教育和学习的一般机制，其关键路径包括“疏解—升华”、“内化—外化”两个方面。

第五章论述以三态和谐为根本追求的企业价值生态。将生态和谐理念在管理价值观层面予以展开，便显现为以三态和谐为根本追求的企业价值生态。广义的生态和谐理念是生态（狭义）、人态和心态的整体动态和谐理念。其中，狭义的生态和谐作为人与天然自然、天然自然与人工自然、人与天然自然和谐的统一，居于基础地位。在当代企业，若工艺粗放，资源被浪费，技术和产品不安全，“废物”有污染，就会威胁到企业自身的生存和发展，人态和谐、心态和谐也就失去了物质凭依。人态和谐作为人际和谐、个群和谐、群间和谐的统一，居于保障地位。若员工之间、管理决策层成员之间、员工与管理决策层之间、部门之间、子公司之间、子母公司之间、企业与竞争者及互补者之间矛盾重重，甚至尖锐对立，就会因“内耗”而窒息士气、活力、合力和创造力，难以实现生态和谐（狭义）、心态和谐。心态和谐作为生理和谐、心理和谐、身心和谐的集中体现，居于动力地位。若企业人个个都是纯粹的“螺丝钉”和利己性的经济动物，人为物役、心为身役，那么这样的企业就失去了追求生态和谐（狭义）和人态和谐的原动力，从而也就成为生态危机、人态危机之源。人本管理作为物本管理的对立物，强调人在企业管理中的主体和主导地位，主张重视人、依靠人、发展人、为了人的价值取向，注重人的潜力的激发，人的全面发展的趋向以及在潜力激发、人的发展中人文精神和价值理性（人道）的凸显。生态和谐管理则进一步要求在企业管理中必须奉行物本与人本的结合，提倡自然力、人文力和经济力协同作用的管理力本观。而物本、人本与力本的综合实即以三态和谐为企业管理的基本价值取向，于此，企业人不仅是生态和谐（广义）的责任主体，而且是生态和谐的创新主体和享用主体。生态和谐在企业人沿着“责任—创新—享用”的路径推移过渡、螺旋上升显然是对人本管理的新超越，以此为基本价值取向的整体动态追求就构成生态文明时代企业和谐管理的价值生态。

第六章论述了企业管理目标从单纯经济效益观转向三维效益观的变革。将生态和谐理念在管理效益观层面予以展开，则衍生出经济效益、社会效益与生态效益相统一的三维效益观。在工业文明时代，不管是“看不见的手”，还是“看得见的手”，都是对经济效益的单纯追求，体现的是一种对自然的主宰征服观。可持续发展理论的提出扬弃了传统西方经济学的片面性，强调“经济—社会—生态”的整体可持续发展。科学发展观的提出，要求企业实现其目标的变革，奉行企业生态和谐文明观和企业人际公平整体观。这是对企业单纯追求经济效益的辩证否定。由此我们可以演绎出利润与伦理和谐统一，天道与人道一同遵循、经济与生态同时兼顾的企业三维效益观。其核心在于要求企业从“利润最大化”的目标追求转向“利润最优化”的目标追求，实行“深绿式”发展。

从研究框架的角度看，第二章所论述的是生态文明时代和谐管理理论的历史前提，第三章所确认的是生态文明时代和谐管理理论的逻辑起点，第四、五、六章则是“前提”与“起点”在管理人性观、价值观、效益观上的展开，因此第二至第六章是在历史与逻辑的统一中展开着生态和谐管理理念的基本内容，共同构成生态文明时代和谐管理的“理念篇”。

第七章至第十一章是将生态文明时代和谐管理的基本理念——生态和谐管理理念贯彻到企业管理系统结构，形成生态和谐管理系统观，构成生态和谐管理理论的结构要素篇。企业管理的结构要素可划分为生产技术、心理行为、组织部门、伦理规范、制度规则五个层面，用生态和谐理念加以统贯，则相应包括尊重自然价值的技术选择，培育企业心理资本的和谐人格塑造，促进企业知识资本增值的组织协调，优化企业社会资本的伦理规范，将自然、组织、社会、人格予以贯通的制度整合，即：生态文明时代的企业生产技术必须突出对自然价值的尊重，应追求生态和谐（狭义）；企业人心理行为必须伴生企业心理资本的培育和和谐人格的塑造，应趋于心态和谐；组织部门、伦理规范必须能促进企业知识资本增值和社会资本的优化，应指向人态和谐；企业制度，必须能将自然、组织、社会、人格予以贯通，应追求三态一体的生态和谐（广义）。

“研究结论与展望”部分则在对生态和谐管理理论的研究结论及其所蕴含的文化生态进行概括的基础上，结合当代产业发展的生态化与知识化合流趋势，提示了生态和谐管理论进一步研究的方向。

这样便形成一个与生态文明时代相契合的中国企业管理哲学——生态和谐管理理论体系。这个体系的脉络是“导论——管理理念篇——结构要素篇——结束语（趋势篇）”，显现出理论与现实、历史与逻辑、过程与结构、现在与未来的统一。它在对生态文明时代我国企业管理所面临的一系列重大问题的回答中，赋予企业管理的理念、人性观、价值观、效益观、技术观、心理观、组织观、伦理观、制度观以新的理解和内容，将在一定程度上给管理理论的研究开拓新的思维空间，为管理实践提供新的价值原则、理想目标和运作航标，引导企业在管理活动中立足现在，面向未来，聚焦国内，关注世界，奔向以人为本、全面协调可持续发展的理想目标。

第二章
管理发展的历史轨迹及其和谐走向

人类社会出现以后，争取人类更好地生存与发展，一直是摆在人类面前的一个根本任务。而承担这个根本任务，人类不可避免地面临千千万万的问题。这些问题归纳起来主要有三大问题：第一，人类应该有一个什么样的生存与发展的空间，亦即人类应该有一个什么样的天然自然环境和人工物质环境，以及这个环境中的诸要素应该有一个什么样的关系。简言之，就是自然系统应该有什么样的要素和关系。第二，社会个体应该有什么样的理想人格，个人与个人、个人与群体、群体与群体之间应该有一个什么样的关系。简言之，就是社会系统应该有什么样的要素和关系。第三，人与自然之间，或者说社会系统与自然系统之间应该有一个什么样的关系。围绕这三大问题，人类必须事实上也一直在进行着物质文明、政治文明和精神文明的建设。管理是人类文明的伴生物，所以自古以来，它就针对三大问题，因应人对自然的认识水平、工具的使用水平以及生产方式的组织水平的提高而展示自身的发展历程，推动着人类文明建设的辩证运动。与此同时，作为对管理实践自觉意识的人类管理理念也随之演进。总的说来，人类管理的发展经过了一个由原始综合到分化与否定再到辩证综合的过程，“农业文明时代原始综合型经验管理——工业文明时代分化与否定型科学管理——生态文明时代辩证综合型和谐管理（生态和谐管理）”，划出了一条人类管理发展的历史轨迹，凸显出当代管理的生态和谐走向。

第一节　农业文明时代原始综合型经验管理

人类告别漫长的野蛮时代，所进入的就是农业文明时代，在西方，它包括了古代、中世纪。自管理而言，这一时期总的特征是实践的经验性、理论的原始综合性和客观结果的天人原始和谐性。

在古代和中世纪，人类为求自身的生存与发展，自觉不自觉地处理着人与物、人与人的关系，进行着管理的实践活动。早在公元前5000年，苏美尔人就在泥板上用文字记载账目，出现了库存账目记录的萌芽。后来的古埃及人在金字塔工程、灌溉系统和运河、开矿等实践活动中，不自觉地运用了管理控制系统。古希腊人则在城邦管理中采取了协商式管理（雅典城邦及其议会、人民法庭、执政官制度乃是这种管理的典范），并且为发展工商业而开始一些有组织的生产，但古希腊的记载并没有留下多少关于管理原理方面的见解。古罗马帝国在国家事务中采取了集权分权制管理，这反映到经济事务中，“罗马人发展了一种类似工厂的体制”①，并且用建立公路体系的办法来保障军事调动和商品分配，国家第一个采取类似现代股份制公司的形式向公众出售股票。国家相应地在农业生产中也采取了类似工厂的农庄管理制度。到了中世纪，伴随生产力的发展和社会分工的深入，两种经济活动的组织形式开始在社会上出现，一种是工商业行会，另一种是合伙制和联合经营的厂商组织，催生出了相应的企业管理实践活动。例如，15世纪的威尼斯兵工厂就有了管理的分工，工厂由管事、领班和技术顾问来管理生产，进行流水作业，

---

① 丹尼尔·A. 雷恩：《管理思想的演变》，李柱流主译，中国社会科学出版社1997年版，第22页。

而工厂的计划、采购、财务则要接受市政会设立的一个委员会的领导，并相应建立了早期的成本会计制度。

但由于在这一阶段，科技和生产力发展水平低下，社会分工粗糙，企业管理尚未从社会经济事务中分化出来，人与物、人与人的关系在工商业领域的表现混沌不清，所以与这一阶段相对应的管理理念是鸟瞰式的，对人与物、人与人和谐的追求也就不可能具体到工厂内外的各个细节，而且对工厂管理的作用缺乏意识，更谈不上对工厂内外各种要素和关系进行梳理和概括，形成和谐管理的理论。

古希腊的哲学曾经是囊括一切知识领域的，科学技术等都包蕴于哲学思想之中，因此当他们论述管理思想和理念时，往往也就在哲学的空间中进行。苏格拉底（Sokrates，469－399 B. C.）就从哲学的角度提出，管理私人事物和管理公共事务仅仅是在量上的不同。他认为，公共事务的管理技术和私人事务的管理技术可以相互通用，所以一个人管理不好他的私人事务，也就管理不好公共事务。私人事务中人与物、人与人关系的和谐与公共事物中人与物、人与人关系的和谐是同质的，都是以人为尺度的。那些知道如何雇佣人的人，在公事和私人上都能获得成功，否则都会受到挫折。

苏格拉底的门生色诺芬（Xexnophon，430—350B. C.）顺着苏格拉底的思路，指出家庭经济管理与国家经济管理的相通性。他在根据自己亲自经营和管理庄园的实践经验写成的《家庭管理》一书中告诉人们："家庭管理"是关于优秀的主人如何管理好自己财产的研究，而古希腊是奴隶主私人占有生产资料和奴隶的社会，生产活动是以奴隶主家庭为单位，由奴隶去完成，因此，奴隶主的家庭管理就囊括了古希腊奴隶制的各种组织与管理；判别管理水平高低优劣的标准是财富是否得到增加，管理的目的是得到更加的财富；为达到目的，就得加强对"人"的管理，并进行劳动分工协作。

苏格拉底的另一个学生柏拉图（Plato，427－342B. C.）在《理想国》一书中则进一步阐述了劳动分工和专业化原则，认为一个人不可能精通一切技艺，所以必须有社会分工，但分工了又必须协作，建立了和谐关系的分工才能大大增加产量。又认为，个人与国家是同构的，国家是放大的个人，个人是缩小的国家，既然作为个人本性的灵魂包括理性、意志、欲望三个部分，那么国家中也就有三个等级的人，即管理国家的哲学家，卫国的战士和民间艺工，奴隶只是会说话的工具，不在三个等级之列，在理想国内，各个阶层的人应该如同人的灵魂的各部分的器官，各司其职，协调和谐。

柏拉图的学生亚里士多德（Aristotle，384－322B. C.）在《政治学》一书中，把人区分为管理者与被管理者，指出两者的关系是指挥与服从的关系，而且这种关系是天赋的；管理就是通过两者关系的协调，促进"质料"向"形式"转化，"潜能"向"现实"过渡，从而实现"目的"，"目的→物质＋管理→新的目的"构成事物运动变化的过程；在整个社会管理中，家庭管理具有代表性。

古罗马的贾图（Marcus Poreius Cato，234－149 B. C.）在总结农庄管理经验的基础上写成了《论农业》一书，就如何处理和协调农庄主与监工的关系、监工与奴隶的关系，农庄与农庄的关系等问题进行了讨论，特别提出了挑选管家的九条守则：维护纪律；尊重别人的权利；负责调解奴隶的纠纷，有错必惩；监工举止应当谦恭有礼；保证使奴隶整天忙于工作；重视农奴主推荐的奴隶，同时注意同两三个其他的农庄保持联系，必要时交换必要物品；认真同农场主核对账目；对爱护牲口的奴隶应当奖励；事先要用充分的时间安排各项工作。①

中世纪的威尼斯兵工厂已涉及工厂内外关系的协调和谐，但由于宗教神学要求人们倾心天国，远离世俗，因而没有人对新萌生的工商业生产管理经验进行总结，所提出的一些管理思想都打上了宗教神学的印记，例如托马斯·阿奎那的管理思想中就贯穿着"上帝目的"的宗教伦理思想。

① 郭咸纲：《西方管理思想史》（第二版），经济管理出版社2002年版，第13—14页。

从总体上看，人类在这段时间里所从事的主要活动是农业生产，所创造的产品基本上是“再生型”的农业产品，并未触及天然自然物活动的基本结构，只是天然自然物的翻版，带有“自然美”的特征；家庭手工业与农业相比量少面窄，但少量的手工业产品往往是艺术品，实现了生产与艺术的团结；人类的活动不自觉地暗合了自身发展的某些规律，在清苦的生活中达到了身心的和谐，很多庄稼人从田间劳动中获得心灵的宁静，肉体的健康，从手工作业中获得美的享受；农业生产和少量的家庭手工业活动对自然的破坏未打破自然的整体平衡，未出现大的资源和环境问题，人与自然没有大的冲突，人与自然处于和谐相处的状态。另一方面，在这段时间里人类的能动性被淹没在受动性的海洋里，人类自由的翅膀处于大自然的绳索的束缚之中，人类是在靠大自然的施舍过日子。“受命于地，唯松柏独也正，在冬夏青青；受命于天，唯尧舜独也正，在万物之首，幸能正生，以正众生。”① 天地即大自然，大自然的一切对人来说是无可奈何的，因此，此时的人与自然的和谐只是一种原始的和谐。

综上所述，在农业文明时代，工商业尚未真正从农业中分化独立出来，人们对企业管理与农庄管理、经济事务管理的界限认识模糊，在实践上表现为经验管理，在理论上未能对管理经验进行总结，在客观结果上，人与自然处于原始的和谐状态。因此，在农业文明时代的管理是原始综合型经验管理。

第二节 工业文明时代分化与否定型科学管理

工业文明时代发端于以18世纪纺织机和蒸汽机广泛使用为标志的工

① 庄子：《南华经·德符充》。

业革命，成熟于19世纪与20世纪之交以电动机、发电机广泛使用为标志的资本主义工业体系的电气化革命。如果说工业革命对社会经济的影响还不够广泛和深入，所表现出的生产力功能还不够及时（科技向生产力转向的周期相对较长）和突出（以蒸汽机为动力的机器大生产科技含量相对较低），以至人们还认识不到科技与经济的本质联系的话，那么资本主义工业体系的电气化革命则使科技迅速纳入社会生产力体系，强有力地推动着工业经济的发展，以至于人们将科技与经济紧密联系在一起，并在整个社会体系中处于突出的地位，凸显出科技与经济的价值“霸权”。科技是经济发展的风火轮，是最为重要的生产力要素，经济发展是国家富强的标志，是幸福生活的源泉，这逐渐成为人们的共识，甚至在一些人那里成为不证自明的公理。在发达资本主义国家，人们千方百计地发展科技和经济，将科技与经济发展看做是解决各种社会问题的良方妙药。

工业文明时代总的特征是人们倾向于以科学理论与方法、科学的思维方式审视包括科技、经济、社会在内的各种问题，用技术手段和过程解决各种问题，以经济效益评价各种实践活动，唯科技主义和建立在“成本—效益”核算模式基础上的利润最大化成为价值取向的主导。这反映到企业管理理论上，就是科学管理理论的出台和反弹：前科学管理思想孕育了科技霸权的胚胎，其主旨是通过符合自然原则的管理，实现机器和制造业的节约；泰罗的科学管理理论是科技霸权的最初反映，其宗旨是通过科学的管理技术和过程实现人机和谐；行为主义从否定科学管理所带来的人际不和谐入手，提出实现人际和谐的心理行为学方法，但仍未摆脱科技霸权的束缚，因为它是以心理学、行为学等科学原理为依据的；现代科学管理的理论“丛林”在考虑问题的全面性、整体性方面固然比此前的管理理论大有长进，它们对企业整体和谐的追求为管理理论的发展指明了方向，但它们仍未将人文资源、人文力、人文规律等非科技因素置于管理的重要地位，更不会也不可能从生态的角度将这些因素与科技因素相整合，以追求人与自然、人与人、人自身的整体动态和谐，因此它们只是早期科学管理理论的反弹，是科技“霸权”的继续。

一、前科学管理：企业管理的自觉

文艺复兴和宗教改革的思想解放运动，资产阶级的政治革命，资本主义制度的建立，使萌生于中世纪的资本主义工商业胚胎迅速成长，把欧洲送入资本主义早期发展阶段。在这一阶段，欧洲各国商业城市崛起，家庭手工业制的主导地位逐渐被工厂制所代替，随后在第一次科技革命和工业革命的凯歌声中普遍出现机器大生产和工厂制度。这时，新教伦理、个人自由的伦理、市场伦理作为对宗教禁欲主义和人的奴性的扬弃，构成了资本主义精神的主要内容，使生产过程中人与物、人与人的关系变成现实的经济关系，并在这种关系的调整中迸发出资本主义的活力，推动着资本主义经济的发展。但自管理思想而言，新教伦理直到20世纪才被韦伯发现和阐述；个人自由的伦理只是从政治和法律角度被论述，英国的洛克在其《政府论》一书中提出了个人自由和私人财产不得侵犯的思想；市场伦理则得到较充分的阐发，亚当·斯密在《国富论》一书中认为，只有市场和竞争才是经济活动的调节器，通过市场这只“看不见的手”，资源可以得到合理配置和发挥最大效能，从而使个人或国家实现自身利益的最大化，通过分工则可以大大提高生产率，从而提高市场竞争力，而工厂制度就是分工的产物。运用市场、分工、竞争来调节经济活动中人与物、人与人的关系具有价值合理性。

工厂制度的普遍出现对企业管理提出了客观要求，企业内部老板与工人的关系、工人与机器的关系需要协调，企业外部与市场和竞争者的关系也需要协调，工人需要培训，管理人才尤其是企业家极端缺乏的问题需要解决，这就使人们对管理的重要性和必要性有了自觉的意识，即对管理的作用的认识从自在过渡到了自为。许多理论家，特别是经济学家和管理实践者，尝试将管理作为一门独立的知识领域乃至独立的知识体系来研究和发展。法国经济学家让·巴蒂斯特·萨伊就指出掌握监督与管理艺术的企业家是继土地、资本、劳动之后的“生产力的第四要素”。英国数学家、科学管理的先驱者巴贝奇1832年发表了《论机器和制造业的节约》一书，他在该书的前言中就开宗明义地指出：“我在过去10年中曾被吸引去访问英国和欧洲大陆的许多工厂和工场，以便熟悉其机械工艺。在这过程中，我不由自主地把我在其他研究中自然形成的各种一般化原则应用到这些工厂和工场中去”。进而他充分论述了分工与效率、机械与工具的使用、时间周期与作业工序、批量生产、均衡生产、消耗与精确成本确定、劳资矛盾与工厂制度等专业化中所及的人与物、人与人的关系协调问题，为后来泰罗提出科学管理理论拉开了序幕。英国的罗伯特·欧文提出了著名的管理思想：“人是环境的产物”，由此而主张通过改善工作环境、听取工人意见等途径激励工人，认为“至少要像对待无生命的机器那样重视对待有生命的人的福利”，并重视对工人的行为教育，被公认是行为学派的重要先驱者。

但由于这一阶段出现的企业大多数是个体企业和合伙企业，产权关系未发生分化，企业主自己管理企业，缺乏职业管理者，所有权与经营权不分①，所以往往是企业主凭借经验对企业自上而下地实行家长制的个人集权管理。企业主凭借个人所积累的经验，按照传统的程序来处理问题；工人则凭借师徒相传的技术经验进行生产作业。管理的目的主要是通过人与物、人与人关系的协调，降低成本，获得最大利润。这一惯性一直持续至19世纪末一批大型托拉斯企业建立，仍未得到遏制，资本家在变个人集权管理为集团集权管理的时候，并未改变传统的经验管理习惯。不过，这时的企业经验管理显然不同于古代和中世纪的农庄经验管理，它已显示出较为明显的专业化倾向和科学管理的萌芽，已经开始从原始综合的社会经验管理中分化出来，转而关注企业内外人与物、人与

① 罗伯特·欧文曾将自己的工厂卖给一个叫德林克沃特的人，自己则做了一个领薪的企业管理者来独自管理这个工厂，这是将企业经营权和所有权分开的最早尝试。但这并不影响企业经营权与所有权不分的总体判断。

人关系的协调。从对企业管理重要性和必要性的自在认识到对企业管理作用的自觉意识，从社会实践诸领域人与物、人与人关系的原始综合的经验管理到对企业内外人与物、人与人的关系的经验管理，孕育了工业文明时代分化与否定型科学管理的胚胎。

二、早期科学管理：追求人机和谐

早期科学管理萌芽于欧洲但产生在美国。19 世纪末，美国南北战争的结束迎来了资本主义的蓬勃发展，大量的欧洲移民将工业革命的种种成果带到了美洲大陆，使得美国的商品经济、劳动分配、工厂制度得到了空前的发展。企业和公司规模的扩大，市场竞争的加剧，效率、刺激、行政管理、教育、劳资矛盾等一系列问题的出现，要求人们以专业化的管理取代小规模条件下的独裁管理，需要专业的管理人员和行政人员，于是，欧洲资本主义早期经验管理中所蕴含的科学管理的胚胎在美国得以迅速发育，科学的理论、方法和技术被应用于管理，股份公司纷纷建立，信用制度相应出台，企业所有权和经营权得以分离，企业中的分工不断细化，职业管理者不断增加，工人培训受到重视，企业规章制度的制定和实施力度加强，美国机械工程师学会倡议发起运动把管理从工程学中独立出来，发展为一门学科。这就为科学管理理论的问世准备了条件。

以泰罗为代表的实业家和工程师因应管理实践的呼唤，吸取欧洲经验管理思想中的科学管理因素①，围绕人机关系、劳资关系问题，经过实地调查、实验和认真思考，提出了科学管理理论，在 1913 年发表了著名的《科学管理原理》一书。泰罗认为，劳资矛盾的解决有赖于人机关系

① 泰罗注意到巴贝奇等人的科学思维方式，他在《科学管理原理》中说：“有些人的教育使他们养成了概括并在各处寻找规律的习惯，当这些人碰到了在每一行中都存在并极为相似的许多问题以后，他们不可避免地试图把这些问题进行逻辑归类，并找出解决问题的某些一般规律和规则来。”

的和谐。如果工人能够适应机器，与机器协调，就能提高企业生产效率；企业生产效率提高了，就可能获得更多的利润，增加工人的工资；资本家和工人都是“经济人”，他们最为关心的都是自己货币收入的提高和经济利益的获得，所以工人工资的增加可以消除工人对资本家的不满，更好地挖掘工人的潜能，同时，资本家也获得了更多的利润，这样劳资矛盾便可化解。进而泰罗以人机和谐为中心展开了他的科学管理法：第一，树立“头等工人”的理念。这是科学地挑选工人的基础。他经过观察发现，人与人之间的主要差别不是在智能，而是在意志，在达到目的的动力的差异，每一种类型的工人都能找到某些工作使他成为“头等工人”。“头等工人”是一个适合完成他的工作的有抱负的人，而不是超人，管理者的重要职责就是为不同类型的雇员找到最适应于他的工作，培养他成为有志于这方面的能手①。第二，“整个体制都依赖于对单位时间正确而科学的研究”，② 通过时间和动作的研究，制定出工人最容易掌握的、最有效的作业方法的“自然法则”。可以把工人的一定作业分解成基本动作，再对尽可能多的工人测出完成这些动作所需要的时间，并选定最适应于完成这种作业的工具和机器决定最适当的作业程序，消除不必要的多余动作，以找到最有效的作业方法，从而确定完成一定作业的标准动作和所需的标准时间，进而以此为标准确定工人的定额和工资（差额工资制），这便是所谓“科学的事实和法则”。后来，美国工程师弗兰克·吉尔布雷斯夫妇在工人操作动作的合理化方面进行了进一步的研究，减少了劳动中的动作浪费，形成了快速准确的工作方法，促进了人机和谐，被誉为“动作专家”。第三，划分管理的计划职能和执行职能。提出定额和操作方法的科学制定由专门的计划部门负责。第四，注重机器排列、场地布置等“物”的管理。认为科学的机器排列和场地布置有助于人机和谐。第五，劳资双方的心理革命。“在科学管理下，双方心理态度上发生的这场伟大的革命就是双方把注意力从被视为最重要的

---

① 樊浩：《中国人文管理》（内部文稿），1994 年，第 15—16 页。

② 占部都美：《现代管理论》，新华出版社 1984 年版，第 27 页。

分配制度的问题上移开，而共同把注意力转向增加剩余上，一直到剩余大大增加，以至没有必要就如何分配剩余问题进行争吵为止。”①

泰罗的科学管理理论影响深远而广泛。它将管理的研究集中到企业内部劳动作业和技术过程中的人机关系上，提出了一套将组织的物质资源或技术力量同人力资源结合起来，实现人机和谐，提高劳动效率的科学理论与方法，使人们对企业和谐的追求从原始的综合过渡到科学分析，从经营者个人的经验和任性过渡到遵循科学的原理和法则，从模糊不清的直觉过渡到精确标准的计量，这种“和谐”理念为后来现代科学管理的发展提供了伸拓的原点和广阔的空间。它对人机关系的注意也给后人留下了重要的管理课题。它对“心理革命”的重视则给行为科学管理的出现提供了某种铺垫。但其中“经济人”假设的片面性，调和劳资矛盾的资产阶级立场，挑选、培训，使用工人的非人文性，是显而易见的。它所追求的人机和谐本质上是“物本”的，在它所描述的人机和谐体系中，人是机器的附庸，人的个性、人的主体性被丢失殆尽。这种不顾人的思想、感情，扼杀人的个性、主体性的科学管理，其效率事实上是难如管理者之愿的。

科学管理法产生以后，曾在国际范围内出现泰罗主义，一些国家如法国甚至以国家名义下令工厂实施科学管理法，在工业界、教育界产生广泛的影响。亨利·法约尔在这场科学管理运动中脱颖而出，在管理组织和管理过程上发展了泰罗关于管理计划职能与执行职能的划分，提出了著名的组织管理理论，把管理定义为计划、组织、指挥、协调和控制的过程。他认为这五个方面构成只对人起作用的管理职能；管理的职能是由企业的最高领导到一般工人的各个成员共同分担的，对作业人员来说，最重要的是运用技术能力使材料和机器处于运动状态；管理阶层越向上，管理能力的相对重要性就增加，而技术能力的重要性就下降，高级管理阶层的最重要的能力是管理能力。与此相联系，法约尔在其理论

① 占部都美：《现代管理论》，新华出版社 1984 年版，第 154 页。

中贯穿着两个原则：命令统一原则，级层原则和“挑板”原则。一个下属人员应该只听从一个领导人的命令，指挥要统一；从最高权威者到最下层的管理人员按照线性组织原则，形成一个层级系列，信息传递不能脱离权限线；有时为了保证行动的速度和组织的效率，各层级内部人员间可直接传递信息，但要得到顶头上司的承认。法约尔的理论规定了管理的要素与职能，试图给管理以特定的概念范围；他强调组织的重要性，乃至可以把他的理论解释为阐发组织有效形成和维持的理论，为“社会人”时代的组织理论提供了基础；他所注重的是企业组织效率，与泰罗所侧重的个体效率相互补充，构成管理效率最大化的目标的两个层面；他所规定的管理的五项职能，意味着对管理过程和谐的追求。但他主张统一指挥、统一领导，强调纪律和服从，为求组织一体化和人机和谐而反对工人个性的发展，与泰罗科学管理法的局限具有相同的性质；另外，他没有考察组织的类型及其与周围环境的关系，忽视了非正式组织的作用，也是局限所在。然而无论如何，他对组织这一人的系统的特别研究，乃是科学管理法内容的否定因素，就此而言可以认为法约尔的管理职能说（或称管理过程论）是由科学管理向社会人时代行为科学管理过渡的环节。

三、行为科学管理：转向人际和谐

梅奥等人洞悉了科学管理的局限，根据企业内部日益复杂的人际关系，在著名的“霍桑实验”的基础上创立了行为科学管理理论。

在科学管理时期的小型企业中，管理者与工人之间的关系较为简单，空间距离较近，相互影响、沟通和监督较易进行。但在规模日渐扩大的公司中，人与人之间直接交流的普遍性受到限制，人际关系的复杂性日益增加，以至对管理的效率产生着消极影响。这种变化，促使人们把注意力从企业中人与物的关系转向人与人的关系，对人群中人的需要、感情和行为等进行观察和分析，以探索其规律，为管理实践服务。“霍桑实验”代表了人们在这方面的努力。

“霍桑实验”是在位于美国芝加哥城郊的西方电器公司的霍桑工厂中进行的，从1924年开始到1932年结束。它包括以下内容：第一，车间照明实验。结果表明，照明作为一种直接生产条件对作业效率的影响甚微，且难以测定，它说明有某种与生产效率有关的未知因素存在。第二，继电器装配实验。结果发现，生产效率的决定因素是由车间的环境即车间的人际关系所决定的职工的情绪和士气，而不是休息时间、作息时间、工资形态等作业条件。第三，大规模的访谈计划。梅奥等人制定了一个征询职工意见的访谈计划，在1928年9月至1930年5月间，研究人员与工厂中的21126名职工进行了访谈。由此得出的结论是：管理人员必须成为倾听并理解工人的访谈者，能够重视人的因素，在与工人相处时要表现出热情和对他们的关心，这样能促进人际关系的改善、职工情绪的调适和士气的提高。第四，继电器绕组的工作室实验。这是一项关于工人群体的实验，结果证明：在车间里存在着某种按照公司编制建立的正式组织以外的非正式组织，在非正式组织中，感情逻辑支配着团体的行动。根据“霍桑实验”的结果，梅奥等人建立了行为科学管理理论。

行为科学理论主要由以下三个方面的结构要素组成。第一，“社会人”的假设。泰罗的科学管理法把人当作经济人来看待，认为金钱是刺激人的积极性的惟一动力。霍桑实验的结果则表明人是一个社会人。对于社会人，影响劳动积极性和生产效率的直接因素主要是社会心理因素，而不是工资、作业条件等物质因素；社会人不仅在社会上寻找收入的源泉，还要得到友谊、安定和归属感。在企业管理中，应该把职工当作社会人来看待，而不是将其视作无差别的机器或机器的一部分，应通过企业内部人际关系的协调、职工社会需要的了解和满足来激发其积极性和创造性，使管理出效率。赫茨伯格进一步将企业内部的人际关系和职工的社会需要划分保健因素和激励因素两大类，认为诸如雇员与上级的关系，雇员与下级的关系、工作地位、公司的政策和行政管理等社会因素与薪金、工作安全性、工作环境等物质因素一样，属于保健因素，如果不具备，会引起员工的不满，但具备了也不会使员工受到巨大的激励；而诸如工作上的成就感、得到承认、被提升、工作本身、个人发展的可能性和职务上的责任感等则属于激励因素，这些因素的具备会对员工的积极性形成激励。第二，要协调好企业内部人与人的关系就得从现实的社会人角度来认识企业中的人与人之间实际存在的关系。根据霍桑实验的结果可知，企业员工在共同工作的过程中，由于某种需要和经常性的交往自然形成了非正式组织，它与企业为实现经营目的而合理形成的各种成员之间的正式组织一道，共同构成企业中人的组织。在非正式组织中，人们有共同的情感、态度和价值标准，这左右着成员的行为，影响着成员的士气。管理者对这种有可能与企业目标不一致的因素不应一味地限制和压抑，而应通过有效的管理活动使之为正式组织的活动和目标服务，实现与正式组织的和谐。第三，要协调好企业内部人与人的关系还得树立以员工为中心的新型领导方式。按照科学管理的原理，生产效率与作业方法、作业条件、工资制度之间存在着单纯的因果关系，因此领导方式应该是严厉的刚性管理，其目的在于实现人机和谐和提高效率。梅奥等人根据霍桑实验得出了不同的结论，生产效率的持续上升是由于随着作业条件的变化，生产者的态度也发生了变化，而态度是指情绪而言的，情绪就是职工作为“社会人”所得到的满足的程度的函数。职工的满足程度越高，情绪就越高；情绪越高，生产效率就越高。因此，在企业管理中必须从以“物”为中心的刚性领导方式转向以员工为中心的柔性领导方式。领导者要关心员工的个人愿望、需要，同员工经常保持接触，采取民主的方式进行领导。后来，巴纳德所提出的组织成员都是决策人的假设可视为民主领导方式的延伸。民主的领导方式是实现领导者与员工之间的和谐，提高员工的满足程度和情绪状态，从而提高生产效率的重要途径。

行为科学管理对人际和谐的侧重和人的社会需要的关注，无疑给人们开辟了和谐管理的一个新的重要的空间，开始在人际行为的层面上展开着和谐管理的丰富性，是管理从“物本”向“人本”过渡的重要里程碑。它强调员工的社会人属性没有错，但对“经济人”的过分否定容易导致非合理主义，甚至造成“依赖性的人”；它指出非正式组织的作用没有错，但对正式组织主导作用的忽视，容易造成对组织目标的偏离；它突出企业中人与人之间的交流和团结，个人对组织的归属感没有错，但对人与人之间一致性过分偏重，容易窒息和忽视个人和组织的创造性；它关注对“物”之外的人的精神与心理没有错，但仍然将人看做是实现提高效率这一管理目的的重要资源而加以重视和开发，则依旧具有浓厚的“物化”倾向。行为科学管理内在的这些局限性亦即其内在的否定因素，引导着现代科学管理对它的辩证否定。

四、现代科学管理：探索整体和谐

现代企业管理对整体和谐的探索，出现于第二次世界大战以后。这一时期，科学技术的迅猛发展及其对经济发展的巨大推动，企业结构的混合化、企业发展的国际化、大中小企业的协作化和垄断企业规模的巨型化，向管理提出了各种各样的要求，催生了一系列管理学派，各学派百花齐放、百家争鸣，孔茨形象地称之为“管理理论丛林”。日益激烈的市场竞争进一步强化着人们的市场观念，促使人们关注企业内、外各种关系的和谐，系统科学的创立和不断发展，给人们提供着新的思维方式，要求并指引人们从整体、均衡、开放的高度探寻管理的规律，因此现代管理理论在盘根错节的“丛林”之中显现出探索整体和谐的特质和向早期科学管理之科技与经济霸权的反弹。概括起来，主要包括以下几个方面的理论要素：

（一）探索企业的内部和谐

这包括企业中人与人的和谐，人与物的和谐，整体与部分的和谐诸层面。在人与人和谐层面，西蒙、麦格雷戈和莫尔斯等人进行了有益的探索。西蒙是巴纳德的直接继承人，他提出了一个著名的命题：“管理就是决策”①。他认为，组织的所有阶层包括作业人员都要进行决策，整个组织之中都贯穿着决策。决策必须具有事实前提和价值前提，就后者而言，必须注意个人价值与组织价值之间的平衡。这不仅论及了员工之间的平等和谐问题，而且也引出了决策的合理性问题，认为“决策的合理性，就是在能评价行动结果的一定的价值体系下，选择恰当的代替行动。”② 有鉴于此，以个人行动为前提的“经济人”是难以进行合理的决策的，因为孤立的个人的决策要达到高度的合理性几乎是不可能的，能够实现决策合理性的只有“管理人”。所谓“管理人”，“不是孤立的人，而且指这样的人物形象：他作为组织的一员，通过利用组织，克服对决策合理性制约，从而实现合理性。”③ 他利用组织，按“令人满意的准则”，考虑与问题有关的特定情况来实现合理决策。在这里，西蒙实际强调了个人与组织和谐的重要性：个人与组织的和谐是实现个人价值与组织价值之平衡的条件。如何实现企业中人与人的和谐？麦格雷戈等新人群理论的倡导者认为要靠基于Y理论的管理。他指出，X理论把人设计为只要可能就会逃避工作的人，因而基于X理论的管理乃是对人的强迫、控制和指挥，其效率不高；Y理论把人设计为乐于工作的人，因而基于Y理论的管理乃是促进人的自我指挥和自我控制，让每个人都为实现组织的目的而努力，从而更好地得到自我实现，其效率比前者高。莫尔斯和洛希则根据对两个工厂和两个研究所的研究提出超Y理论，认为人们是怀着许多不同的需要加入工作组织的，而人们的需要有不同的类型，有的人需要正规化的组织的机构和规章制度，有的人却需要更多的自治、更多的责任、更多的发挥创造性的机会，因此组织形式和管理方法要因应人们的需要和工作性质而权变，不能一概而论是按X理论管理或按Y理论管理。企业的具体情况不同，实现人与人和谐的管理形式和管理方法也就不同。

---

① 占部都美：《现代管理论》，新华出版社1984年版，第224页。
② 占部都美：《现代管理论》，新华出版社1984年版，第234页。
③ 占部都美：《现代管理论》，新华出版社1984年版，第235页。

在人与物和谐层面，数量管理科学学派进行了深入的研究。他们将组织看成是作为操作者的人同物质技术设备所组成的有机系统和一个决策的网络模型，因此有必要也有可能运用运筹学及其他数学理论建立数学模型，分析其投入与产出的关系，进行科学决策，实现企业系统整体功能和经济利益的最优。这一学派显然是以泰罗为代表的科学管理理论之人机和谐理念的拓展和量化。

在企业整体与部分和谐层面，系统管理学派作出了较大贡献。他们根据系统科学的原理，认为企业是由两个以上的要素所组成，被设计来按计划实现特定目标的一个系统，其中各个部分的性质和职能由它们在整体中的地位所决定，其行为则由整体对部分的关系所制约，因此整体是主要的，一切都应以整体作为条件，然后演变出其各个部分及各个部分之间的相互关系，各个部分应围绕着实现整个系统的目标而发挥作用。在此基础上，他们提出企业管理要以整体为出发点，使各个部门和各个要素及相互关系服从于企业目标；以模型为手段，将模型分析方法应用于各种资源的管理与协调；以系统功能最优为归宿，通过系统中各部分的协调实现高效率。

（二）探索企业的对外和谐

在这方面系统管理学派和权变学派等都有所探讨。他们认为，企业作为一个人造的开放系统，和外部环境不断地进行着物质、能量和信息的交换，与政府、市场、客户必然地发生着各种关系。外部环境诸因素或多或少，或大或少的变化，逻辑地要求企业进行自我调节，以维持和增强其生命力和竞争力。这就是说，管理因变数与环境自变数存在着一种函数关系。如果企业不能把自己同周围环境连接起来，与环境协同变化，就会被环境所淘汰。管理的主要任务之一就是寻求企业与环境的和谐一致，即针对社会科学技术、经济、政治、法律、供应商、顾客、竞争者等外部环境因素的变化调适企业的计划、组织、指挥、联系、控制、经济批量、激励手段等等，从而有效地实现企业目标。

（三）探索管理过程的和谐

在这方面管理过程学派研究得最为深入。该学派发展了法约尔的思想，把管理看做是一个过程，认为管理是通过计划、组织、人事、指挥和控制诸环节来协调有关资源以达到组织既定的目标。其主要代表人物孔茨等人所发表的《管理学》一书中，对这些环节的特点和目的、基本结构、技术和方法等进行了详细论述，这里就不赘述。

（四）探索企业功能的和谐

在这方面以德鲁克为代表的经验主义学派作出了有益的尝试。他们认为，管理的重要功能是使企业取得经济效果和社会效果的统一。经济效果在企业机构中是合理的并且本身就是它的目的。如果管理不能使企业获得经济效果，按顾客支付价格的意愿提供商品和劳动，不具有维护或改进社会支付给它的经济资源的生产能力的功能，就是无效的管理。而且，企业作为社会的一种细胞，对社会有着巨大的影响，必须对社会承担责任，因此管理在使企业取得经济效果的同时，还要使企业对社会产生积极的影响，取得卓越的社会效果。而效果是以效率为前提的，有效率才能出效果；但效率不是效果的充分条件，效率高未必就效果好。管理功能的完善乃体现于企业效率和效果的和谐之中①。

不难看出，现代管理理论“丛林”，力图对以往的管理理论进行综合和拓展，保持了此前管理思想的科学与经济霸权特质，在一定程度上表现出对企业内外整体和谐的探索，但就“丛林”的每一木而言，又只侧重于企业整体和谐的某一层面，显露出明显的分化倾向，因此它仍属于分化与否定型和谐管理理念的范畴。

第三节　生态文明时代辩证综合型和谐管理

20世纪70年代掀起的“绿色运动”，拉开了生态文明时代的序幕；

① 郑天一主编，任佳等著：《现代企业管理模式——和谐理念》，经济科学出版社1999年版，第57—62页。

20世纪90年代可持续发展理论和战略的提出，则标志着生态文明时代的真正到来。从此，人们理论研究和实践探索的视阈开始转向人与自然、人与人、人自身三态和谐。企业是社会经济的细胞，生态文明时代社会经济的三态和谐，必然要落实到企业的三态和谐，社会经济和谐论的建构必然要表现为企业管理和谐论的建构，与生态文明时代相适应的企业管理乃是对企业活动中人与自然、人与人、人自身关系的协调，因此它理所当然就是辩证综合型和谐管理，即生态和谐（广义）管理。各个企业针对自己的自然资源和人文资源的不同，技术过程与人文过程的差异采用富有个性的生态和谐管理方法和管理形式，就成为企业核心竞争力的源泉。

一、生态文明时代对生态和谐管理的吁求

对生态危机的理论关注在20世纪中叶就已凸显。1962年，美国女作家拉海尔·卡尔松就出版了震惊世界的著作《寂静的春天》，书中对工业文明引发的生态危机进行了充分披露和深刻反思。工业文明在创造了空前的物质财富的同时，也造成了严重的生态危机。在物的方面，人们利用科学技术的成果，从根本上改变自然物的内在结构和功能，制造出大量的“异生型”人工自然物，这些自然物（如DDT）大多是天然生态系统以前所没有的物质形态，难以纳入天然生态系统的物能循环，造成天然生态系统的严重污染。在人的方面，人类沉醉于对自然界的胜利，越来越把自己看成自然至尊和中心，滥加发挥自身的主观能动性，对自然进行掠夺式开发，将人的需要和利益作为衡量其他一切自然物质存在价值的惟一尺度。结果，在人与自然的关系方面出现尖锐的对立状态，作为人按照自己的意志任意支配、统治、处置一切非人类的自然物的回应，自然界开始报复人类，资源短缺、环境恶化、生态失衡、经济失调、社会动乱的警钟不断敲响，人类的生存和发展面临被人类伤害的自然界的严惩威胁。这是一种生态危机。后来罗马俱乐部发表的一系列报告和

联合国环境与发展委员会颁发的一系列文件进一步指明了这一点，而且提出了相应的对策建议。在哲学的层面上，后现代主义者认为，人类摆脱生态危机的出路在于重建人与自然的关系，重建人与自然关系的最好方式和结果则是建立一种生态世界观。美国后现代主义的代表人物格卫芬宣称："后现代思想是彻底的生态学的"，因为"它为生态运动所倡导的持久的见解提供了哲学和意识形态方面的根据。"① 一些后现代主义的流派，特别是深层生态学，就被称之为"生态后现代主义"。而无论是深层生态学还是浅层生态学，无论是开明人类中心主义还是弱人类中心主义，都不同程度地动摇了以往所确信不疑的人在世界中的绝对主宰地位，需要以一种新的伦理原则处理人与自然的关系，"把对人的福祉的特别关注与对生态的考虑融为一体"②。归结起来，人类要摆脱生态危机，就必须反其道而行之，尊重自然的价值，采用包括生态技术在内的各种有效方法和途径，统筹人与自然的和谐发展，处理好经济建设，人口增长与资源利用、生态环境保护的关系，推动整个社会走上生产发展、生活富裕、生态良好的文明发展道路。

但统筹人与自然的和谐发展不可能孤立实现。它作为人与自然关系的协调，是和人与人关系的协调、人自身关系的协调有机关联的。人与自然关系的协调，无论是作为人类的生存前提的物质的获得方式方面，还是作为人对自己所生活的世界的基本态度方面，都成为人与人、人自身关系协调的基础，并成为整个文化体系和文明体系的基础；与此同时，它又必须以人与人、人自身的协调作为其社会条件和主体条件。因此，人对自然态度的变化和实践模式的调适，就标志着人类世界观、价值观和文化精神的深刻变革，也就意味着人类文明的新进步；人们对人与自然和谐的不断追求和递进实现，也就要求和推动着人与人的和谐、人自

① 王治河：《后现代主义与建设性（代序）》，见［美］大卫·雷·格卫芬编：《后现代精神》，王成兵译，中央编译出版社 1998 年版，第 9 页。

② ［美］大卫·雷·格卫芬：《导言：后现代精神和社会》，大卫·雷·格卫芬编：《后现代精神》，王成兵译，中央编译出版社 1998 年版，第 23 页。

身和谐的不断追求和递进实现。伦特兰夫人在1987年发表的《我们共同的未来》的报告，联合国1992年在巴西里约热内卢召开的世界环境与发展大会所颁布的《里约宣言》、《21世纪议程》等文件，就贯穿着三大和谐的思想，提出经济、社会、生态（狭义）三位一体的可持续发展理念和战略。统筹人与自然的和谐发展也只是“五个统筹”有机整体中一个方面。有鉴于此，我们所说的生态时代实即自然生态、社会生态、人格生态三者作为一个整体为人们所自觉的时代，它所需要的是一种“极其扩展的生态思想”[①]。自然生态所强调的是人与自然的关系，生态和谐的狭义所指乃是人与自然的和谐。但当人们认识到自己只是自然的一部分而非自然的主宰之后，就必然会进一步思考以何种方式对待人与人的关系和人自身的关系的问题。正如德国著名的生态哲学家萨克塞所说，“如果我们对生态问题从根本上加以考虑，那么它不仅关系到与技术和经济打交道的问题，而且动摇了鼓舞和推动现代社会发展的人生意义。”[②] 将自然生态的思想扩展到人与人的关系，人的社会就是一种社会生态，人与社会及人与人的和谐（人态和谐）就是一种扩展的生态和谐；而将自然生态的思想扩展到人自身的关系，社会中的个人就是一种人格生态，人自身的和谐（心态和谐）也是一种扩展的生态和谐。于是，人与自然、人与人、人自身的三态整体和谐就可以称之为广义的生态和谐。相应的，生态文明时代的特征就是对广义生态和谐（三态和谐）的不断追求和递进实现成为人们自觉的价值取向。

企业是社会经济的细胞，企业管理是人类社会经济实践的重要组成部分，社会经济的时代特征必然要在企业映现出来，并规定着企业管理的性质和理念。既然生态文明时代的特征是对生态和谐的不断追求和递进实现，那么生态文明时代的企业管理就理所当然的是生态和谐管理，它吁求并标志着当代企业管理人性观、价值观、效益观、技术观、心理

① 奈斯：《深层生态运动：某些哲学的方面》，转引自《环境伦理学新进展：评论与阐释》，社会科学文献出版社1999年版，第80页。

② 汉森·萨克塞著：《生态哲学》，文韬主译，东方出版社1991年版，第3页。

观、组织观、伦理观、制度观和方法论体系的全面变革。

二、当代企业管理内蕴的生态和谐本性

如果说生态文明时代的特征从外部规定了企业管理对生态和谐不断追求和递进实现的必然性，那么管理自身则从要素、关系、结构、目的诸层面内在地呈现出生态和谐的本性。

（一）管理要素的多样性

自管理资源而言，可划分为自然资源与人文资源两大类。其中，自然资源作为客观的物质对象资源，既包括诸如水土大气、矿山森林等天然资源要素，也包括机器设备、钢材木材等人工资源要素，它们都是人们直接或间接地取自于地球生态系统；而人文资源作为人的文化的资源，是人的文化积淀、显现、发挥和开发的结果，包括文化观念、文化风尚、文化习俗、思维与行为方式、社会规范与结构方式等要素。自然资源可以是再生的，也可以是非再生的，人文资源则具有很强的再生性；自然资源的结构与功能具有广泛的一致性，人文资源的结构和功能则具有民族差异性。企业管理就是要按统筹兼顾的方法，对有关自然资源和人文资源进行优化配置，实现有效的物质、能量和信息的转换，生产出各种目标产品，从而获得经济效益、社会效益与生态效益。自管理过程而言，可以划分为技术过程和人文过程两大类。前者主要是解决人与物质对象的关系问题，促使自然资源的物质和能量转换，包括针对各种天然资源要素和人工资源要素的具体技术过程，后者主要是解决人与人、人自身的关系问题，促使人文资源的信息转换、扬善抑恶和循环再生，包括针对各种人际关系和人的发展的具体文化传承、显现、发挥与开发过程。企业管理就是要按照自然规律、人文规律和经济规律统筹兼顾，将具体技术过程和人文过程进行疏通和集成，促使企业生产力和生产关系系统的优化以及各种资源向资本的转化，进而实现物质资本、人力资本、心理资本、知识资本、社会资本的有效运作和增殖。

(二) 管理关系的协调性

恩格斯指出："当我们深思熟虑地考察自然界或人类历史或我们自己的精神活动时，首先呈现在我们眼前的，是一幅由种种联系和相互作用无穷无尽地交织起来的画面。"[①] 企业管理活动也不例外，上述各种管理要素都结成了各种各样的关系，彼此相互影响、相互作用和相互制约。这些关系的协调性决定着企业的效率和效果，从而决定着企业的生存与发展。一般说来，关系协调性好的企业，能够使各种资源要素和过程要素的潜能得以合理发挥、互补强化，从而成为真正的企业运动和发展的条件；相反，关系协调性差的企业，其各种资源要素和过程要素的潜能难以合理发挥，甚至产生巨大内耗，从而使某些要素实际成为企业生存和发展的障碍因素。企业管理的任务在本质上就是要协调企业的各种关系，使各种要素比例恰当、各得其所，围绕企业目标协同运动。换言之，企业管理的宗旨乃是将企业自在的各种要素和关系转换为协调的管理要素和关系，构建充满生机活力和合理竞争的企业生态，在企业中实现人与自然、人与人、人自身关系的和谐，并通过其经济效益、社会效益和生态效益的外显对宏观的三大和谐作出贡献。

(三) 管理模式的具体性

不同管理活动所面对的企业不同，其管理要素和关系也就不同，这就决定了管理的具体模式不同。在特定的企业中占据特定生态位的管理要素和关系，即使最卓越的要素和关系，对其他异质企业生态来说，都不可能具有先验的和绝对的合理性。只有当这些要素和关系成为企业生态中的有机构成，并确证了自己在异质企业生态中的存在现实性后，才能在与该企业生态的其他要素和关系的健康互动中获得实践的合理性。因此，企业管理的模式不可能是僵化不变的，它总是要根据特定企业生态的具体构成而作相应的具体调适。具有普遍合理性的一般管理模式必须转化成针对特定企业生态的具体管理模式才具有实践合理性。一般管

① 《马克思恩格斯选集》第3卷，人民出版社1995年版，第399页。

理模式表征了一种管理理念，具体管理模式则是对这种管理理念的“分享”。从一种管理理念可以衍生出众多的具体管理模式，每一具体管理模式都应当在特定企业生态的和谐中得到确证和发挥最佳效能。

（四）管理目的的共生互动性

“管理就是为了有效地达成一定的目的，透过组织体的活动。”[①] 这些活动包括计划、组织、用人、领导、控制等。无论如何管理是通过人与人、人与物相互作用实现企业目的的活动。企业是一种以营利为目的的经济实体，故提高经济效益是企业管理的重要目的。但企业与社会系统和自然生态系统有机嵌合在一起，共同构成人类生存与发展的环境支撑，因此提高社会效益和生态效益也理当是企业管理的目的。经济效益、社会效益、生态效益依据条件的不同可以产生负相互作用，也可以产生正相互作用。单纯地追求经济效益，往往会对社会效益和生态效益产生负面影响，这从工业文明时代的企业管理可见一斑。健康的企业管理应当追求这三大效益的统一，使之相互促进、相得益彰，产生正相互作用。事实上，当代企业社会效益和生态效益的提高即其美誉度、诚信度的提高和产品竞争力的提升，往往会带来经济效益的提高；相反，不顾社会效益和生态效益，则会受到社会公正的否定、环保政策的处罚和市场竞争的挑战，从而造成经济效益的滑坡，甚至窒息企业的生机。因此，当代企业管理的目的理当超越工业文明时代对经济效益的片面追求，实现三大效益的共生互动。

管理资源和过程要素的多样性，管理关系的协调性，管理模式的具体性、管理目的的共生互动性，充分显现出管理的生态和谐本性。多样的管理资源和过程要素，涉及人与自然、人与人、人自身诸层面，蕴藏了企业结构形态和功能表现的各种潜在可能性。协调的管理关系，意味着各种潜在可能性中要素多元互补、健康互动的企业结构形态和功能表现转变成现实性，形成特定的人与自然、人与人、人自身的和谐体，显

① 曾仁强：《中国管理哲学》，（台湾地区）东大图书股份有限公司1986年版，第19页。

示出蓬勃的生机、旺盛的活力和绵延的生命。具体的管理模式所要求的是管理活动与特定企业生态的高度适应性，表明管理对企业内部高度和谐及其与特定环境协同变化的实践追求和指向。共生互动的管理目的直接反映了当代企业管理的三维效益逻辑，如进行间接的演绎，则是对当代企业价值合理性的要求，即当代企业理当在人与自然、人与人、人自身三大和谐的不断追求和递进实现中验证其经济价值、社会价值和生态价值。概括起来，当代企业管理所要不断追求和递进实现的是人与自然、人与人、人自身之生生（生机不断涌现、活力不断迸发）、协变（企业内外协同变化）、臻善（价值臻于至善）的和谐。这种和谐显然是与生命和生态的本质相契合的和谐，因此是生态的和谐。生态时代的企业管理内蕴着生态和谐的本性。

三、生态和谐管理对企业核心能力的打造与强化作用

1990 年，C. K. 普拉哈拉德和 G. 哈梅尔在《哈佛商业评论》上发表的“公司的核心能力”一文中给出了一个里程碑性的定义，认为核心能力是“组织中的累积性学识，特别是如何协调不同的生产技能和有机结合多种技术流派的学识”。由此而引发了围绕“企业核心能力”的理论研究热潮，“激励能力论”（Teece，Pisano & Shuen，1990）、“能力论”（Langlois，1992）、“核心能力论”（Foss，1993）等具有划时代意义的论文相继发表。将他们的观点综合起来，核心能力可以定义为企业独具的，使其能在一系列产品和服务取得领先地位所必须依赖的关键性能力，这种能力并非是拥有的一项技术或一项技能，而是包括人文因素在内的一组技术与技能的综合体。与此相关联，格兰特（Grant，1991）提出了评价企业核心能力的四个判据：一是占用性（appropriability），即企业内部某些战略资产产生的，不能归企业所有而被某些个人据为己有的利润的占有程度；二是耐久性（durability），即企业战略资产作为利润源的持久程度，而不是指其物理耐久性；三是转移性（transferability），即企业核

心能力和资源被买进或卖出的难易程度；四是复制性（replieability），即企业的核心能力或资源被竞争者模仿的难易程度[①]。

生态文明时代的企业，尽管合作双赢的趋势日益凸显，但合作中乃存在着激烈的竞争，其日常经营活动与环境有着明显的互动关系。按照迈克尔·波特（Micheal E. Porter）在其所著的《竞争优势》一书中的观点，“任何产业，无论是国内或国际的，无论生产产品或提供服务，竞争规律都将体现五种竞争的作用力：新的竞争对手入侵，替代品的威胁，客户的砍价能力，供应商的砍价能力以及现存竞争对手之间的竞争。”[②]这五种竞争作用力影响着价格、成本和企业所需的投资，即影响着投资收益的诸多因素，因而它们综合决定了企业所能获得的竞争优势的强弱。而这五种竞争作用力自身又受到企业运作的各个环节和企业环境的诸多因素的影响[③]。鉴于罗梅尔特（Rumelt，R. P.）经验实证研究的成果——产业中长期利润率的分散程度比产业间利润率的分散程度要大得多，可以认为最重要的超额利润的源泉是企业具有的特殊性，而非波特在产业竞争地位理论中所强调的产业间的相互关系。因此，企业核心能力不仅是解释企业竞争优势——企业在竞争中所拥有的，相对行业中其他企业的优势，表现为取得优于平均水平的经营业绩——的最重要的因素，也是解释企业长期竞争优势的重要因素。

支撑企业长期竞争优势的核心能力必须具有在较长时期内获得超平均水平利润的与众不同的质量，用格兰特提出的评价判据来分析，就是要求企业的核心能力具有高耐久性、低占用性、低转移性和低复制性。

在生态文明时代亦即知识经济时代，知识更新的速度不断加快，人的需求不断个性化，产品和技术生命周期不断缩短。伴随产品和技术生命周期的不断缩短，企业大部分资产的耐久性大大降低，但更多的无形的卓越特点却并未因此而受到影响。尤其是企业的人文资源和人文过程

① 芮明杰：《中国企业发展的战略选择》，复旦大学出版社2000年版，第27—32页。
② 迈克尔·波特：《竞争优势》，华夏出版社1997年版，第4页。
③ 芮明杰：《中国企业发展的战略选择》，复旦大学出版社2000年版，第42—45页。

及其团队方法能够长期生存，并经历多代产品，企业商誉、品牌在社会上的人文影响相当耐久。因此，具有优秀的企业文化，实现了自然资源与人文资源、技术过程与人文过程全面发展、高度和谐的企业，其核心能力就可能是耐久的，相应的其竞争优势就不会随岁月的流逝而削弱。

从占用性角度看，如果企业核心能力实际成为少数个人的私有资产，那么他们就会享有企业收入的很大部分，而且如果他们转而投向竞争对手，企业会很容易承受损失。作为一个企业，固定资产的拥有不成问题，但对个人所掌握的技能的拥有则不可能，与个人特殊技能相关的资产（特殊能力）的拥有只能存在于企业和企业战略管理之中。如果一种资产深深扎根于企业之中，它就很难被其他人占用，资产的占用性就低，企业持续获得利润的能力就高。因此，企业必须通过管理运作，实现个人特殊技能及其他资产的多元互补和有机关联，并建立高效低成本的备份机制，使个人特殊技能在企业整体中发挥作用，使企业核心能力超越个人或团队，以“企业知识”的形式成为企业本身的能力或战略资产，从而维持甚至提高企业的长期竞争优势。这实质上是通过企业发展主体及其与其他资产的协调发展、高度和谐来获得使企业生命延绵不断，企业生态生机盎然的核心能力。

核心能力和资源越容易转移，企业就越难维持长期竞争优势。诸如原材料、具有通用技能的雇员、机器、甚至工厂所有权是易于被转移的，而扎根于企业组织之中，融于企业的文化和管理模式之中，托载于企业内众多经理人员和员工以及他们所组成的团队的和谐表现之中的战略资产是难以转移的。后者是企业利润不被竞争对手所侵吞的保障。这就是说，企业的特定生态和谐造就了其难以转移的核心能力，绵延着企业的生命。

如果竞争对手经过适当的投资或者直接购置相同的资产，就可能形成与某个企业几乎相同的生产能力，那么这个企业的超额利润就会因竞争而很快地消失，竞争优势也就不复存在。企业的资源和能力越容易被复制，它就越不能保持竞争优势。因此，支持企业长期竞争优势的核心能力必须是难以复制的，最好是不可复制的。这就要求构成企业核心能力的某些要素和原因难以识别、相互关联、依存于历史、富有特色。就此而言，科学技术的要素和原因共性较为明显，人文方面的要素和原因个性较为突出，后者在企业核心能力的不可复制性中扮演着更为重要的角色。企业理当针对自身的内外条件和历史积淀，构建科技与人文相融合的企业生态，积聚难于仿效的有价值的组织文化、产品声誉、心理资本、社会资本等无形资产，以具有特定路径依赖的生态和谐打造不可复制的核心能力，从而获得持续的竞争优势，实现企业的可持续发展。

强调核心能力的高耐久性，低占用性、低转移性和低复制性，并不否定核心能力的强化乃至变换。强化与维护往往是一而二、二而一的，得不到强化的能力在激烈的市场竞争中是难以得到真正维护的，因而也就很难支撑企业的长期竞争优势，实现企业的可持续发展。而当今企业环境的变频和变幅的增大，有时又要求企业在原有核心能力的变换中来强化企业的核心能力。这种变换可以是从一种核心产品至另一种核心产品的部分质变，也可以是从一种核心的能力到另一种核心能力的整体质变，但不管是前者还是后者都得依仗企业要素和关系及价值链因应企业环境的和谐结构的调适和和谐程度的提高，而且伴随节约型社会、环境友好型社会建设中产业结构的调整和市场的生态化会不断增加“绿色”的深度。企业因应其环境变化而对其要素和关系及价值链进行具有特定路径依赖的调适，是其核心能力得以强化乃至变换的着力点。支撑企业长期竞争优势的核心能力的维护、强化乃至变换都有赖于企业的生态和谐管理。

生态文明时代对生态和谐管理的吁求，生态文明时代企业管理自身内在地呈现出生态和谐的本性，以及生态和谐管理对企业核心能力的打造与强化作用，从外在规定、内在本性、现实需要三个层面说明了生态文明时代企业管理的生态和谐走向。生态和谐管理是生态文明时代企业管理的必然选择，具有历史的必然性和现实的合理性。

第三章
生态文明时代和谐管理的基本理念

管理理念是一种哲学观念，它含蕴着人们对管理活动的总体看法和思想方法，指导着管理活动的有效展开；管理理念也是一种价值观念，它内含着管理活动的价值原则，提供了管理活动的运作航标；管理理念还是一种理想观念，它引领着人们在管理活动中立足现在，面向未来，奔向管理的理想目标。特定时代必定需要同时也催生着特定的管理理念。与生态化浪潮席卷全球、和谐主题日益凸显的生态文明时代相契合，最有现实解释力和实践意义的理念，理当是生态和谐理念。因此，提出并阐明生态和谐理念就成为学术界必须完成的重要课题，也是研究生态文明时代和谐管理理论的逻辑起点。

第一节　生态的形上意义

生态和谐是生态与和谐的耦合，要阐明生态和谐理念，就得厘清生态的形上意义。康德曾指出，我们的一切知识从感官开始，从感官而知性，最后以理性结束。撇开他在人类认识能力上的主观唯心观点，这种关于认识过程之环节的划分还是合理的。形上意义乃理性综合的结果，但理性综合不可能凭空进行，它必须以感性直观、知性分析为基础。因此，对生态的形上意义即哲学意蕴的把握理当论及感性直观、知性分析、理性综合三个认识环节。

一、感性直观中的生态

感性直观是指主体通过感官所直接感知到的客体现象，它是人类认识的起点，结果形成关于客体之“生动的表象”。在感性直观中，生态之最简单的形态是视觉性的。马克思说：“色彩的感觉是一般美感中最大众化的形式。”① 人的色彩感觉特别敏感，任何客观事物不管它是天然的还是人造的，对人最先激起的感觉就是色彩感觉。自然生态系统是生物系统和环境系统在特定空间的组合。其中，生物系统包含生产者、消费者、分解者三个亚系统。生产者指绿色植物和某些能进行光合作用或化能合成的细菌，他们利用日光辐射的能量进行光合作用，把光能变成化学能储存在所制造的有机物中，给人类、动物和其他生物提供生存必需品，因而又称为自养生物。消费者，指直接或间接地以生产者为食物的各种动物，如食草动物、食肉动物。分解者主要指细菌、真菌和其他一些微生物，他们将动植物机体及排泄物等复杂的化合物分解成简单的无机物，故又称之为还原者。绿色是自然生态系统的主色调，青山碧水，绿叶红花，风起松涛，雨打芭蕉，蜂飞蝶舞，虎啸猿啼，它们直接作用于人的感觉器官，通过诸分析器的作用便形成关于生态绿色的生动表象，生命的搏动，自然的生机跃然脑中。

但人的视觉与人的其他感知觉一样，往往不是纯感性的活动，在大多数情况下都有知识经验的介入和其他认识能力的参与。如果主体因其知识经验的介入，记忆和想象的参与而产生关于生态绿色的联想感受，

---

① 《马克思恩格斯全集》第31卷，人民出版社1998年版，第549页。

那么这种感性直观中的生态绿色就是联觉性的了。在人的各种感觉中，色觉的联觉效应最为凸显，它所兼有的冷暖觉、离合感等等已为心理学所确证。红、橙、黄等颜色往往使人联想到太阳和烈火，具有热情奔放、刺激感强的特点，使人产生温暖感，故称暖色；青、蓝、紫等颜色往往使人联想到碧空和寒水，具有安静、稳重、凉爽的特点，使人产生寒冷感，故称为冷色。暖色有离心扩张，逼近观众的感觉，冷色有向心收缩，离开观众向后退缩的感觉。黄色和蓝色的等量调和则产生绿色，因此绿色是中性色调，在其所产生的联觉中，冷与暖、离与合（退与进）两极获得了统一，达成了和谐，使人于平静之中感受着黄和蓝的暂时被束缚起来的潜在活动性①。联觉性的生态绿色既表现出高度的宁静与和谐，又潜蕴着旺盛的活力。

而且，人们都“生活在来自过去的事物之中”②，故主体在直观客体时难免要受到文化传统、民族习惯、思维方式的影响。如果因为文化传统、民族习惯、思维方式的介入而产生关于生态绿色的文化感受，那么这种感性直观中的生态绿色就具有象征意义。中国文化发源于黄河流域的黄土高原，是大片大片的黄土地哺育了中华儿女。这种文化的积淀造成了中国人对黄色的崇尚，从黄土地到金黄的庄稼，从黄皮肤到黄冠、黄袍，从远古的黄帝到历朝的皇帝（皇与黄同音通假），都充分说明了这一点。西方文化则发源于古希腊的爱琴海滨，是蔚蓝色的大海哺育了古希腊人，蓝海与西方人结下了不解之缘。蓝海再加上阳光（特别是朝霞、晚霞）照射，便折射出紫外线，形成大海深处的紫色。因此，蓝与紫是西方人特别尊崇的两种色调，如在罗马帝国，皇帝的专用服色就是紫色的。概言之，黄色在中国人眼里是威严和尊贵的象征，是黄土文明及其恋土情结的体现，蓝色在西方人眼里是神圣和高贵的象征，是蓝海文明及其亲水情结的体现。绿色乃蓝色与黄色的调和，故感性直观中的生态绿色象征着蓝海文明与黄土文明的相容互补，象征着理解、和平与

① 康定斯基：《论艺术的精神》，中国社会科学出版社1987年版，第46—61页。

② E. 希尔斯：《论传统》，上海人民出版社1991年版，第45页。

美好，象征着在水与土互渗结合中化育出的生命的绵延不息。

将感性直观中关于生态绿色的视觉性、联觉性、象征性认识综合起来，其含义就是：蓬勃的生机，旺盛的活力，绵延的生命，理解、和平与美好。但这种感性直观的认识只是一种生动的表象，具有直接性、经验性的特点和表面性、外在性的局限，未能深入生态系统的内部，揭示生态的本质。

二、对生态的知性分析

从认识论角度看，科学技术的中心任务就是对感性对象进行知性分析，否定“生动的表象”之外部、次要、派生的属性和联系，抓住其内部、主要、基本的属性和联系，提取出“抽象的规定”，形成知性概念（Conception）或规律性认识，并在实践中予以应用和确证。综观以生态科学为理论依据，涵括绿色设计、绿色工艺或农艺、绿色产品诸环节的生态科技，其中各学科尽管研究领域不同，研究方法、手段各异，但在本质上却有着内在的一致性。它们都基于生态的生动直观，把“环境属性”置于优先考虑和分析的地位，形成了三大“抽象的规定”，并加以应用，这就是节约（Reduce）、回用（Reuse）、循环（Recycle）。

生态首先是节约（Reduce）的。节约有两层意思，一是省料，二是节能。从生命、生态系统原型本身分析，它们经过亿万年的演进，其结构及要素之于相应的功能往往是非常“经济”的。蛇之“热眼”、王莲之叶、蝗虫之腿等等，概莫能外。特别要指出的是生物多样性的“多”不是多余，而正是“节约”，这个“多”是维持生态系统特定功能的需要，正因为这个“多”的存在，才使生态系统中的一切事物都有去向，显现出充分的“经济性”，“由一种有机物排泻出来的被当做废物的那种东西都会被另一种有机物当作食物而吸收。”[①] 因此破坏这种多样性，就

① 巴里·康芒纳著：《封闭的循环》，侯文蕙等译，吉林人民出版社 1997 年版，第 30 页、第 31 页。

会降低甚至瓦解生态系统特定的优异功能。

从技术发展角度分析，生态技术属节约型技术，它要与生命、生态系统一样，具有充分利用物能、节省资源的功能，因此也可以说是仿生型技术，其成果主要是生命、生态系统模型的实现。较简单的仿生是功能模拟，它只谋求技术品与生物体“节约”功能的相似，而不必要求结构的相同，如北极熊仿生住宅、王莲型体育馆大厅屋顶等就属此类。其客观依据是自然事物的异构同功原理。大千世界中不同结构的自然事物在特定条件下可以具有相似甚或相同的功能，生物界也是如此，故人们在未搞清或难以搞清生物体结构的情况下，可着眼于运用模型来再现作为原型的生物所具有的某些功能，而不必究诘生物的具体物质结构、物质成分和这些复杂过程的内在关系。但很显然，生物体结构形态的高度合理性，决定了技术模型难以完全再现生物体原型优异的“节约”功能，而且非生命形态的结构也必然会限制其功能的完善，人们欲完备地再现生物体原型的“节约”功能，就必须进行结构仿生。现在人们对人工神经网络计算机的研究就属于结构仿生，它所追求的是计算机与人脑的结构相似，功能逼近。

生态的第二个规定是回用或重新使用（Reuse）。回用即对资源的再利用。生命、生态系统的这种特性是非常突出的，其客观依据在于自然系统层次结合度的递减原理。美国系统理论专家 E. 拉兹洛曾明确指出：“当我们从初级组织层次的微观系统走向较高层次的宏观系统，我们就是从被强有力地、牢固地结合在一起的系统走向具有较微弱和较灵活的结合能量的系统。”① 这就是说，在一个个层次结构中，随着层次由低到高的推进，系统的结合度呈递减趋势。将夸克结合为基本粒子的力量是非常强大的，将质子和中子结合为原子核的强相互作用就弱了一些，将原子核与电子结合为原子的电磁相互作用力又弱了一些，将有机小分子结合为生命大分子的肽键、氢键又再弱一些，细胞器之间、细胞之间、组

① E. 拉兹洛：《进化》，社会科学文献出版社 1988 年版，第 32 页。

织之间、肌体系统之间结合的紧密程度依次更加弱化，至于维持生物群落和生态系统的力量则与物理和生物化学的力量就难以相比了。于是，当自然界的高层系统解体时，低层系统仍保持相对的稳定性。在一定条件下，这“零部件”又可结合成或纳入到新的高层系统，如动物尸体腐烂降解后即可作为植物的养料而又合成有机物。有鉴于此，在资源紧缺的今天，技术品须具有生态的回用规定性，进而要求技术品遵循自然系统包括生命、生态系统的结合度递减原理，满足技术品回用所需要的可拆卸性（类似生态系统中的降解）前提。

生态的第三个规定是循环（Recycle）。生态科学分析表明，循环就是生态系统中某些物质形态和能量形式的重复出现和周期性变化。老子云：“周行而不殆，可以为天下母”[①]。意思是说，不停地循环进行，可算作天下万物的根本。生态系统就是一个周而复始的开放的闭路循环系统，其中的自养者、草食者、肉食者、腐生者正好构成了一个“生产—消费—复原”的闭合链条，实现着生态系统物质能量的高效循环利用。而人类近现代工业社会形成的生产模式却是“原料—产品—废料”的断裂链条。人类生产投放的物能只有一部分（而且常常是很少一部分）转化为产品，其他部分则作为“三废”投向自然环境，造成污染。所以，人类应该师法自然生态系统，按照循环原理，补上“废料—原料”这段链条，形成“原料—产品—废料—原料”的闭合链条，从而节能降耗，减少污染，将生产和生活系统整合到生态系统大循环之中。因此，生态科技的另一重要思路和要求就是把生产和生活系统融入生态系统这一闭环，形成周而复始的良性循环。这也正是人们将生态科技叫做循环科技，把生态经济叫做循环经济的原因所在。从方法角度讲，这实际上是生态科技必不可少的生态模拟法。生态模拟法可视为生态系统层次的仿生，它显然有别于前述生物个体层次的仿生。目前绿色包装的研发就是典型的生态模拟。

---

① 《道德经》，二十五章。

三、生态意义的理性综合

节约、回用、循环已经突破了生态的生动表象，触及了生态的本质规定，但它毕竟是实证科学、应用技术的研究成果，科学技术所固有的形式逻辑的思维方式决定了它还不可能把握生态的辩证本性和形上意义。生态的哲学意蕴必须在突破知性分析后的理性综合中才能真正理解和证认。从横向方面看，必须进行外延突破，将生态的意义从自然生态拓展到人态和心态。广义的生态系统是包括人在内的，人自身内在诸心理因素之间，个人与个人之间，个人与组织之间，组织与组织之间也当形成合理结构，显现优异功能。生态所及主要是人与自然的关系，人态所及主要是人与人、人与社会的关系，心态所及主要是人自身的关系，在哲学的层面上，这三大关系乃是一个有机的整体，必须一以贯之，统一研究，对生态必须做自然生态、人态、心态的全面理解。从纵向上看，必须进行意义的提炼、升华与贯通，形成“辩证概念”（Begriff）。辩证概念是直接性与间接性、抽象性与具体性、存在性与过程性的统一，是多种规定性相统一的“思维中的具体”，是对“抽象的规定”的否定和对“生动的表象”的否定之否定。于此，生态的三大规定有机关联，推移过度，并与其视觉、联觉、象征意义相融通，昭示出生态之深层本质和辩证本性：生生、协变、臻善。

生态即生生。“生生”回答了生态的存在状态问题。前一个生即生长、生育意，是动词，后一个生即生命意，是名词。“生生”意在状述一种生机不断涌现、活力不断迸发的存在状态。这种存在状态的结构特征是多种要素的有机关联。要素之间相互依赖、相互补充、相互调节、相互成就便产生“生命”，形成“生态”，显现“绿色”。自然生态在蓝与黄的调和，土与水的结合，多种无机有机因子的高度关联，多样生物的共生互动中而“生生”。人态在蓝海文明与黄土文明的相容互补，人与人、人与社会之间的合作竞争、理解宽容、和平共处中而“生生”。

心态在人自身知情意的协调，真善美的统一，“无有潜”（无意识、有意识、潜意识）的和合中而“生生”。另一方面，“生生”的功能属性是生机盎然，活力旺盛，这包括三个基本要求：要素活力适度显现，要素功能高度耦合，系统整体活力旺盛。其中，要素的活力是前提，要素毫无生机固然不行，要素活力显现不足或过度也不行，“不足”与“过度”都会成为整体活力功能的障碍。要素功能的耦合是关键，它由要素结构的关联程度所决定，关联程度越高，功能耦合就紧密，系统效应就越显著。整体活力是归宿，“生生”功能属性的确定须以整体活力的质和量为依据。西方深层生态学的代表人物奈斯曾提出：“最大化的自我实现意味着所有生命的最大的展现”[①]，而非某个物种的过盛，也非人对他物的绝对主宰。“人获得了解放，除了个人的意志没有任何其他的标准”[②]，这既是近代西方文明及其所派生的“自我实现”理念的进步所在，也是它的误区所在。肯定个体或要素活力的现实性是有进步意义的，整体活力正是个体活力适度显现的结果，那种扼杀个体或要素活力的整体实质上是没有生机的虚幻整体。但把个人意志作为唯一标准，内在着个人主义、自我中心主义的价值取向，显然会使人误入歧途，去片面追求个体或要素活力的旺盛，结果在个体或要素之间产生严重内耗，最终导致整体活力下降。这就是说，个体或要素“生生”的现实性和合理性必须在整体的“生生”中才能确证。再一方面，“生生”的时间特征是“创进不已”。现代新儒学的代表人物方东美认为，“根据中国哲学，整个宇宙乃是由一以贯之的生命之流的旁通统贯。”[③] 宇宙间充满了生命的“发育创造”，“而人则是这历程中参赞化育的共同创造者。”[④] 在这里，将普遍生命视为宇宙本体显然是一种“生命本体论”，不尽合理，但认为生命（包括人）内在着否定当下存在状态的创造性冲动，并可通过这种创造

① 转引自徐嵩龄主编：《环境伦理学进展——评论与阐释》，社会科学文献出版社1999年版，第85页。

② 汉森·萨克塞著：《生态哲学》，文韬主译，东方出版社1988年版，第142页。

③ 方东美：《中国人的人生观》，（台湾地区）幼狮文化事业公司1980年版，第13页。

④ 方东美：《中国人的人生观》，（台湾地区）幼狮文化事业公司1980年版，第14页。

不断演进，又是有可取之处的。“生生”之生态绝不是甫现即逝，而是物质、能量和信息在不断的分合循环中化育生命，螺旋上升。有机关联、活力旺盛、创进不已乃“生生”在结构、功能、时间诸方面的具体展开，反映了生态的深层本质。

生态即协变。协变回答了生态的发展机制问题。协变即协同演进。生态的持存与发展既是其适应环境的结果，也是其适应能力的表征。作为生态系统有机组成部分的生命乃是一个自足的机体。自足就是动态平衡，作为生命力体现的机体自我生长能力的实现，就是生命体之动态的平衡，生命力的客观现实性决定了生命自足性的必然性。但生命的自足乃是开放的自足，是在与环境不断地进行物质、能量和信息交换中的自足。而且，生命力由于生命内在的遗传与变异的矛盾运动以及要素之间的健康互动，则进一步体现为生命自我否定即发展变化的自足。这种发展变化的自足也是开放的自足，它须在与环境的契合中获得现实性。生命若不能从环境中获得“负熵”，通过内化机制转变成机体的组成部分，使机体对环境表现出高度的适应性，其结果必定是“绿色”的褪去，何言生命的发展和创进不已？扩大到生态、人态、心态，发展变化也遵循协变机制，都是系统与环境的协同演进。协同演进不一定是同步变化，也可以环境变化在先，系统的适应性变化在后，还可以系统自身的变化在先，环境改变在后。在人态与心态系统，由于人之反应能动性、活动目的性、组织社会性的“自适应”作用，可以在改造环境中谋求人自身及其所参与的组织的发展，在实践中实现人改变环境和环境改变人的协同。这样的协变显然是系统自身诸要素与特定环境诸因子作特殊耦合的结果，因此协变之生态总是具体的。

生态即臻善。臻善回答了生态的价值趋向问题。生态是由生命体构成的生机蓬勃、活力旺盛的整体。生命体不仅护卫着自己的身体，增加着自己的同类，而且内在促使自己的“种族”更加完善的演化趋向。于此，生命体既从工具利用的角度来评判其他生命体和地球资源，也从内在的角度来评价其他生命形式的完善性，既受到环境和其他生命体的选择，也选择环境和其他生命体，从而“创进不已”，在显现自然价值的同时创生新的自然价值，使自然价值朝递增的方向演进。

把生命体放到生态系统中，可以更清楚地看到也更容易说明向上的价值趋向。生态系统不仅维持着其中各物种的存续促进各物种生命形式的完美，而且内在着产生新的物种种类，并使新老物种和睦相处的趋向。因此，生态系统是一个不断演进着的网状组织，其中各物种互为目的与工具，内在价值与工具价值彼此交织与互动，形成一个功能整体。在这个功能整体中，“内在价值恰似波动中的粒子，而工具价值亦如由粒子组成的波动”①，内在价值与工具价值融合为充满创造性的“系统价值”，使得自己朝着更加美丽、多样化、和谐、复杂的方向演进。实现着自然价值的递增。

具有创造性的人是自然生命与生态长期价值创造的最高成就。人的主体性特质，使价值尤其是内在价值从潜在转变为现实，人的社会性特质，使自然价值的递增突变为社会价值的创造。但现实的社会价值的创造仍须以潜在的自然价值为条件，人类更好地生存与发展的环境基础在于自然价值的增殖。故对人类而言其“系统价值”乃是自然价值与社会价值的统一，若在创造社会价值的同时严重破坏了自然价值，则这种创造在总体上就不是“善”的创造，而可能是“恶”的创造。生态的价值趋向应当是自然价值与社会价值的协同增殖（这实际上就是生态科技“3R”的深层本质）。进而言之，人既是创造主体，责任主体，也是享用主体，社会价值的最终实现必须落实到人的具体幸福体验，而且要趋向于使越来越多的人享有更高品质的幸福体验，臻于至善，否则就不是生态的价值趋向，而是价值的异化。臻善刻画了生态的价值本性及其内在趋向。

“生生”、“协变”主要是从存在状态与发展机制层面对生态辩证本

① H. Rolston，Environmental Ethics：Duties to and Values in Natural World，Philadelphia，1998. 转引自徐嵩龄：《环境伦理学进展——评论与阐释》，社会科学文献出版社 1999 年版，第 55 页。

性的“事实”性陈述，“臻善”则主要是从价值趋向的视角对生态辩证本性的“价值”性陈述，“生生—协变—臻善”乃是关于生态的事实陈述与价值陈述相统一的“思维中的具体”。

第二节 传统和谐理念的系统阐释

要阐明生态和谐理念，还得对和谐理念进行省察。和谐是中国传统文化的基本理念。和谐的真义是什么？《国语》一书的论述较为系统：“夫和实生物，同则不继。以他平他谓之和，故能丰长而物归之；若以同裨同，尽乃弃矣。故先王以土与金木水火杂，以成百物。是以和五味以调口，刚四肢以卫体，和六律以聪耳，……故王者居九畡之田，收经入以食兆民，周训而能用之，和乐如一。夫如是，和之至也。……声一无听，物一无文，味一无果，物一不讲。”① 这段话内蕴着传统和谐理念四个方面的规定性：即多样的统一，关系的协调，力量的平衡，功能的优化，后世儒、道、释等各家对和谐的阐释基本上是这四个方面规定性的具体展开。运用基于现代系统科学知识的哲学思维进行考察，可以对以《国语》为代表的中国传统和谐理念的真义作出诸多解释。

一、多样统一与关系协调

和谐的系统必定是不同要素的协同互济，而不是简单的同一。要素的多样性是形成和谐系统的前提。“以他平他谓之和”②，把不同的东西加以协调平衡叫做和谐；“不同的音调造成最美的和谐”③，“万物负阴而

---

① 左丘明：《国语·郑语》。
② 左丘明：《国语·郑语》。
③ 《西方哲学原著选读》上卷，商务印书馆1981年版，第23页。

抱阳，冲气以为和”①。不同的要素具有不同的质、能和效用，相互之间可以取长补短，形成各种组合和互补优势，从而提高系统的活力和效用。若“以同裨同”，把同一种东西重复相加，则“尽乃弃矣”，就会“声一无听，物一无文，味一无果，物一不讲”②，只是一种声音就没有听头，只是一种颜色就没有文采，只是一种味道就不成其为美味，只是一种事物就无法进行衡量比较。因为相同要素的重复相加，会产生效用递减效应，即后续增加的诸要素的效用将依次降低，由大变小直至为零，甚至为负，而且这样的系统，还会因要素单一而降低内部组合的多样性、选择性、互补性及其整体性能。要素效用降低，整体性能削弱，和谐程度就下降，甚至没有和谐可言。

《说文解字》中对“和”的基本含义的解释是：“和，相应也”。而“谐”的意思是“配合得当”。和谐旨在“相应”和“配合得当”，因此多样的要素必须“统一”，否则在自然系统就是一盘散沙，在社会系统就可能是“乌合之众”，在个人就会心猿意马，甚至人格分裂。这里的统一不是拼冷盘，也不是和稀泥，更不是拉郎配，而是如胶似漆，水乳交融，情投意合。这里的“统一”不同于“一统”，统一是包杂多而统之，求同存异；一统则是齐万物而一之，灭异求同。灭异求同，结果就是“以同裨同”，系统就会失去生命和活力；求同存异，系统才可能良性循环，充满生机。要达成“统一”，避免“一统”，就得仰仗关系的协调。

关系是起着将多样的要素连接起来的作用。通过关系可使要素相互粘接，从而扬弃要素的独立自由性，使之从自由态变为束缚态，形成复合物系统。复合物系统若欲成为和谐系统，那其中的关系就必须具有三个特征：第一个特征是比例恰当，即各种要素及其相互作用的比例搭配适度。“和五味”才能“调口”，“刚四肢”才能“卫体”，“和六律”才能“聪耳”。现代市场经济机制的细胞——公司也是如此。形成和谐的公司系统结构的必要条件就是投资入股的货币、实物、技术等各种要素

---

① 老子：《道德经》，四十二章。

② 左丘明：《国语·郑语》。

及其相互作用的比例搭配适度，例如公司法既不能压低技术入股作价额在注册资本中比例，又需要对技术入股作价额在注册资本中比例作出一定限制。要素多样并不是说要素多多益善，而是系统要素多少适度，无偏无倚。有的要素自身性质不合理，难以与其他要素及系统实行功能耦合，不仅不能进行有效的物能交换，甚至会瓦解系统内部各要素之间稳定的相互作用，引起系统内部的摩擦和紊乱，削弱系统的整体活力。这样的要素是系统垃圾，应当予以剔除。有的要素在量上与其他要素不成比例，限制了整体系统功能的正常发挥，这样的要素则需进行数量上的调整，"有余者损之，不足者补之"①，当减则减，当增则增。经济学中的边际收益递减规律（law of diminishing marginal returns）也可以对此作出解释。边际收益递减规律认为当其他的投入不变时，随着某一投入量的增加，我们获得的产出增量越来越少②；易言之，各种要素的投入应该有适当的组合比例，否则边际生产力就会递减。比例恰当的进一步要求是系统内外相互作用的强弱、繁简程度恰到好处，符合"中道"。就强度而言，层次结构系统的关联度应该从内到外、从低层到高层依次减弱，以使系统在可拆卸、可维护和循环转化中生生不已。当代技术设计中用卡式连接代替传统的铆焊连接，就是这个道理。就复杂度而言，人们追求的往往是在系统能实现功能目标的前提下，尽可能使关系简化，以节能降耗。把以齿轮啮合的铁轨和火车轮简化成平面接触的光滑铁轨和火车轮，火车运行反而比原先更快、更安全，何乐而不为？但若某系统复杂度的降低，会引起其功能的衰退，那就不宜对其施行关系进行简化了。草原生态系统比森林生态系统脆弱，自我调控和抗干扰能力较差，易于走向崩溃，因此我们就不能肆意破坏森林生态系统的生物多样性、食物链复杂性，而将之简化到像草原生态系统食物链那样短小。一般说来，在不同的和谐系统中占据主导地位的关系是不一样的，关系的搭配要求

---

① 老子：《道德经》，七十七章。

② ［美］保罗·萨缪尔森、威廉·诺德豪斯：《微观经济学》，萧琛等译，华夏出版社 1999 年版，第 82—83 页。

也是有区别的，因而“比例恰当”的具体要求和表现各异。第二个特征是和谐系统中的要素各得其所。不同要素具有不同的潜能，不同潜能的释放需要不同的条件。系统诸要素各得其所，“高者抑之，下者举之”①，“乾道变化，各正性命”②，人尽其才，物尽其用，条件适宜，就能各自将潜能合理释放，并与其他要素循环互补，有机关联，对系统做正功，激活系统实力，提高系统活力。否则就会造成浪费、挤压和内耗。第三个特征是和谐系统中要素之间及要素与系统之间的协同运动。要素潜能的释放还有个作用点和作用方向问题。要素之间的协同运动，是指诸要素的作用点收敛，作用方向一致，表现出高度的有序性和生命力。要素与系统的协同运动主要是指要素自变幅度与系统整体变化的协调。若要素的突变超过系统稳定性的承受能力，引起诸要素之间的摩擦与冲突，甚至导致整个系统的振荡和瓦解；若在整个系统的进化发展中，某些要素抗拒变异而力图保持自身原有的属性，也会引起诸要素间的摩擦和冲突，削弱系统的整体功能。这是在现存系统具有生机和活力时需要尽力避免的。

二、力量平衡与功能优化

关系的协调是和谐系统的结构方式，它在系统宏观状态上则展现为力量的平衡。这里的平衡乃势均力敌，相对静止意，指要素在关系的作用下形成相对稳态的宏观状态，不随时间的变化而出现宏观上的起伏。这种不随时间推移而起伏的宏观定态折射出了系统要素“以他平他”之生命力的平衡，即系统中诸要素都有顽强的生命力，都是现实的存在，谁也不会被清除和消灭，否则就不能保证多样统一、各得其所、协同运动。要素生命力的平衡与系统整体功能的放大相反相成。此外，和谐系统中的离散力和结合力也彼此平衡。离散力是要素自由度、自主性的表

① 老子：《道德经》，七十七章。
② 《周易》。

征及独立分开的倾向，结合力是系统约束能力的表征及要素间接近、凝聚的倾向。只有离散力和结合力彼此平衡，和谐系统才能维持稳定状态。离散力过强，结合力太弱，系统就会解体；而离散力过弱，结合力太强，系统就可能坍缩、简并以至趋同，走向简单的同一而远离多样的统一。要素生命力的平衡，系统离散力和结合力的平衡，乃是和谐系统“力量的平衡”的两个主要方面。如公司治理结构中的“股东会——董事会（经理层）——监事会”三驾马车就体现了各种力量的平衡。但一切平衡都只是相对的和暂时的，都是迟早要被打破的。因为科学已证明，涨落是普遍的客观存在，和谐系统必然会出现微观上的涨落。若这种涨落不足以引起系统状态的改变，或者不同的涨落互相抵消，和谐系统维持不变。一旦涨落在特定的条件下产生相应的协同作用，被放大成巨涨落，平衡就会被打破，和谐系统就会失稳，发生要素生命力的消长和系统结合力、离散力的重组。此时涨落再度作用，就会使系统走向某种新的平衡，达成新的和谐。

和谐系统的整体功能往往是高度优化的，因而也就是高度美化的，即和谐系统的整体功能大于其各部分功能之和，或系统整体突现出其各组成部分都不具备的功能。整体功能等于其各部分功能之和的系统是和谐度低下的系统，整体功能小于其各部分功能之和的组合体则不在和谐之列。系统要素“以他平他”，协调平衡，互动共振，便会“整体大于部分之和”，涌现新的功能，表现出良好的对象性效应。故“和五味”可以显现“调口”功能，“和六律”可以产生动听悦耳的效用。“和乐如一”，“和之至也”，使万民协和安乐如一家人，是和谐的顶点，亦即和谐功能的优化。功能优化是系统要素协调平衡互动共振的必然结果。

第三节　生态和谐理念的特质

传统和谐理念，是中国古代哲人探索生存方式和人生价值目标的一种选择，它诱人的图景鼓舞了一代又一代仁人志士致力于和谐的实践，贯穿于儒、道、释各家旨在省察和处理人与自然、人与人、人自身三大关系的论述中，成为中国传统和谐理念的基本内容和思维框架。但其缺陷也是显而易见的。第一，它没有论及和谐与斗争、竞争及过程的关系，以致现在还有人将和谐误解成“息事宁人”、“不讲原则”、“稳定不变”、“缺乏生机”的代名词。为了克服这一缺陷，《国语》之后，孔子等人曾提出“生生和谐”、“和而不流”的思想，其方法是对和谐加以“生生”和“不流”等限定。第二，它没有将和谐与环境相关联。高度的和谐（“和之至”、“太和”）不只是事物内部多样要素的有机关联（内部和谐），而且涉及事物与环境的互动适应（外部和谐），应当是内外和谐的统一。这在中国传统文化以至现代和谐理论中都没有阐明。第三，它不能解决和谐的价值合理性问题。《国语》中对和谐的解答是以史伯对郑桓公的一段话表达出来的，它所提出的“和乐如一”、“和之至也”的理想只是统治阶级求天下太平的治国谋略，而不是真正为天下百姓谋取幸福，使社会经济向前发展。这一缺陷持存于整个中国传统文化的发展过程之中。

当今世界，开放—冲突的文明体系，和平与发展的时代主题，不断加快的全球化进程，人类求和共存的新价值取向，使和谐理论的研究逐渐成为我们这个时代的显学。而和谐理论又是以和谐理念为基石的，研究和谐理论就得厘清和谐理念。这就产生了一个难题：时代呼唤着和谐理念，但中国传统和谐理念本身的局限性以及当代人解读时易于产生的歧义性又是时代所要摒弃的。如何解决和谐理念现实必要性与理论局限性的尖锐矛盾，并赋予其以鲜明标识，避免解读时的歧义性？扬弃孔子等人的思路，就是要对和谐理念予以限定。根据以上对“生态”哲学意蕴和中国传统和谐理念的剖析以及当今社会所显示出的生态化趋势和生态觉悟，用生态来限定和谐理念，其理论和现实合理性是毋庸置疑的。

用生态限定和谐理念就形成生态和谐理念，而且不难厘定生态和谐理念相对于传统和谐理念的特质。

一、自然有机性：生生和谐

按照和谐的程度（和谐度），不管自然系统还是社会系统以及人与自然复合系统，都有低度和谐与高度和谐之分。和谐的上述四层含义可用作系统和谐度的测量标准。任一现实系统都可逐一对照四条标准分别给以定性判断，考察其要素是否适宜，关系是否协调，力量是否平衡，功能是否趋于最优。若四个方面的性质一致，均处于良好的状态，如要素活力适度，要素之间高度耦合，整体活力旺盛，系统的和谐度就高；相反，四个方面的性质不一致，良莠同在，或要素活力显现过度或不足，或要素比例不当、关联度低，或整体活力不强，系统和谐度就低；否定性判断的方面越多，性质判断一致性越差，系统的和谐度就越低。

地球上的生命及自然生态经过亿万年的选择进化，其内在的有机关联通常是至优至美的，诚所谓“天地有大美而不言”，从而显现为一种生机不断涌现、活力不断迸发的“生生”和谐。故高度和谐亦即具有自然有机性的生生和谐。

要提高系统的和谐度，以求生生不已，实即要化解系统中的不协调因素，疏通系统的物质、能量和信息交流，为此就得进行系统和谐度分析，弄清影响系统和谐的障碍因素和关节所在。如此便能找到切实可行的措施，变低度和谐为高度和谐。与此相联系，技术系统、企业系统、社会系统等，应当师法自然，进行个体仿生甚或生态仿生，从而实现具有自然有机性的生生和谐。

具有自然有机性的生生和谐不排除竞争，为了生生和谐，有时必须去进行激烈的竞争。竞争实为事物发展变化、“创进不已”的手段和动力之一，当系统发展需要竞争时，竞争可激活系统要素的潜能，使之适度发挥，此时若没有竞争就会诱发系统中的惰性，阻抑要素的活力，窒息系统的生机，系统反而不和谐。故而就有了引入“竞争机制”的理论与实践。但恶性竞争，即只自为不为他甚至既危害自身又损害他人的竞争，则会使要素活力显现失度，力量失衡，关联度下降，造成负效应，引起内耗，不管是自然系统还是社会系统、人与自然复合系统，其中恶性竞争的最终结果往往都是两败俱伤。良性竞争通常与合作珠联，是在合作中竞争，竞争中合作；是以合作促竞争，以竞争促合作。在构建和谐的市场经济中，竞争是市场经济的灵魂，市场正是通过竞争机制发挥其资源基础配置的作用，但是这种市场竞争必须是自由竞争、公平竞争，而不能是限制竞争（垄断）与恶性竞争。市场经济是法治经济，因此市场经济国家都高度重视竞争法的地位，并通过竞争法来规制竞争，例如在英美法系的美国，1890 年通过了参议员约翰·谢尔曼提出的《保护贸易和商业不受非法限制和垄断侵害法案》（简称《谢尔曼法》），该法被认为是现代反垄断法之母，是“自由竞争大宪章”。在大陆法系的德国，《反限制竞争法》被称为规范德国市场经济的“基本法”。我国也制定了《反不正当竞争法》和《反垄断法》，它们旨在分别营造良性竞争和自由竞争的和谐市场环境。另外，竞争还有一个时机性问题，在要素未结合成系统前，竞争多于合作；在要素刚结合成系统时，合作多于竞争；当系统发展到一定程度后，两者相反相成。因此，在生态和谐系统中竞争绝不是单纯的存在，它要与合作相伴，为系统整体功能服务，是被扬弃了的存在。这也就是说，生态和谐是对竞争的扬弃。

具有自然有机性的生生和谐不排斥斗争，在二重对称、二元对立的情况下，斗争往往是事物和谐发展的必要手段，事物整体的和谐就产生于殊异各方尖锐的斗争之后。殊异双方进行斗争时，肯定伴随有物能的对耗，而物能的对耗所引起的物能的转移、信息的碰撞、位置的调换也有可能使系统内外趋于调适和耦合，最终达成和谐。因此，我们讲和谐，并不否定一切必要的斗争。但斗争不是目的，只是一种手段，而且不是惟一的手段。恩格斯说得好：“在自然界中决不允许单单把片面的‘斗争’写在旗帜上”，同样，“想把历史的发展和复杂情况的全部多样性的丰富内容一律概括在‘生存斗争’这一干瘪而片面的说法中，是极其幼稚的。”[①] 生态系统中不仅有生存斗争，而且有生存竞争，有物种间的共生和寄生。即使是“大鱼吃小鱼，小鱼吃虾米，虾米啃青泥”的激烈生存斗争，其自然目的也不是要灭绝小鱼和虾米，而是要维持整个生态系统的平衡和生机，生存斗争只是实现生态系统自然目的的一种手段。同样，社会系统中不仅有人与人的斗争，而且有人与人之间“比、学、赶、超、帮”的竞争和取长补短的协调合作。即使是人与人的斗争，也并非要扫除一切异己，必欲置之死地而后快，而是力求通过必要的斗争，包括教育感化的手段，把剥削者变为劳动者，化敌为友，以“不嗜杀人”来使“天下定于人”[②]。斗争有时是必要的，但无论如何不能将其视为目的，不能止于斗争，而应该扬弃斗争，走向和谐。生态和谐是对斗争的扬弃。

二、环境适应性：协变和谐

系统有边界，故其和谐有内部和谐与外部和谐之分。内部和谐是就系统自身而言，主要指要素与要素、要素与结构整体的谐调，与前述多样的统一、关系的协调、力量的平衡相对应。外部和谐是就系统与环境的关系而言，既包括与现存环境的适应，也包括对环境因子变动的适应，主要与前述功能的优化相对应。若系统以内部和谐为托载，显现出对外部环境的高度适应，即系统内部和谐与外部和谐协调如一、系统与环境协同演进，那么该系统就处于生态和谐状态。

一般说来，内部和谐的系统会表现出与外部环境的和谐，但也不排除内部和谐外部不和谐系统的存在。道家主张“致虚极，守静笃，万物并作，吾以复观”[③]，要求“见素抱朴，少私寡欲”[④]。这固然可以做到个

① 《马克思恩格斯选集》第4卷，人民出版社1995年版，第372页。
② 《孟子》。
③ 老子：《道德经》，十六章。
④ 老子：《道德经》，十九章。

体的生理和谐和心理和谐，甚至可以做到与物同体，与造化同游，但作为一种人生态度与处世原则显然是个人主义的，难以与社会结构实现功能耦合。老子、庄子等人，其自身不可谓不和谐，但其外部和谐却是成问题的。儒家要求社会成员“修身、齐家、治国、平天下”，“内圣”而“外王”，承担起社会责任和义务，使个体融化在群体之中，个体需要无条件地服从社会结构稳定和整体利益的需要，结果形成超稳定的封建社会结构，内部高度和谐，但同时也窒息了其生机和活力，不能对环境变化进行自适应和自调节，与环境协同发展，最终沦为半封建半殖民地，落后挨打，外部极不和谐。

内部和谐和外部和谐相统一的关键在于系统的结构方式。研究表明，层次结构的稳定性较好，但自适应性较差，矩阵结构、网络结构的稳定性不够，但自适应性较强。只要我们科学地调适系统结构方式，就能实现稳定性与自适应性的契合，内部和谐与外部和谐的统一。

系统对环境的高度适应标志着系统与环境之间物质、能量和信息交互作用过程的疏通，即系统从环境中适时“吃进负熵”，以抵消系统内部的熵产生。这“负熵”就是有序结构、有效能量和有用信息。系统一旦“吃进负熵”不流畅，或者“吃进”的时序不合理，就会破坏物质、能量、信息分布的协调性、合理性，阻滞或中断整个过程，使系统打破自身存在的自足性（动态平衡），走向自身的不和谐和对环境的不适应。系统内部或环境条件的变异都可能引发这种情况。不和谐系统在不断的运动中若找到新的结合点，具备了合适的条件，与环境之间建立起新的流畅的“负熵”通道，则又会达成新的和谐和对环境的高度适应，展现为系统与环境的协变过程。生态和谐决不是固定不变的一种和谐状态，而是内在着和谐与不和谐不断交替的螺旋运动，结果展现为系统与环境的协同演进。

三、价值合理性：臻善和谐

如果把价值取向合理与否考虑进去，高度和谐系统未必就是向善的、进步的系统，也未必就有利于人类更好地生存和发展。从某种意义上说，所有的认识探索和实践努力都是以人为本的，故对和谐理念的限定还得考虑“价值取向”问题。按系统价值取向的善恶以及能否健康发展，可以将系统的和谐划分为恶的和谐与善的和谐。一团和气、不求进取的和谐乃恶的和谐，互动相济、团结进取的和谐，才可能是善的和谐。沆瀣一气干坏事的和谐属恶的和谐，同心同德做好事的和谐才算得上善的和谐。病态发展的和谐是恶的和谐，能够健康发展的和谐方可称为善的和谐。有利于人类更好地生存和发展乃人们进取之至善，健康之发展，故一切符合此价值标准的和谐，都当属善的和谐。中国封建社会的超稳定结构不能说它不和谐，但它却使中国社会长期停滞不前，两千年内几乎没有什么发展，假设让清朝末年的人与秦始皇统一中国时的人进行对话，不会有多少思想、观念、文化上的障碍，而且中国封建社会剥夺了大多数社会个体的创造能力和发展权利。这样的社会和谐只能说是恶的和谐。科研人员利用转基因技术，可以培育出转基因动植物品种，并将之整合到人与自然复合系统，形成某种“生态和谐”（狭义）。但有时却可能因这种转基因动植物的强大生命力而扼杀了相应的自然物种，减少了自然基因库，削弱了生物多样性，最终影响人类的可持续发展，况且有的转基因动植物用作食物还会影响人体健康。这样的生态和谐（狭义），当然也属于恶的和谐。

我们必须不断变革和扬弃恶的和谐，追求和递进实现善的和谐，因为凡通情达理者总希望未来的事物更合理，明天的人民更幸福，百姓“和乐如一”。我们能够不断变革和扬弃恶的和谐，追求和递进实现善的和谐，因为凡接受了当代文明的社会大众都有能力调适改造自然和社会的价值取向。

概言之，生态和谐是生生、协变、臻善的和谐，是在当今生态视野中映射出的高级形态的和谐。“自然有机性—环境适应性—价值合理性”、“生生—协变—臻善”乃生态和谐之特质。它理当成为生态文明时代和谐管理的逻辑起点和实践准则。

第四章
生态文明时代和谐管理的人性假设

生态和谐理念的提出为生态文明时代管理人性假设的设计及其型塑提供了哲学基础。将生态和谐理念贯彻到管理的人性假设之中，便产生与生态文明时代脉搏相切合的生态和谐人假设。这种假设扬弃了诸如工具人假设、经济人假设、社会人假设、决策人假设乃至理性生态人假设的片面性，而与马克思主义所揭示的人的全面发展的本性相一致，而且我们所处的生态文明时代和构建社会主义和谐社会的伟大实践，为这种假设既提出了强烈的要求，又提供了现实的土壤。生态和谐人假设具有充分的理论和实践合理性。

第一节　管理的人性假设觇标及其历史演进

管理的核心是人，人既是管理活动的主体，又是管理活动的客体。管理的根本使命就是创造一种适合于人，使人能够有效工作的环境。而要创造出适合于人，使人能够有效工作的环境，就必须认识人性，并依据人性展开管理活动。因此在不同历史时期，人们因应社会经济发展对人的发展所提出的不同要求和所提供的不同条件，设立了管理的不同人性假设觇标。

一、管理的人性假设觇标

人是充满个性的。哈罗德·孔茨曾指出："显然，在各种不同的组织里，企业的目标可能有所不同，但企业中的每一个人，也都有对他们来说是特别重要的需要和目标，每个主管人员就是要通过领导职能，帮助人们看到在他们为企业目标作出贡献的同时，也能够满足他们自己的需要并施展他们的潜在能力。因此，主管人员就需要了解人，人的个性和他们的品格所能起到的作用。"① 人的个性是多样的、具体的。在企业管理实践中，人们不仅起的作用不同，而且连他们自己本身也是各不相同——他们有不同的需要、不同的品德、不同的抱负、不同的气质、不同的知识经验、不同的能力。主管人员只有了解了不同人的个性，才能有针对性地进行激励、领导和沟通，获得效率与效果的和谐。人又是有共性的。人作为"类"有它的类本质，由于特定时期、特定社会经济背景向人们提出的要求和提供的条件以及企业管理所面临的问题有不同于其他时期的相似之处，因而这种类本质在特定时期、特定社会经济背景下的展现就有不同于其他时期的相似的机理和水平，在特定时期、特定社会背景下也就有不同于其他时期的相对一致的规章制度、工作程序和管理模式。任何管理理论和管理实践都必须具有人性假设的觇标，否则它就失去了逻辑和实践的根据，就不会取得理想的管理效果。不同的人性假设反映了不同社会经济背景条件下人类对自身共性的不同认识，规定了特定时期管理理论的逻辑前提和管理活动的着重点，标志着人类管理所走过的道路及其留下的历史轨迹。

---

① 哈罗德·孔茨、海因茨·韦里克著：《管理学》（第9版），郝国华译，经济科学出版社1993年版，第442页。

二、管理人性假设的历史演进

纵观近现代管理学的发展，对管理理论和管理实践产生重要影响的人性假设主要有：工具人假设、经济人假设、社会人假设、决策人假设。

“工具人”是前管理学阶段关于职工共性的客体化认识。它将职工视为与机械一样的客体化工具，或者是进行一定生产作业的生产工具——机械人。在生产中所起的作用也就是机械的作用。管理的任务，就是使被管理者像机械一样高效率地去运作。这种观点将作为管理主体的人与作为管理客体的人完全对立起来，认为前者是完全主动的，是命令的发布者；而后者则是完全被动的，只是接受命令并按命令进行操作。这种假设，是典型的西方科学型文化的人性观，内含着对物的和谐的追求和对人的和谐的否定。由此令我们自然联想到近代西方学者拉美特利的一本著名著作——《人是机器》。它是对人的生动人性及其内在动机的抹杀，但又以片面的形式反映了管理对管理对象的某些要求，即进行生产和操作的使命，在此过程中的劳动要具有像机械一样的确定性和准确性。

“经济人”是传统管理阶段人类对于自身共性的功利性认识。它是从经济角度来寻求人进行劳动的最主要的动机的人性假设。在这里，人并不是完全被动的机械，而是一个受经济冲动驱使的经济动物。它认为，追求最大限度利润的企业家和为争取最大限度工资收入而劳动的工人都是“经济人”，因而管理者与被管理者之间也不是完全对立的，工人可以通过提高单位劳动时间的产量增加工资，企业家由此也通过节约单位劳务费而获得最大利润，这就为劳资之间找到了利益上的切合点，劳资之间的利害冲突也就能变成利害调和。从整个社会考察，“经济人”怀着自利的动机从事经济活动，每个人都考虑自己的利益而不顾他人的利益。那么，人们之间的合作又何以可能发生呢？社会生活又如何正常运转呢？其秘密就在于交换与分工。人类互通有无、物物交换、互相交易，与“自利”一样，也是一种天然倾向。藉此就形成了人们之间的一种合作机制，亦即社会生活得以正常运转的机制：由自利而要求交换，由交换而带来分工；有分工就可交换，能交换就有可能满足各人自利的需要。

泰罗创始的“科学管理法”就是依据这种人性理论。按照这种人性假设，整个管理体制就是服务并满足于人的（包括管理者与被管理者的）经济动机。它认为，无论是企业主还是工人，都是在个人主义逐利动机的驱使下进行活动的，所要达到的，都是个人主义的目的。在管理中对人的激励，主要在于反映人的经济要求，满足人的生理的、物质的需要。事实上，这种要求和需要是客观的、人人都有的，的确是激发人的工作动机的十分重要的方面，因此基于“经济人”假设的管理理论具有一定的合理性，在相当长的时期内成为占主导地位的管理理论，即使在现代仍有重大的影响。但这种理论及其科学管理法也有其固有的缺陷和局限。人们在从事生产和分配之类的经济活动时，只要这些活动是通过组织和团体进行的，那么，经济动机就不是唯一的动机，人与人的和谐就有着现实的合理性。同经济动机一样，非经济的、社会的动机也是重要的方面，这是它为以后的人际关系论所否定的内在原因。同时，它在本质上与工具论的机械模式有着不可分离的联系，科学管理法实质上仍属于机械模式的管理论。它也把作业人员看成是接受监督人员命令，进行作业的工具，是时间和动作的对象，其宗旨是要用科学管理的系统的管理体制，去取代主要依靠个人经验和主观判断的传统管理体制，但当它将一切都标准化、机械化后，人也就变成了工具。而且它把人与人的关系变成了满足“自利”需要的工具关系，把人与人的合作蜕变为狼与狼式的行为，从而否定了人与人和谐的合理性。物体的机械性，动物的生物性，人的生理性与心理性，主体的能动性与社会性，是一个依次提升的过程，“经济人”的假设把对人性的认识停留于生理的与心理的水平，先用物体的机械性对管理中人的活动提出要求，然后又用人的生理性要求解释人的积极性的源泉，从而抹杀人的能动性与社会性以及人与人和谐的合理性。

“社会人”是新古典管理论对于自身社会本性的一种认识。它认为，组织成员——无论是管理者还是被管理者，只要是人，就不是孤立的存在，而是处于人际关系之中。作为团体或集体的一员，是具有归宿感与安全感需要的“社会人”。这种假设，把人从抽象孤立的经济动物上升为具有社会性的人，把单纯的经济需要转变为精神需要。这是管理理论中对人的认识的深化。它不仅看到人有物质的、生理的需要，还有安全、社交等方面的需要，而后一种需要更深刻地提示了人性的本质。按照这种假设，为了提高管理效率，就不应以个人主义为基础，而应以团体主义为基础；管理的重点不在满足人的经济动机，而是人群关系的管理。以梅奥为代表的人群关系论就是基于这种“社会人”的假设的管理理论。这种理论从提出到现在一直在起着作用。但这种人性假设并不是对人的社会性的概括。这里的人群关系仍是狭隘的心理关系（安全感、归宿感），它只是强调个人对人群的心理依赖，忽视了社会关系对人的决定作用，很容易滑向“依赖人”的假设。建立在此基础上的人群关系论也有重大缺陷，它偏重于非正式组织，否认传统的效率逻辑与成本逻辑，过分强调非合理的感情逻辑，旨在实现非合理主义。在人性假设中对“经济人”的过分否定，也使得人变得不实在，管理缺乏力度，正像日本实业界所批评的那样，它是把管理看成“像糖一样甜蜜”，“像女人一样温柔”的事业。

中国传统文化所给出的“伦理人”假设则是人类对于自身社会本性的另一种认识。它与“社会人”假设的共同之点在于对人的社会性的凸显，但两者也有着明显的区别。“社会人”抓住的是人的社会心理层面的属性，而“伦理人 ”则是人的现实的人伦社会属性。建立在这种“伦理人”的假设基础上的管理模式，是一种主张义利统一与关系本位，注重教育与感化及宗法等级的伦理型管理模式。它对道德价值、人性关系的过分强调，往往导致经济效益与效率的低下。

“决策人”是人类对于自身共性在某种程度上的综合认识。它认为，组织成员——管理者与被管理者都是决策者、问题解决者的“决策人”。

由于它把职工也看成是决策者，这就扬弃了把职工只当成接受命令，从事作业的工具的人性假设。但它又把建立有效的管理体制，形成管理组织的科学管理法也包容了进来，并加以发展。同时，它也扬弃了人群关系论赖以存在的“社会人”的假设，把组织成员看成是具有自主性和个性的“决策人”，并且认为，对组织成员来说，非经济的社会性的动机比经济动机更重要，因而又包括了人群关系论。巴纳德的这种“决策人”假设标志着现代管理论的管理之道，它后来被其继承人西蒙发展为“管理人”假设，从而形成现代管理论的第二期发展。

综上所述，近现代西方文化对人性的认识经历了一个从客体化到主体性、由外在到内在的过程。“工具人”把人完全等同于机械；“经济人”把人作为经济动物；“社会人”发现了人的社会性需求，获得了人的属性；而“决策人”则赋予以主观性与能动性，使人获得了主体性内涵。只有到“社会人”人才有作为人的精神的内在需求；只有到“决策人”，人才作为能动的主体在活动。可以说，这是由外在到内在逐步深化的过程。西方管理理论就是伴随这种对人性的认识的深化而不断演进的。人性假设的每一次进步相应也就建立起管理理论发展的一个里程碑。而人性假设的缺陷也就造成管理理论的缺陷。西方近现代人性假设与管理理论的共同缺陷主要表现在抽象性、片面性与个人主义三个方面。各种人性假设都把人性限制、停留于抽象的层面上，“人”并没有获得社会的现实性。各种人性中都没有伦理道德的内涵，人都以自身现实的利益为唯一动机，缺乏超越性，集中体现了西方个人主义的价值观，即使是“决策人”的假设也是强调个人的决策自由与选择自由，仍属于个人主义价值观。中国文化的“伦理人”假设与伦理型管理模式强调道德价值和关系本位，但它又内在着对“经济人”的排斥和对集权主义、人情主义的张扬。抽象性、片面性、个人主义与集权主义、人情主义都将成为企业生态和谐的障碍因素，因而都是要被扬弃的因素。

第二节 生态和谐人假设的规定及其辩解

当今世界，生态文明时代的呼唤，和谐发展主题的凸显，正使人类自身发生着更全面、更深刻、更迅速的变化。与此相适应，人类对于自身共性的认识也在全面化和深刻化，一些新的人性假设应运而生。这里特别要提及的是中国社会科学院环境与发展研究中心的徐嵩龄先生所提出的理性生态人假设。这个假设认为，当代严峻的环境问题，其实质都是生态问题。生态可解读为“生命的存在状态”。人类迄今的发展，部分地是以其他生命存在的状态的破坏甚至毁灭为代价的，结果已危及人类自身的继续生存与发展。人类只是人与自然所构成的生态系统中的一个链节，而不是自然界为所欲为的主宰，他与别的自然生物一样占据着自己的生态位，遵从着生态学规律。因此，当代人理当是，事实上已逐步成为具备与其职业活动及生活方式相应的环境知识，同时具有充分的生态伦理学素养的理性生态人。在实践活动中，他不仅能对一切与环境有关的事物作出符合生态学的评价，而且拥有充分的道德、智慧和知识，能制订符合生态学的策略。在行为规范上，他将遵守生态和谐、生态安全、综合效益、公平与正义、共赢竞争、整体主义等基本原则。①

理性生态人假设对生态问题的关注，对生态和谐（狭义）的追求，因应了生态文明时代对人性的要求。但在生态文明时代，人与自然之间的生态和谐、人与人之间的人态和谐、人自身的心态和谐（身心和谐）是一个整体，生态文明时代的和谐管理所追求的是三态和谐的统一，即广义的生态和谐，它呼唤着更完善的适应时代现实的管理人性假设前提——生态和谐（广义）人假设。

---

① 徐嵩龄：《环境伦理学进展：评论与阐释》，社会科学文献出版社 1999 年版，第 409—421 页。

一、生态和谐人的规定

所谓生态和谐（广义）人，是指以身心和谐、人生幸福为目的，需要结构的和谐为条件，生态和谐（狭义）、人态和谐为契机的自然人。它有两个显著的特征：第一，在身心和谐中创造幸福人生。这里的幸福既包括自身的幸福，更重要的还包括他人的幸福。任何人都希望自己人生幸福，而追求自身幸福，可能给他人带来痛苦。企业竞争中成功者的幸福可能与失败者的痛苦相伴而生，在当代企业之间的竞争以及企业内部竞争上岗、末位淘汰的管理实践中，这种情形是客观存在的。但另一方面，人的群体性，人的行为的交互目的性，决定了人生幸福不可能只“自为”而不“为他”，自身的幸福与他人的幸福往往结合在一起。人在对自身幸福的追求中所创造的价值往往成为他人幸福的源泉，当代企业之间的合作双赢，企业内部员工利益的一致充分说明了这一点。身心和谐包括生理和谐、心理和谐以及生理与心理的和谐。它内蕴着愉悦的体验、旺盛的活力和创造的潜力，因而是人生幸福的主体状态。身心和谐、主体幸福又是在人的需要的满足过程中实现的。需要是多样而有层次的。马斯洛的需要层次论、赫茨伯格的双因素理论、麦克米兰的成就需要理论分别从不同角度阐明了这一点①。不同人的需要的组合结构可能不同，而且这种组合结构会因时因地而异，埃德加·沙因所提出的“复杂人”假设的意义就在于此。生态和谐人假设理当包容这些假设的内容，而且特别强调需要的组合结构是以实现自我社会价值的合理尽性的高层次需要为核心的和谐结构。只有这种多样统一、关系协调的需要结构，才能使人获得真正的健康与幸福。过分突出，甚至一味讲究物质享受、权力需要或社交需要，“以同裨同”，是难以真正健康和幸福的。因此“经济人”假设、“社会人”假设的局限是显而易见的。和谐的需要结构的满

① 孙耀君：《西方管理学名著提要》，江西人民出版社1998年版，第123—172页。

足必须以对和谐的追求为契机和中介。具体讲，生态和谐人必须通过人与自然、人与人和谐的追求来实现自身的健康与幸福。追求人与自然的和谐是环境管理模式中理性生态人的要求，追求人与人的和谐，包括与企业内外个人和群体的和谐是和谐管理模式的精髓，也是行为科学管理和社会系统学派中“社会人”假设的要求，将两者有机结合起来是与我们这个时代的脉搏相切合的。当然，对和谐的追求是有原则和价值导向的，生态和谐人对和谐的追求应该是和而不流，“和而不同”，应该有助于社会进步，而不应该随波逐流，“同而不和”，更不应该造恶于社会。第二，理性和情感高度统一。就理性而言，他能对一切事物作出符合三态和谐的评价，有充分的知识和智慧制定符合三态和谐的策略；就情感而言，他对各种生态和谐的事物均自动地产生肯定性情感体验，从而使之从感知的对象升华为审美和关爱的对象以至践行的范式。

这样的生态和谐人在其所从事的实践领域包括企业活动中，理当遵循超越于“经济人”、“社会人”、“理性生态人”的规范和原则。这些规范和原则可以梳理为四个有机关联的方面：

（一）生态和谐观

生态和谐人理所当然地要确立并奉行生态和谐观，在企业活动以及其他社会经济活动中不断追求和努力实现具有自然有机性的生生和谐，具有环境适应性的协变和谐，具有价值合理性的臻善和谐①。这种和谐观在心态方面表现为对经济人身为物役、心为形役的否定，而追求身心的健康及其潜力的适度外显。在人态方面表现为对经济人追求个人利益最大化，轻视整体利益最大化的否定，而强调企业人潜能的恰当、合理释放，在企业人活力的高度耦合以及企业之间的共赢竞争中实现整体利益的优化；在生态方面，则是对经济人、社会人忽视自然甚至掠夺自然的观念否定，而突出人与自然的协同进化②。从认知和取向方面进一步分

---

① 黄志斌：《传统和谐理念的当代阐释》，《哲学研究》2006 年第 11 期。

② 郭因、黄志斌等：《绿色文化与绿色美学通论》，安徽人民出版社 1995 年版，第 191—207 页。

析，生态和谐观植根于并在一定条件下显现为包括人的知识水平、人的实践能力和人的价值取向在内的各种关系和存在方式的和谐，它需要人的知识水平和实践能力的提高，需要人的价值取向的臻善。由此推论，在社会主义和谐社会构建中和谐人格的塑造理当包括切合社会主义和谐社会六大特征（民主法治、公平正义、安定有序、诚信友爱、充满活力、人与自然和谐相处）的人的知识水平和实践能力的提高以及人的价值取向的臻善。其中，知识水平的提高是指人所把握科学理论和文化知识的拓展和加深，属于和谐人格塑造中状态方面的优化；实践能力的提高是指人作用于“社会—经济—自然”复合体的力量的增强和功率的增大，属于和谐人格塑造中力量方面的强化；价值取向的臻善是指人作用于“社会—经济—自然”复合体的力量符合社会主义和谐社会的六大特征，有利于社会主义和谐社会的构建和社会进步，属于和谐人格塑造中方向方面的善化。具体地说，与社会主义和谐社会构建相适应的和谐人格有六个方面的规定性。

1. 社会主义民主法治的知识、能力和价值取向。民主法治是社会主义和谐社会建设的重要内容和政治保障，也是实现社会分工和谐、社会分配公正的前提。社会主义民主能广泛调动社会各方面积极因素。社会主义法治是能使社会矛盾得以减少并有效地解决，人与社会才能由不和谐走向和谐，从低度和谐走向高度和谐。民主与法治是互为条件、相得益彰的，没有法制的民主会导致社会的混乱，因而在本质上是一种自我否定，同样，没有民主的法制会扼杀社会的活力，因而在本质上也就否定了其自身存在的意义。只有民主与法治高度统一，即社会主义民主得到充分发扬，依法治国基本方略得到切实落实，保证人民依法行使民主权力，“才能形成既有统一意志又有个体心情舒畅的生动活泼的政治局面，才能形成既有对多数人的服从又有对少数人的保护这样一种各得其所又和谐相处的社会状态”[①]，从而实现人与社会的和谐。因此，在社会

① 肖景华、洪向华：《社会主义和谐社会的25个理论热点》，中国方正出版社2005年版，第77页。

主义和谐社会构建中必须造就具有很强的民主法制意识和丰富的民主法制知识的人，他能够成为国家的主人，成为民主权力与义务的统一主体，自觉守法、护法，做社会主义民主法制的捍卫者，不断为完善社会主义的民主和法制，建设社会主义政治文明作出贡献。

2. 公平正义观及其实践能力。公平正义是社会主义和谐社会的关键环节，也是实现人与社会和谐的关键。公平正义的维护和实现，“是为了最大限度地维护和发展不同方面人们的利益，为了最大限度地化解矛盾”[①]，为了实现个体与个体、个体与群体及社会之间、群体与群体及社会之间利益关系的协调。这就是说，公平正义的要义在于社会各方面的利益关系得到妥善协调，人民内部矛盾和其他社会矛盾得到正确处理，社会公平和正义得到切实维护和实现，其核心是“利益”。因此，践行公平正义的要旨就是要妥善协调社会各方面的利益关系。只有这样，才能实现人与社会的和谐。公平正义既是一种伦理规范，又可以通过法律、制度予以体现和落实。作为伦理规范，其现实性有赖于主体的道德境界的高尚；作为法律约束，其现实性在于立法、司法、执法诸环节的系统落实；作为制度保证，其现实性体现在制度的创新和执行程序之中。这就决定了在社会主义和谐社会构建中必须造就通晓公平正义观及其实现路径，并将公平正义观内化成动机指向的人，他能够自觉地以公平正义为准绳，维护社会成员权利的平等、分配的合理、机会的均等及其法律的尊严和制度的遵守。

3. 维护社会安定有序的自觉意识和行动。安定有序，就是社会组织机制健全，社会管理完善，社会秩序良好，人民群众安居乐业，社会保持安定团结。安定有序是社会主义和谐社会的基本标志。一个社会安定有序，“本身就是不同利益群体各尽其能、各得其所而又和谐相处的表现。反之，一个社会如果处在动荡不安、混乱无序的状态，本身就是社

① 肖景华、洪向华：《社会主义和谐社会的25个理论热点》，中国方正出版社2005年版，第83页。

会不同群体矛盾激化的表现，是社会冲突得不到化解的结果。”① 在动荡不安、混乱无序的状态下，人民群众不可能安居乐业，社会发展就无从谈起，人与社会的和谐也根本不可能实现。因此，在社会主义和谐社会构建中，必须造就具有成熟的社会心理、强烈的安定有序意识和自觉采取维护社会安定有序行动的人。它能够遵守社会秩序规范，通过正常的渠道反映意见与表达利益要求，有效地协调与化解社会矛盾，保持社会的安定团结，维护社会的有序发展，并能够为社会秩序规范、社会管理体制的健全和完善身体力行。

4. 诚信友爱的理念和履行。在人际交往中，如果交往双方的行为托载着各自的真心诚意，表现出善行与诚心的高度一致性，那么就可能投桃报李，换取对方的信任与真心，赢得对方真心诚意的回应，从而默契双方的行为。相反，如果交往双方不肯坦诚相见，说话行事总是心怀机巧，那么就恰如《易经》所言：“伏戎于莽，升其高陵，三岁不兴”②，就像在森林中设下伏兵（戎）一样，总是给人一种威胁感，如此何言人际行为的和谐。在社会主义和谐社会构建中，人际行为的和谐是其不可或缺的组成部分，这就决定了我们在新时期必须树立、落实，也能够树立、落实诚信理念。人与人的交往不仅要求交往双方散发诚信的理性魅力，而且要释放友爱的情感火花。友爱往往具有“回报”效应，你对他人友爱，他人就可能对你友爱，你从这种回报中体验到对他人友爱的快乐，又可能更自觉地去爱他人，这就是友爱的自催化和连锁反应。友爱还具有“物化”效应，可将人类之友爱物化到生存空间中，实现居住环境的人情化，工作环境的人道化，社会服务设施的人性化等等，这样的生存空间反过来又可能成为致爱因素，引发人们的友爱行动，这就是友爱行动的良性循环。社会主义和谐社会理当是诚信友爱的社会，诚信友爱“有利于增加社会的价值认同和凝聚力，使人们在彼此信任和相互关

---

① 肖景华、洪向华：《社会主义和谐社会的25个理论热点》，中国方正出版社2005年版，第101页。

② 马恒君：《周易正宗——易经·同人》，华夏出版社2004年版，第169页。

爱中，感受做人的价值和尊严，体验生活的美好和人生的幸福，甚至激发生命的创造力"[①]。但在当前我国社会成员之间，诚信友爱乃是相对紧缺的道德资源。因此，在社会主义和谐社会构建中，必须按照"诚信友爱"的要求，加强思想道德建设，培养并唤醒全体人民的诚信意识，引导和激励人们真诚以待；在全社会提倡团结互助、扶贫济困的风尚，形成平等友爱、融洽和谐的人际环境。与此相联系，和谐发展的人必须是树立、履行诚信友爱理念，自觉投身诚信友爱社会建设的人。他具有诚实守信的道德品质，讲求团结互助、平等友爱，愿意并能够与他人融洽相处，能够为团结互助、平等友爱、共谋发展的社会主义新型人际关系的巩固和发展凝心聚力。

5. 促进社会充满活力的"四个尊重"的品行。人的需要是有层次性的，在基本的生存、安全需要得到满足的前提下，最根本的是实现个体的社会价值的需要，也就是发挥创造潜能的需要。社会主义和谐社会是充满创造活力的社会，是"能够使一切有利于社会进步的创造愿望得到尊重，创造活动得到支持，创造才能得到发挥，创造成果得到肯定"[②]的社会，体现为人的各方面潜能不断得到充分发挥。为此，党的十六届四中全会指出，构建社会主义和谐社会，要"全面贯彻尊重劳动、尊重知识、尊重人才、尊重创造的方针，不断增强全社会的创造活力。"[③] 而要有效贯彻"四个尊重"的方针，就要营造"四个尊重"的社会氛围，使"四个尊重"成为全社会的一个基本价值观念。只有这样，才能"放手让一切劳动、知识、技术、管理和资本的活力竞相迸发，让一切创造社会财富的源泉充分涌流"[④]，才能满足人们更高层次的需要，使人们在

① 肖景华、洪向华：《社会主义和谐社会的25个理论热点》，中国方正出版社2005年版，第88页。

② 肖景华、洪向华：《社会主义和谐社会的25个理论热点》，中国方正出版社2005年版，第94页。

③ 李君如：《社会主义和谐社会论》，人民出版社2005年版，第137页。

④ 肖景华、洪向华：《社会主义和谐社会的25个理论热点》，中国方正出版社2005年版，第98页。

个体的合理需要得到满足的基础上，致力于人与人的和谐。因此，在社会主义和谐社会构建中必须造就具有“四个尊重”的品行，能够增进社会活力的人。它注重恰当、合理地释放自身的潜能，并尊重一切有利于社会进步的创造愿望，支持一切有利于社会进步的创造活动，肯定一切有利于社会进步的创造成果，在追求个体的社会价值实现的同时不断地增强社会的创造活力，“在人的活力的高度耦合以及人们之间的高品位竞争中实现整体利益的优化和经济、社会的可持续发展”①。

6. 人与自然和谐的超循环理念和价值追求。马克思认为，“从人的生存和发展看，自然界的物质交换活动是社会的基础；从人与自然的相互作用看，人的活动不能超越自然所能承受的限度，不能违反自然规律。如果认为人类征服自然界的能力是无限的，可以凌驾于自然界本身的客观规律之上，那么就会产生自然界的‘异化’，反过来会加倍地报复人类。要充分发挥人的积极能动性，就必须使人类的活动保持在一个合理的阈限内。”② 人的生存和发展受到自然条件的制约，人与自然的和谐是人与社会、人与人和谐的基础，因此胡锦涛同志将人与自然的和谐纳入到社会主义和谐社会构建的框架之内，并给出了人与自然和谐的规定性：生产发展、生活富裕和生态良好。其中，生产发展的核心是循环经济的发展，它要求用“资源—产品—消费—再生资源”物质反复流转的循环经济取代传统的线型经济，使资源在不断进行的经济循环中得到合理、高效、持久的利用，达到生态建设与经济发展“双赢”的局面。生活富裕的核心是生活质量的提高，它要求拥有丰富的物质生活资料，采取健康文明的绿色循环消费方式，在满足广大人民谋生、利生、乐生的需要的同时，讲求消费品的循环利用。生态良好的核心是维护和促进生态系统良性循环，它要求人的活动能够保持和促进生态系统正反过程的平衡

---

① 黄志斌：《论与可持续发展战略相适应的人的全面发展》，《马克思主义研究》2003 年第 3 期。

② 肖景华、洪向华：《社会主义和谐社会的 25 个理论热点》，中国方正出版社 2005 年版，第 106—107 页。

性、物能利用的高效性、物质构成的宜人性。概括起来，人与自然的和谐本质上是生产领域的循环经济与生活领域的循环消费以及自然系统的生态循环相耦合的超循环系统的形成。因此，在社会主义和谐社会构建中必须造就具有超循环理念和价值取向，掌握了实现超循环方法和技能，并为超循环的社会实践而不懈追求的人。他理当是循环经济、循环消费的倡导者、传布者和实践者，生态循环的维护者、促进者和建设者。

（二）三维效益观

生态和谐人对三大和谐的追求理当具有三维效益观，实现经济、生态和社会三大效益的统一。事实上，企业是经济实体也是伦理实体。作为经济实体，企业谋求经济效益是理所当然的，企业人获得经济利益也是无可厚非的。作为伦理实体，其中的自然人及法人都负有道德代理人的责任和义务，对企业外的生态要素和社会人群应给予道德关怀，使之也充满生机和活力，以取得生态效益和社会效益。经济人所遵循的单纯经济效益原则，社会人及伦理人所遵循的单纯社会效益原则，理性生态人所侧重的生态效益原则，都是不合理的价值霸权的表现。在现实生活中，决策的目标可以是单纯的或单一的，但决策行动的实际影响往往是多方面的、复杂的。三维效益观是从“价值生态”的大视野尽可能地考虑决策行动或当下或未来，或能以经济价值表示或不能用经济价值表示的各种实际影响，并尽可能以最小的代价放大正面影响，化解负面影响。

（三）综合安全观

生态和谐人对“三维”效益的优化离不开对综合安全的考虑，因为失去“安全”的效益是虚假的、短期的。与“三维”效益相对应，综合安全包括经济安全、社会安全、生态安全。经济安全作为对经济风险的回避是经济人特别重视的，经济人往往为了经济安全而无视甚至损害社会安全和生态安全。生态和谐人在进行有关决策时不仅要考虑经济风险及其回避；还应恰当地考虑社会风险、生态风险及其回避。现在，企业所要进行的职工安全认证、ISO14000认证就是一种对社会安全、生态安全的落实。

(四) 广义生态方法论与和谐思维方式

从广义理解，自然、社会、经济结构而成的便是一个生态系统，企业人只不过是这一生态系统中的一个链节，占据着相应的“生态位”。他既是权利主体，同时也是责任和义务主体。作为权利主体，可以包含事实上也包含着利己动机和个体主义的方法论，这也就是经济人假设在市场经济具有一定的合理性和有效性的依据所在。但利己动机在市场经济运作中创造了众多的负经济外部性，个体主义方法论在经济事务中难以处理不可分的公共资源和多功能、多价值资源问题，不能解决经济福利的代际分配问题，这就要求凸显企业人的责任和义务。责任和义务反映着公平和正义，体现了广义生态论方法与和谐思维方式。公平与正义要求企业人在享有权利的同时承担起与其权利相应的社会责任和这一权利所影响的自然界的责任，以及这一受影响的自然界所引发的社会义务的责任，从而充分地表现出其利他性的一面。这种基于利他和利己和谐一致，经济与社会、自然协调发展的思考和处理问题的方法乃是生态和谐人运用广义生态方法论与和谐思维方式的体现。

二、合理性辩解

学术界可能有这样的质疑：生态和谐人假设是否太理想化了？依据理想的人性假设从事管理是否比依据“坏”的人性假设从事管理操作起来更困难？在我们看来，生态和谐人假设是具有理论和现实的合理性的。

(一) 生态和谐人假设符合历史发展的趋势

人类社会的发展从某种意义上可以认为是人不断提升，走向全面发展的过程。不同历史时期的环境背景所塑造的现实人性是不同的，工业文明时代造就的主要是经济人、社会人，生态文明时代造就的理当是理性生态人乃至生态和谐人。从经济人、社会人到理性生态人、生态和谐人乃是历史的必然。一般而论，社会的发展与人的发展有着内在的联系，特定历史阶段的社会条件造就有其深刻烙印的人，同时由人谱写着社会发展的主旋律；社会进步要求人的同步发展，人的发展水平需要相宜的社会条件。马克思将人的发展过程概括为三个历史阶段，即与自然经济条件相适应的“以人的依赖关系”占统治地位的阶段，与商品经济条件相适应的“以物的依赖性为基础的人的独立性”的阶段和“建立在个体全面发展和他们共同的社会生产能力成为他们的社会财富这一基础上的自由个性”[①]的阶段。第三个阶段是人的发展达到理想状态的阶段即人的全面发展，但人的全面发展不是一蹴而就的，正如马克思强调的“全面发展的个体……不是自然的产物，而是历史的产物”[②]。从历史发展的角度来看，每一个时代都承担着人的全面发展这个终极性目标的阶段性任务，而终极性的目标，正是通过不同阶段的努力而实现的。社会主义和谐社会形态是商品经济形态与产品经济形态之间的过渡阶段，建设社会主义和谐社会的重点是遵循规律、化解矛盾、兼顾各方利益，而把握规律、解决问题的关键因素是我国广大人民，人民是规律的概括者、发现者，是实践的决策者和操作者，是社会主义社会发展的承担者、推动者和最终决定力量，一切社会财富不过是他们的本质力量对象化的结果，所以构建社会主义和谐社会的落足点是依赖和塑造广大人民自身的和谐发展。

（二）生态和谐人假设符合现实需要

当今世界，可持续发展战略的实施，ISO14000、OHSAS18000标准的出台，WTO规则对环境保护的要求，和谐主题的日益凸显，共赢竞争的应运而生，生态文明观的提出，资源节约型和环境友好型的建设，需要企业人成为生态和谐人。公共品领域的拓展，产权界区不清甚至根本无法界定的公共资源的“地球村”化，以及解决代内公平和代际公平等难题的紧迫性，也对人性提出了生态和谐化的要求。而学习型社会的到来，企业学习型组织的建立等，则为人性的生态和谐化养成提供了操作平台。

① 《马克思恩格斯全集》第30卷，人民出版社1995年版，第107—108页。
② 《马克思恩格斯全集》第30卷，人民出版社1995年版，第112页。

从社会系统的层次性视角透视，个体是社会的要素，社会是人所构成的系统；社会系统的发展制约着其中个体的发展，它作为环境条件为个体的发展提供政治、经济、文化的支持，选择的空间和方向的导引，而个体的发展又为社会的发展提供人力资源和不竭动力。社会主义和谐社会与我国过去社会发展阶段相比，“经济更加发展、民主更加健全、科教更加进步、文化更加繁荣、人民生活更加殷实”[1]，是“全体人民各尽其能、各得其所而又和谐相处”[2]。社会主义物质文明、政治文明、精神文明、生态文明有机统一的全面协调可持续发展的社会，能够为人的和谐发展提供必需的物质、政治、文化条件，同时要求培养德智体美全面发展的社会主义的建设者和接班人，造就数以亿计的高素质劳动者、数以千万计的专门人才和一大批拔尖创新人才，使人的和谐发展具有现实必要性和可能性。同时，“历史并不是把人当作达到自己目的的工具来利用的某种特殊的人格。历史不过是追求着自己目的的人的活动而已。”[3] 人是社会历史的主体，一切社会财富不过是人的本质力量对象化的结果。随着时代的发展，社会财富的增长、社会的发展越来越依赖于人对自身的改造，越来越取决于人自身素质、能力的提高。“因为现存的交往形式和生产力是全面的，所以只有全面发展的个体才可能占有它们。”[4] 因此，我们构建社会主义和谐社会又要以人的和谐发展为基础。从社会系统结构性角度分析，社会主义和谐社会作为人与社会、人与人、人与自然和谐的统一，在其本质上是同构的，都聚焦于人自身的主体和谐。在社会主义和谐社会的六个特征中，民主法治、公平正义、安定有序所侧重的是使各种利益矛盾得到协调和化解，实现人与社会的和谐；诚信友爱、充满活力所强调的是使个人与个人之间友好相处，每个个人的创造潜力都能得到充分发挥，实现个人与个人的和谐；人与自然和谐相处所

① 江泽民：《全面建设小康社会，开创中国特色社会主义事业新局面》，人民出版社 2002 年版，第 19 页。

② 《中共中央关于加强党的执政能力建设的决定》，人民出版社 2004 年版，第 23 页。

③ 《马克思恩格斯全集》第 2 卷，人民出版社 1957 年版，第 118—119 页。

④ 《马克思恩格斯全集》第 3 卷，人民出版社 1957 年版，第 516 页。

追求的是走出一条生产发展、生活富裕、生态良好的文明发展之路，实现人与自然的和谐。在人与社会的和谐中，个体是主体，社会组织是客体；在个人与个人的和谐中，人我互为主客体；在人与自然的和谐中，人是主体，自然是客体。三大和谐都是“主体—客体”结构，具有同构性，其主体都是人自身的和谐。于是，社会主义社会的和谐与广大人民的和谐人格就成为不可分割的一体之两面。换言之，广大人民自身的和谐发展，乃是社会主义和谐社会的价值目标和构建基础。社会环境、人际环境和自然环境的和谐为人自身的和谐发展提供良好的客观条件，推动着人自身的和谐发展目标的实现；广大人民自身的和谐发展则为社会主义和谐社会的构建提供良好的主体条件，促进着社会主义社会的和谐发展。具有和谐特质的社会环境、人际环境和自然环境对人的导向、熏陶，可以促使生活于其中的人通过内化而快速、有效地促成人的和谐发展，提高人群中和谐人养成的概率和普遍性；具有和谐特质的人才能善于把握人与政治、经济、文化之间的平衡，才会在向自然索取的过程中，尽力增强其再生能力，保持原有生态环境，才有可能在整个社会范围内妥善解决个体与个体、个体与群体及社会、群体与群体及社会的矛盾，协调人与人之间的利益关系，合理占有社会资源、公正分配社会利益，保证社会主义和谐社会有序、稳定的发展。从社会和谐的整体性思索，人与社会的和谐、人与人的和谐、人与自然的和谐、人自身的和谐是一以贯之的整体。其中，人与社会的和谐、人与人的和谐是保证，如果社会动荡不安、冲突不已，人与人彼此失信、相互欺诈，那么人与自然的和谐、人自身的和谐就会因失去社会支撑而成为水中之月；人与自然的和谐是基础，如果人与自然的关系不和谐，水体被污染，空气不新鲜，资源被肆意浪费，生态被恶性破坏，那么人与社会、人与人、人自身的和谐就会因失去自然根基而成为镜中之花；人自身的和谐是动力，如果人沦为畸形发展的“单面人”，甚至身心不健康，那么人与社会、人与人、人与自然的和谐就会因失去主体动力而成为瓦上之霜。另一方面，人与社会、人与人、人与自然的现实和谐状态作用于作为享用主体的人，则可以使人在对和谐的感受、体验之中获得幸福感、愉悦感和完满感，并同时将现实的和谐状态内化、积淀为主体的潜在模式，然后在处理其他关系时倾向于显化、复制、放大为相应的现实的和谐，演绎着人与社会、人与人的人态和谐，人与自然的生态和谐（狭义），人自身的心态和谐的互动相济与整体推进，从而使构建社会主义和谐社会决定着并依赖于广大人民的和谐发展这一命题得到实践逻辑的确证。

（三）生态和谐人假设符合统计规律

社会经济现象基本上属于随机现象，随机现象服从统计规律，作为社会经济系统主要因素的人当然不例外。人性类型是多种多样的，不同企业的人，同一企业的不同人，其人性就可能不同。但人性假设作为对企业人共性的认识，不是抽取所有人的共同点，而是按照“大数定律”选取相对多数人的共同个性特征，或按照“动态分析”选取所有者人数呈显著递增趋势的人性特征。人性假设是相对多数人的共性，或是代表发展趋势的部分人的共性，而不是所有人的共性。工业文明时代不是所有企业人都是经济人，而是多数企业人是经济人。现在的生态文明时代，具有生态和谐意识和行为的人呈显著递增趋势，在一些先进企业已占相对多数。

（四）生态和谐假设符合真理性判断的要求

人性假设是一种伦理事实判断，而非自然事实判断，因此要与特定社会、历史、文化背景下形成的道德价值体系——道德原则、准则、规范体系有机关联。一般认为，如果某一道德价值体系符合历史发展的必然性和社会进步的客观要求，那么这一道德价值体系从整体上来说就是真的，属于真理性认识或客观必然性认识的范围。而依据于这一道德价值体系的伦理事实判断，就是符合真理性的判断[①]。

把前述四条归纳起来，生态和谐人假设是符合生态文明时代我国社会主义和谐社会构建的真理性判断要求的伦理事实判断。按假设的人性

---

① 竹立家：《道德价值论》，中国人民大学出版社1998年版，第45页。

从事管理，实即按特定历史时期的道德原则和伦理规范来管理；按生态和谐人假设进行管理，实即按生态文明时代我国社会主义和谐社会构建的道德原理和伦理规范来管理。因此生态和谐人假设无疑是生态文明时代我国社会主义和谐社会构建中管理理论和实践的人性基础。

第三节　生态和谐人的型塑

生态和谐人假设作为符合生态时代真理判断要求的伦理事实判断，考察的虽然是企业人后天养成的个性特征，而非与生俱来的气质特征。生态文明时代我国社会主义和谐社会的构建必须也可能塑造生态和谐人。生态和谐人的型塑遵循着人格健康、教育和学习的一般机制，其关键路径包括“疏解—升华”、“内化—外化”两个方面。

一、疏解—升华

生态和谐人的型塑造以心理健康为基础，因此，社会主义和谐社会构建中生态和谐人的型塑首先是通过疏解—升华的路径形成并维持个体的健康人格。个体能否形成健康人格同其生理体质、成长环境以及社会文化氛围相关，其中经济发展、文化变迁是影响人格健康的最主要因素。心理学家荣格曾说：“文化的最后成果就是人格”，但并非文化塑造的人格都是健康的。当文化塑造人格的过程重心落在将其传统价值信仰透过儿童教养、社会化、社会制裁等方式，加以批判、约束与牵制时，那么可以理解为文明愈进步的社会，法令规定愈多愈细，人际竞争愈激烈，这种约束愈多，压力愈大，形成不健康心理的可能性就越大。当缺陷心理或异常心理出现后，采取“潜抑”或“心理防御”或“转向攻击”等方式都是不适当的解决方法。人只有在自己所处的特定历史条件下，遵循“疏解—升华”机制，不断进取，不懈努力，才能不断提高个体的人格健康水平。疏解即疏通化解之意，主要针对现代社会激烈的竞争压力、疏远的人际关系、社会的加速变迁等诱因造成的心理问题善于积极自我暗示，技巧调控，合情合理地疏泄、转移、化解消极情绪，缓和紧张情绪，使显在的和潜在的消极心理现象都顺畅排遣。升华是个体遭挫败后，将不为社会认可的需要或动机转变为符合社会要求的需要或动机，或将低层次的行为引导到有利于社会和自身的较高层次的行为。升华常能转移原有心理状态，达到新的心理平衡，同时又创造积极的价值，利己利人。疏解是排除心理症结，促进人格健康的基本路径，升华则是提升人格发展境界的必然要求。

构建社会主义和谐社会阶段正是我国致力于将人均国内生产总值从1千美元提升到3千美元（以上）的阶段。从世界有关国家的经验教训看，这是动荡非常剧烈的社会转型期，这个时期的经济结构变化大，社会矛盾尖锐，利益纠纷显著，社会大众承受的心理压力大，当各种困难、矛盾纠集缠绕个体或突然袭击个体时，容易导致个体精神问题的“高压阻泻”，即个体在追求自我完善过程中出现的问题无法有效快速疏通，沉淀到人的潜意识里可能会导致人格异化，与和谐社会个体精神状态相背离。因此，通过疏通化解个体面临的急性或慢性应激才能塑造出与社会形态相称的和谐人格。人格的健康只是和谐社会所需人格的基础，和谐社会更注重人格境界的升华。

改革开放以来我国社会主义现代化建设取得的巨大成就和小康社会的初步实现，不仅为社会主义和谐社会的构建创造了条件，而且为人的心理疏解、人格升华展现出更大的可能性空间。这些建设成果已经使人民生活水平有了很大跨越，人们的主导需求也由生理、安全需求逐渐向社会尊重、提高认知、自身社会价值的实现等需求方向转移，人们对自身的知识水平、道德修养、社会威望、潜能发挥等方面的特征关注度越来越高，能够按照和谐社会民主法制发展、伦理道德进步的要求更好的升华自身、塑造高尚的人格。在健康人格基础之上塑造出高尚人格是和谐社会主体人格递进式发展的表现。递进式的人格发展与构建社会主义和谐社会在条件上具有高度的一致性。

二、内化—外化

我们可以将生态和谐人假设看成是生态文明时代我国社会主义社会构建中人的发展的共性目标设计，这个目标的实现遵循着教育和学习的一般机制，这就是通过长期的“内化—外化”互动和强化而纳入人的个性深层，并表现为人的行为习惯和创新模式。这里的“内化”即生态和谐理念的主观心理化。生态和谐理念反映了生态文明时代人的价值趋向和最佳选择，是体现时代本质特征的客观需要。社会对生态和谐的要求，企业对生态和谐的倡导，将使企业人产生心理上的紧张，心理上紧张的内容是缺乏感和求足感。由于生态和谐的感召，企业人心理深层感到似乎缺少些什么，这就是缺乏感。由于企业人期望去寻求并得到什么来满足自己，这即为求足感。由缺乏感和求足感为内容的心理紧张激起了人们心底试图去解除这两种感受的趋向，这就形成了动机。与此相伴随，生态和谐理念所包含的生机勃发的诱人途径以及实践生态和谐的方法、路向、技术、文化等等，也凝缩、积淀为主体的潜在模式。动机是主体行为的内在动力，潜在模式是主体内在的思想内容。于此，对象的现实转变成了企业人的现实，客观的逻辑转变成了企业人主体行动和思维的逻辑。

这里的“外化”即生态和谐动机和潜在模式的客观对象化。生态和谐动机和潜在模式作为主体行动和思维的逻辑一经形成，就会有力地推动企业人践行符合生态和谐理念的设计、生产、营销和管理等，从而又把主体自身的生态和谐特性转化为对象的特性即现实的生态和谐，在客体打上主体的印记，变自然存在为社会存在。

“内化”和“外化”都是通过主体的活动实现的。主体的活动包括实践活动和意识活动。企业人的实践活动可分为以设备、原料、产品网络等物为对象的实践活动和以供应商、客户、互补者、竞争者、管理者、被管理者、同事等人为对象的实践活动。以物为对象的实践活动中介着主客体的生态和谐，以人为对象的实践活动中介着主客体的人态和谐，以理念为对象的意识活动中介着主客体的心态和谐，主体的三态和谐是观念形态的生态和谐，即与“三态”相关的动机和潜在模式，客体的三态和谐是外部现实形态的生态和谐，即现实的生态和人态和谐以及能激起心态和谐的现实和谐。

“内化”和“外化”是双向互动和强化的交替因果过程。生态和谐的“内化”可以推进相应的“外化”，“外化”后的客体生态和谐又进一步推进“内化”，从而使生态和谐在主体心灵深处从暂时的偶然性存在变为稳定的必然性存在，进而表现为行为习惯和创新模式等个性特征。而且这种个性特征的养成是有累进效应。生态和谐的需要得到满足，意味着企业人心理紧张的解除，标示着一个“内化—外化”过程的完成。新的生态和谐的需要又会启动新的“内化—外化”过程，如此形成“内化—外化”的循环往复，起讫相连、螺旋上升。与此相伴随，企业人生态和谐素质不断累进，且近于生态和谐素养之目标。

“内化—外化”过程畅通与否，会受到诸多因素的制约。就企业而言，其经营理念是主要因素，经营理念不仅标示着企业经营的价值取向，而且可能也必须融化为企业人的思想观念，影响企业人的行为指向。因此，塑造企业人生态和谐素质的前提条件是企业生态和谐经营理念的确立。而企业经营理念对企业人的影响程度如何又取决于企业的氛围。在这里，教育界提出的“泡菜”理论同样适用。泡菜水的味道决定所泡出来的白菜、萝卜的味道；大学的文化氛围决定所培养出来的学生的素质①；同样，企业的文化氛围决定所塑造出来的企业人的素质。办大学就是要办一个氛围，办企业也得要办出一个氛围。企业的品牌结构，高层管理人员和技术人员的思想、风格，企业的自然文化，职工的文化活动，

① 刘献君：《大学之治与大学之思》，华中理工大学出版社2000年版，第57页。

科技活动等都会对企业文化氛围的形成产生影响。从这些方面考虑，企业生态和谐氛围的营造，其合理性和有效性是毋庸置疑的。而以生态和谐为价值趋向的考核体系，绩效评估，分配制度，激励和约束机制，学习型组织，信息平台，则可进一步强化企业的生态和谐的文化氛围，使生态和谐理念、方法和技术的“内化—外化”过程起讫相连、循环增强，促进生态和谐人的型塑。

第五章
价值生态：人本价值导向与三态和谐

所谓企业价值观是指企业在长期的经营管理实践中所形成和遵循的基本信念以及所追求的基本目标，是企业对自身在社会中存在和发展的意义的一种哲学考量，是企业秉持的对自然、社会、员工的基本观点和基本态度，它所回答的是企业“追寻什么?”“为何追寻?”“如何追寻?”等问题。伴随着物质与精神需求的不断变化，企业价值观的根本取向也在不断地嬗变和升华，在人类历经农业文明、工业文明而步入生态文明后，企业价值观也在历经物本管理价值取向、人本管理价值取向之后赋有了当代文明特质，即形成了企业管理的“价值生态”。

第一节　物本管理的价值分析

“科学管理”的创始人泰勒将“科学”引入管理领域，他在做了大量的科学试验的基础上提出了系统的理论和一整套的方法措施，用于提高管理和生产的效率。这种秉持科学理性的管理理论因其对物的价值的青睐也被我们称之为“物本管理”，它突破了工业革命以来一直延续的传统经验管理方法，是企业管理理论的一次革命。

一、科学理性及其双重效应

“科学理性”是和“人文理性”相对应的范畴。它是科学主体所特有的一种精神或认识能力，它促使科学主体从一定的本体观出发去探索科学客体并按一定的规则进行推理得出合乎逻辑的结论。近现代的科学理性，是近现代科学传统和科学观念的集中表现。近现代科学传统主要是经验论和机械论的、实证主义和分析主义的。其科学观念主要表现为：(1) 坚持自然界的统一性，认为自然界虽然纷繁复杂，但可归结为某种物质结构层次。(2) 强调对自然对象的量化研究，认为任何自然对象的内部结构或本质联系均可化约为一种数学关系。(3) 突出自然界的因果性，认为事物的发展变化遵循因果律，反复出现的现象或行为有普遍规律性的意义。(4) 吸收经验论的合理成分，重视科学的观察和实验，认为不能实证与分析的命题是没有科学意义的。(5) 主张世界的可知性，相信自然和人类都是进化的和有序的，是合规律性与合目的性的统一，而这只有通过理性和逻辑才可以把握。这里需要说明，从哲学角度来看，近代科学观念和现代科学观念有区别也有联系。近现代科学都重分析，但近代的机械论成分更多一些，更偏重于线性的还原论分析，而现代的有机论色彩更浓一些，更注重于分析基础上的整体思维。

科学理性的正面效应不可低估。科学理性所蕴含的重经验、重实证、重分析的精神，讲究方法、注重操作、务求可行的倾向，以合乎理智、合乎逻辑、合乎科学的运行规则与程序为价值尺度的观念，促进了自然科学的长足发展和各种技术的不断进步。由科学理性孕育和发展而成的科技文明，倡导公平与规范、宽容与批判、创新与严格、效率与协作，这使科技文化成为相对独立的亚文化体系，并成为现代化社会的文化基频。在科学理性导向下，各门具体科学方法系统特别发达，尤其物理学及其实验方法发展迅速，自然科学哲学的认识论和方法论形成了博大精深的理论体系。在科学理性影响下，经济学、管理学、社会学、心理学等众多领域引进了自然科学的定量分析与研究的方法，使它们变得更为规范、严谨、精确和具有可操作性。同时，科学理性作为人类知和行的指南，在人类精神历史上一度发挥了巨大的作用，科学的昌明使人与迷信及盲目崇拜决裂，批判和根治了愚昧，赶走了人类精神领域的荫翳，使人类高扬起驾驭自然和改造自然的激情，给予人们自信、乐观、进取、向上的思想基调。在科学理性规范下，社会生活的诸多方面和社会文化的诸多领域变得更为合理，更为有序，更便于监控、管理和改良。就总体而言，科学理性促进了人与社会的发展和进步而决不是相反。

同时，科学理性的负面效应也不可忽视。首先，科学理性对自然科学的发展可能产生负面效应。第一，科学理性重视科学发展的客观物质条件，忽视科学发展的人文背景，使科学失去了深厚的文化土壤而成为无源之水，无本之木。第二，科学理性重视知识理性因素在科学发现和发明过程中的作用，忽略或者根本否定非理性因素对于人类科学认识的动力作用，情感、意志、灵感、幻想等等自觉与不自觉的要素均受到排斥，逻辑思维完全取代了形象思维和灵感思维，科学创造的思维也因此变得空乏而单调。第三，科学理性按照逻辑化的要求，将丰富多彩、奥妙无穷的科学创造活动变成模式化、格式化的简单线性运作模式。由此，人也变成了被动的工具“符号”，其创造性思维的“自组织性”受到严重窒息。其次，将科学理性作为唯一崇尚对象，把具体科学方法无条件地从自然科学领域推广运用到人文科学领域，会产生难以消除的后遗症。科学理性伴随着科学技术的巨大成就而逐渐泛化，科学理性成为取代上帝的新权威，成为衡量一切自然社会的事务有无存在合理性的唯一准绳，成为认识事物，揭示必然性与普遍性的根本手段。任何具体科学方法，其实用范围总是有限的，其“普遍有效性”也总是相对的。将一种具体科学方法从自然科学领域推广到另一人文科学领域会不完全适合或完全不适合。人文领域的有些东西是可以诉诸理性、逻辑和定量分析、进行实证（通过科学实验证实或证伪），而有些东西则不能。譬如对待人生理想、宗教信仰、情感、道德、审美、价值判断等等，仅借助于自然科学方法，进行实证研究、定量分析和逻辑推演与判断，显然是不够的、难以把握的。在社会科学和人文科学领域，以科学的名义"拒斥形而上学"即把辩证方法、历史方法、心理分析方法、社会定性分析方法等等拒之门外，这无疑会带来严重恶果：将本来无比丰富、复杂的人文现象抽象化、简单化，使应该非常厚重、博大精深的人文科学变得浅薄和机械。再次，当科学理性或技术理性成为一种世界观统治了人的全部生活的时候，人的本质也异化了。按照科学理性的要求，社会生活的各个部门和人类文化的各个领域均可能按照不同的终极价值和目的加以理性化。理性是出发点，也是归宿。科学理性作为外在他律的思维尺度，在其归宿上是单维度的，它无法预设人的目的性存在，更无法诉诸于价值的评判，但这种单一话语内化为人们的世界观，主宰了人们的价值观的时候，科学以及在科学理性基础上发展起来的各种技术便统治了人们全部物质文化生活领域，人即变成了失去"感性向度"的"单向度"的人。

诞生于近代的科学管理理论秉持"以物为本"的价值理念，是科学理性在管理学上的折射，它在近代乃至现代管理学上也具有正负双重效应①。

二、物本管理的价值评析

"物本"管理的侧重点是企业的自然资源、技术过程和人机关系，将企业看成是单纯的经济实体，将企业人预设为纯粹的自利的"经济动物"。这具有一定的合理性，但它所遵循的仅仅是"物理"，而不包括"人理"，其弊端显而易见。

在管理活动中，管理主体的需要属于人的心理的深层结构，通过一定的欲望、意愿、情感和动机表现出来。早期的社会状况，主要是生产

① 任雪萍：《科学理性及其双重效应》，《安徽大学学报》1998年第12期。

力水平制约了管理者的视阈，对于企业和企业管理概念的狭隘界定约束了他们的管理需求。人类很长一段历史的管理理论都把管理需求的目标定位基本锁定在利润最大化上，一切理论与实验都是为了企业利润的增长。在这种理论下，“人”被摆在与“资金”、“设备”同等的位置上，统一都被称之为“生产要素”；尽管这个过程中有些人也主张关心“人”，但是，在利润最大化的目标诉求下，对“人”的关心也是被利润异化了的关心。空想社会主义者欧文为了让公司的厂长和管理者们学会关心工人，在一封信中说到：你们中有许多人从自己长期的生产业务中体验到一种物质的、设计优良的、制作精美的机器的好处。如果说对无生命的机器状况给予关注尚能产生有利的结果，那么要是你们对构造奇妙得多的有生命的机器给以同等的关心，那还有什么不能指望的呢？显然，在欧文眼里，工人也是一种机器，他与一般机器的唯一区别就是工人是“有生命的机器”。因此，对工人的所有关心，都是创造利润的手段。

从管理过程的角度来看，以科学理性作为思维基础的物本管理的一个突出的特点就是强调管理在逻辑上的合理、形式上的完善和操作上的可行。其内含的价值判断是：合理、合乎逻辑形式又便于操作的便是好的，值得倡导的；反之，不合理、不合乎逻辑形式又不便于操作的便是坏的，要予以否定的；而合理、合乎逻辑形式但难以操作的则是可疑的，不宜采纳的。

泰勒的科学管理即是按照科学理性的要求，将管理技术化、工具化、形式化、可操作化。他及其支持者通过各种试验和测量进行劳动动作研究和工作研究，制定出有科学依据的工人的“合理日工作量”。认为只有让工人掌握标准化的操作方法，使用标准化的工具、机器和材料，并使作业环境标准化，才能有效提高工作效率。具体方法是选择合适且技术熟练的工人，研究这些人在工作中使用的基本操作或动作的精确序列以及每个人所使用的工具；用秒表记录每一基本动作所需时间，加上必要的休息时间和延误时间，找出做每一步工作的最快方法；消除所有错误动作、缓慢动作和无效动作；将最快最好的动作和最佳工具组合在一起，成为一个序列，从而确定工人“合理的日工作量”，即劳动定额。另外，科学管理还主张对工人进行科学的选择，培训工人使用标准的操作方法，使工人在岗位上成长；要制定科学的工艺流程，使机器、设备、工艺、工具、材料、工作环境尽量标准化；要实行计件工资，超额劳动获超额报酬等等。科学管理理论无疑是管理学的一次里程碑式的转折，它改变了管理凭经验工作的方法，而代之以科学的工作方法，以严格的科学手段极大地挖掘了人的潜力，使当时的企业效率实现了质的飞跃，为工业文明时代生产力的积累作出了巨大贡献。在当时，科学管理理论应用的一个成功案例，是利用甘特图表进行计划控制，创建了世界第一条福特汽车流水生产线，实现了机械化的大工业，大幅度提高了劳动生产率，出现了高效率、低成本、高工资和高利润的局面，这对后来的企业发展产生了深刻的影响。德鲁克就曾高度评价科学管理思想，他说：“科学管理只不过是一种关于工人和工作系统的哲学，总的说来它可能是自联邦主义文献以后，美国对西方思想作出的最特殊的贡献。”①

但是，以现代企业管理的人性视角来审视，泰罗的“科学管理”理论存在明显的缺陷和不足。科学管理的“经济人”人性假设，把一切社会经济现象都看做是具有个人利己主义本性的经济人活动的表现。他们认为，人的行为动机是为了追求物质和享受，只要能向“经济人”提供足够的经济刺激，他们就会干任何事情；人性天生是自私的，有“恶”的倾向，人本质上都好逸恶劳，趋向于慢腾腾地干活，只要有机会就会偷懒等等。基于这种认识，泰勒等人主张以科学的精确程序来强制消除这些问题，结果劳动被完全异化了。因为，其一，它过于将人的管理“物化”，使人隶属于物，成了程序化的机器；其二，它过分地夸大了经济手段的作用，将其视做调动工人积极性的惟一手段。后来的实践表明，它可以在一个较短的时间里产生高效率，但却无法带来持续性的企业发

① ［美］德鲁克：《管理的实践》，机械工业出版社 2006 年版，第 208 页。

展动力。

洞观泰勒的科学管理理论，“我们不得不下一个结论，效率或许是社会永续存在的必要条件，然而它和它所属的经济模式却无法带领我们找到渴望的答案——也就是生命的意义何在。我们可能需要创造更多的纯经济领域之外的活动，而这些活动的动机与效率无关，却较偏向于内心的满足与价值。”① 如果将企业人预设为经济实体中纯粹的自利性“经济动物”，那么管理所遵循的主要也就是自然规律，于是，企业管理的前提是格物致知，发展科技，管理的中心是“物”而非真正意义上的人。这在科技—经济时代似乎是理所当然的，是一种合理的存在。但进入21世纪，物质生活的丰裕度达到一定的值后，工作作为谋生手段的意义大大削弱，人们开始不断追问工作、生活的真谛究竟是什么？当工作失去作为谋生手段意义的时候，原有的“物本管理”模式开始遭遇员工内心强烈的排斥和反抗，引发了众多的社会问题，其中最具代表性也最具破坏性的问题是许多员工出现了严重的职业心理枯竭现象。他们在高度竞争环境中，在高强度“物本管理”的压力下，自我效能感明显下降，时常感觉再也无法胜任工作，对明天充满茫然和恐惧。这种恶劣心境反过来又大大降低了个体因物质丰裕而具有的满足感。有资料显示，过去10年来，他们的物质消费增加了45%，但是经过社会健康指数（Index of Social Health）测量，生活品质却降低了51%；更有极端者为了摆脱这种长期挣扎的恶劣心境，不惜以自伤、自杀的方式予以了结。

可见，管理活动中的人文资源、人文过程、人际关系、伦理调节、人文规律、人文关怀是不容忽视的。物本管理见“物”不见“人”，重自然资源忽视人文资源，重技术过程忽视人文过程，重人机关系忽视人际关系和人境关系，重物理、生理轻心理忽视伦理，重自然规律忽视人文规律，重经济利益忽视人文关怀，不仅严重影响了企业人的工作质量，而且降低了企业人的生活质量，甚至造成人的尊严的失落。英国当代著

① ［英］查尔斯·汉迪著：《饥饿的灵魂——个人与组织的希望与追寻》，赵永芬译，中国人民大学出版社2006年版，第31页。

名管理学大师查尔斯·汉迪说："那样的地方对人类的灵魂来说，真像是一个牢笼，而在那些牢笼里，人们极少得到成长，因为没有让人探索真正自我的空间。更糟的是，待在这些牢笼里不仅乏味，而且还会榨取人的精力，使人无力探索外面的世界。"①

总之，物本管理对于科学理性的发现和推崇，使人性始终依附于（科学）理性，成为理性的奴隶。在理性的步步紧逼和销蚀之下，管理中人的主动性与创造性日见萎缩，失去了人的活动应有的跳跃和生动。随着社会的发展，一些管理者对管理过程和管理客体的认识开始突破"利润"的狭隘疆域，把管理价值需要的视角触及了人及人的内在需要。

第二节　人本管理的价值导向

继科学管理之后，又经历了行为科学、管理科学（管理理论丛林）等阶段，在这些阶段里，对人的关注得到了恢复和提高，并日益滋长为主流的管理理念，这意味着管理理论与实践的发展正逐步进入一个新阶段——人本管理阶段。

一、人本管理的逻辑思辨

人本管理是一种从人性出发、以人为本，把人视为组织最重要的资源和管理的主体；它关注人的情感、崇尚人的价值，充分激励人的积极性和创造性；以组织与组织成员的共同发展为目标，以不断满足人的需要和人的全面发展为根本目的的管理模式。

---

① ［英］查尔斯·汉迪著：《饥饿的灵魂——个人与组织的希望与追寻》，赵永芬译，中国人民大学出版社2006年版，第133页。

按照人性学的观点，人在生理层面的属性是“人类总是要求拥有快乐而不是痛苦”，人在心理层面的属性是“人类总是要求得到尊重而不是贬抑”，人在心灵层面的属性是“人类总是希望有长久的目标而不是虚度一生”。人类的这种人性本真是无法彻底湮灭的，即便是在“科学管理”阶段，也有着对人性潜在的注视（抑或说另类的注视）。泰勒在美国国会上为“科学管理”做注释的时候，他是以“人性”的理由：科学管理不是一种获得效率的方法。也不是一串或一批有效率的方法。它们是科学管理的有益的辅助手段。因此同时，它们是其他管理制度的有益的辅助手段，它们是要求工人和管理部门的所有人都“进行一场全面的心理革命”。事物的发展通常是对立统一的，当科学管理的严酷方法几乎使人之本性“失真”的时候，也便开始了对人性返真的突围，行为科学管理理论便以同样实证的方式将管理方式拉回到对人以及人与人关系的关注，并逐渐发展至今日的人性化管理。

人本管理最重要的理念是以人为本。以人为本的“本”，在哲学意义上是“本位”、“根本”、“目的”之意。人本管理重视人，把人视为管理的本位、根本和目的，认为在所有生产要素中人是最重要的因子，是起统摄作用的因子。人类自工业文明以来，本应是相互依存的社会生产两大要素“劳动”和“资本”，却由于资本霸权话语的不断膨胀，导致两者关系日趋失衡，“劳动”要素的地位不断恶化，“资本”要素的地位不断膨胀。今天，无论是处于后工业化时代的西方发达国家还是依旧处于工业化进程的发展中国家，都不同程度地存在着“重资本轻劳动”的倾向。在与“资本”要素的抗衡中，“劳动”要素依然成为弱者，基本失去了话语权，结果导致企业劳动关系中到处充斥着不和谐的音符，阻碍了企业内部“和谐力”的生成。

实践中的挫折催生人的反思。人们欣喜地发现，在劳动和资本的博弈中，劳动者主体地位开始悄然回归，人在管理中的独特作用与贡献正在不断地被挖掘。“人本”开始取代“资本”，以人为本的管理理念逐渐生成，并终将成为一种主流的管理理念。

人本管理的价值目标是实现人的尊严和体面，并在这一过程中实现自我全面发展。人的全面发展“包括十分丰富的内容。就个人内在方面而言，它包括个人德、智、体、美、劳和谐完整的发展，个人潜力的最大限度的发挥，个人需要的全面丰富和满足。其具体规定是：个人创造性活动的充分发挥和个人活动相对完整性与充分的可变换性。就个人外在的社会关系方面而言，是指个人积极参加各个领域、各个层次的社会交往，同其他个人，从而也同社会的生产进行相对普遍的交换，使个人摆脱个体的、地域的和民族的局限，摆脱陈旧狭隘的社会关系，形成尽可能全面丰富的物质关系和思想关系。”①

为了实现人的全面发展，在人本管理过程中，首先必须关注分析人的需求和动机。脱胎于动物的人类与动物的一个迥异就是人不仅有物质性的需求和动机，更有精神性、社会性的需求和动机，且对于后者的领会能使整个管理活动充满生机和活力，德鲁克说：“我们也必须把工作中的人力当‘人’来看待。换句话说，我们也必须重视‘人性面’，强调人是有道德感和社会性的动物，设法让工作的设计安排符合人的特质。作为一种资源，人力能为企业所‘使用’，然而作为‘人’，唯有这个人本身才能充分自我利用，发挥所长。和其他资源不同的是，人对于自己要不要工作，握有绝对的自主权。”

其次，为了实现人的全面发展，必须以“人”作为管理活动的最高目的。20世纪80年代以来，西方发达国家的企业管理发生了非常明显的变化，出现了一个明显的梯度进化趋势，从强调管理必须责、权、利相互结合的“抽屉式管理”，到强调从人的心理方面来鼓励员工从事工作前就克服缺点的“完美式管理”，再到实行一分钟目标、一分钟赞美及一分钟惩罚以激发人的创造性的“一分钟管理”；从强调注重个人和整体配合、创造整体和个体高度和谐性，到让员工自己管理自己的“和拢式管理”，再到强调对员工宽容、理解，增加管理灵活性的“弹性式

---

① 唐凯麟：《伦理学教程》，湖南大学出版社1992年版，第69页。

管理”等等，这些变化都凸显了企业管理基本思想已经开始由视人为“手段”发展到视人为“目的”。中国管理哲学大家成中英先生在他的《C理论：中国管理哲学》中认为，视“人”为目的的管理必须重视对人性潜能的开发。他认为通过管理应当能够使人提高“四性”：一是感性，即对外界知识感受的能力；二是情性，即人的喜怒哀乐和内在的种种感受；三是理性，即自我反省、辨别是非的能力；四是悟性，即超脱情、理、感，对整个世界及人生真理有所了悟。

总之，人本管理作为现代企业的管理方式，相对于以往各种管理方式而言，实现了一种质的、根本性的超越。它摒弃了传统的“以人为手段”的管理理念，将“人”回归到了本真的层面——有血有肉、有情绪有情感、有思维有思想的生物有机体与社会存在物，而不单纯是劳作的机器、营利的工具。不仅如此，人性化管理作为对以往管理方式的辩证否定，它还应该在更形而上的高度实现对“人性”的提升，社会发展赖以持续的基础是“人”的不断进化，包括人的智力的进化和素质的提高。所以人性化管理在尊重人，促进企业和谐发展的同时，还要能够不断完善、提高人的智能、情感和意志品质。藉此，企业的人性化管理才算真正脱离了狭隘的时空疆域，摆脱了管理自古以来“现实关怀”的有限追求，赋有了对人类“终极关怀”的哲学意义。

二、人本管理的人文价值指向

人本管理并不排斥管理的自然资源、技术过程和人机关系，不否定企业作为经济实体对利润和利益的追求，更不否认企业管理对自然规律的依循，只不过它强调企业管理必须以人为中心，尊重人，依靠人，发展人，为了人。其价值指向是生理、心理、伦理相统一的具有多层次需要的企业员工，内在的原理是建立在人的合理尽性需要基础之上的动机、情感和信念，具体的价值实现路径是对人文资源、人文过程、人际关系和人境关系管理的重视及其对人文规律的依循。

人文资源是人的资源，或人的文化的资源。各个民族在自然的生产和生活中创造了自己的文化，它构成各民族生活的原理或方式，这些文化一旦积淀下来，便形成具有民族血缘性质的文化传统，塑造着各具特色的人的文化本性。伴随当代全球化的进程，这些文化中的共性部分受到格外的重视，个性部分也在不断的碰撞中形成不同程度的融合。人类对它开发利用的方式和程度不同，就会产生不同的结果，于是这些文化对于人类社会来说就具有资源的意义。人是文化的表征和体现，是用特殊的文化塑造并依特定的文化原理进行生产和生活的。人身上蕴含着的各种生理和文化的潜能是管理的潜在资源，管理的核心是人，这种资源的开发利用对管理效率具有决定性意义。就是说，人是管理的资源，而由于人的这种资源意义是通过文化积淀、显现、发挥、开发，便称为人文资源，它与一般的人力资源不同，更加突显人的资源的文化意义与文化价值。不仅如此，人文资源由于体现为人的潜能与文化积淀，以功能的形式表现，具有很强的再生性，可以循环往复，取之不尽，用之不竭，是最丰富、最重要的资源。同时，这种资源还具有两面性，如果发挥不当，也具有消极的作用，因而在管理中具有至关重要的意义。这里，重要的是建立一种概念：在管理过程中，人、人文，不是工具，也不是简单的主体，而是资源；人作为资源，是通过人文体现和实现的，因而不是简单的人力资源，而是“人文资源”。丹尼尔曾对资源下过一个定义：“资源可以是人制造的，也可以是天然的；这个词既包含着可被利用来实现某种既定目标的有形物质，同时也包含着那些无形的努力。……人的思想和努力也是资源，因为它们设计、调配、决定和开展了导致产生商品和劳务的活动。”①

与此相适应，在管理过程中就不仅要从事生产力因素方面的科技开发，而且要进行生产关系因素方面的人文开发。管理过程不只是一个技术过程，还是一个人文过程，需要按人的特点、人生要求、人文原理，

① 丹尼尔·A. 雷恩著：《管理思想的演变》，李柱流主译，中国社会科学出版社 1997 年版，第 5 页。

把管理中的人作为具体而整全的文化单元，解决人与人的关系问题，乃至作为人际关系与人机关系交叉综合的人境关系问题①。

这些关系的协调，将使企业人产生强烈的归属感、认同感和互动感，从而最大限度地调动企业人在生产中的积极性和创造性，为实现组织目标而自觉能动地努力，促进企业的健康、持续发展。因为这样的“组织本身有一种感觉，一种让来访者一踏进它的大楼就能呼吸到的感觉，而且往往只需接触在那儿工作的某个员工即感觉得出来。其中充满了我们称之为 E 元素的物质，‘E’代表了能量（energy）、热诚（enthusiasm）、努力（effort）、兴奋（excitement）、卓越（excellence）等等。不只如此，大家说起话来，总是说‘我们’，而不是说‘我’。此外，这个组织仿佛正进行着某种社会公益事业，工作不只是为了金钱，更为了某种更伟大、更值得鞠躬尽瘁的使命，我们心甘情愿为其付出才华或是时间。”② 这样就在管理关系中凸显了人的主体性地位和价值，体现了人文的目的、人文的精神、人文的原理（文化的工具价值与目的价值的统一），而不是以经济效益作为管理的惟一目的，以科学作为管理的惟一机制。在现代西方管理史上，非正式组织论、行为科学论对人际关系的强调，条件理论、组织行为理论、系统管理学派对人境关系的主张，都不同程度地克服了科学管理学派等物本管理理论的泛经济主义和唯科学主义的弊端，勾勒出了管理的人文价值指向。管理科学学派把现代科学技术的理论方法和手段导入管理领域固然是一个进步，但就管理思想而言，它则是唯科学主义的复辟。而当代西方后现代主义思潮“回首东方”，赋予人以人文的属性，对泛经济主义、科学主义和技术主义进行了有力的抨击，提倡生态价值观和人文价值观，这贯彻到企业管理中，无疑将成为人本管理的价值指向的重要支撑。

---

① 人境关系指管理系统中个体与人际环境、物质环境、企业环境以及企业赖以生存的社会环境之间的关系。

② ［英］查尔斯·汉迪著：《饥饿的灵魂——个人与组织的希望与追寻》，赵永芬译，中国人民大学出版社2006年版，第110页。

三、人本管理的价值实现路径

人本管理的人文价值指向促使企业管理实现路径的变革，注重参与合作式管理，鼓励员工的自我管理及其社会价值的自我实现，重视员工的情绪情感管理。

（一）从集权式管理到参与合作式管理

在传统管理过程中，管理路径是“垂直—控制”型的，管理决策权集中于上层少数人，并由上而下传递，要求下属绝对服从。这种管理风格从表面上看，个人各司其职、井井有条，但却是僵死的，缺乏灵活与自组织性的。随着全球化进程的日益加速，知识变更与技术革新的日益加剧，传统的科层制、集中控制的管理风格正在转变为开放与参与式的管理风格。未来“企业越来越需要采取管理‘合作者’的方法管理‘雇员’，而合作关系的定义指出，在地位上所有合作者都是平等的。合作关系的定义还指出，不能向合作者发号施令，他们需要被说服。因此，管理人的工作日益成为一项‘销售工作’。在销售的过程中，我们不会首先问：‘我们想要什么？’，而是会问：‘对方想要什么？他们有什么样的价值标准？他们的目标是什么？他们需要什么样的结果？’”①

所谓参与合作式管理就是指在不同程度上让普通员工和下属参加企业的决策过程及各级管理工作，让下级和员工与企业的高层管理者处于平等的地位研究和讨论企业中的重大问题。彼得·圣吉说：这样的组织才可以不断地适应环境并进行自我重组，而这正是组织机构的本质②。在这样的企业里，员工不是一种“物性”的存在，而是一种“灵性”的存在。通过“参与”，员工们可以感到信任并体味自身存在的价值，从而滋生出对企业强烈的责任感和使命感。在这一方面，日本企业是觉悟得

① ［美］彼得·德鲁克：《21世纪的管理挑战》，机械工业出版社2006年版，第19页。

② ［美］彼得·圣吉：《变革之舞：学习型组织持续发展面临的挑战》，东方出版社2001年版，第10页。

较早的企业。第二次世界大战后日本企业的成功不是依赖公司最高层的几个聪明的脑瓜大胆地观察并作出决策，恰恰相反，把日本人从失败中拯救出来的是市场营销人员、零售商和生产线工人们的“小脑瓜们”的日常积累。这些贡献不断地积累从而促进了质量并造就了这些公司一直到今天还在享用的市场位置。

研究还表明，员工越是较多地参与到企业决策过程中，他执行决策的主动性和积极性就越高，决策所产生的实际作用效果也就越好。“北欧和美国的管理人员经常抱怨说日本公司在作决策时速度‘太慢’。而另一方面，日本的管理人员，则经常抱怨美国和欧洲的管理人员用来贯彻执行决策的时间过长。尽管在日本会用更长的时间来达成决策，但是一旦决策开始被执行，就会被更为迅速地贯彻，因为每个人都参与了整个决策过程，并且理解为什么决策要被执行，已经作出的决定是什么以及下一步要做什么。美国人可能会因为自己的‘富有决断力’而自豪，他们能够自己独立地很快速地作出决策。然而，他们也不得不在回到自己的办公室后花更多的时间来‘卖出’自己的决策，诸如要解释为什么要这样决策，决策是什么，怎样作出的决策，还要保证对决策的支持。于是不可避免地，贯彻执行就要花费更长的时间①。

由集权式管理向参与式管理的转变，它要求员工必须成为学习型的个体。在传统的管理模式中，员工无需思考，只需按照规定的程序和动作去完成，而在新的参与式管理模式中，员工被要求去确定和解决问题，去创新内容和思想。如果一个人没有一种持续学习的精神状态，是很难实现这种参与的。当然，企业也应当创造一种机会和方式，形成一种环境和氛围，促使每个员工都能从事导致自组织行为的学习和创新，只有当人人都在一定意义上成为“企业家”的时候，企业应对莫测环境的“超稳定”性也就形成了。

（二）鼓励员工的自我管理及其社会价值的自我实现

所谓自我管理，就是鼓励员工根据企业的发展战略和目标，自主制

① ［瑞士］苏珊 C. 施奈德等：《跨文化管理》，经济管理出版社2002年版，第153页。

订计划、实施控制、实现目标，即“自己管理自己”。它可以把个人意志与企业经营理念结合起来，从而使每个人心情舒畅地为企业作贡献，并达成自己的成就与价值。自我管理的基础是信任和理解。有人说，淑女和卖花女之间的区别不在于其行为举止如何，而在于人们如何对待她。如果你总是或永远以淑女的眼光看待她，她就终能成为淑女，这也被称为管理中的“皮格马利翁效应”。

自我管理的实质就是要做到量才为用、人尽其才，从而发挥人的潜力和创造力。它从个体的角度，首先，要建立正确的自我认识和自我判断，要搞清楚“我是谁？我的长处何在？我做事的方法为何？我的价值观是什么？”等等；其次，要弄清目前自我的认同状态，“我是否满意我自己？我有什么贡献与长处？我想象我应该是怎样的？”等等；再次，期待以何种努力方式改变自己，成为想要成为的人，“我想贡献什么？我应该贡献什么”等等；最后，个体要敢于承担自我管理过程中的责任，并在挫折中寻找进一步自我管理的经验。

按照管理大师德鲁克的意见，组织和管理者在促成员工自我管理及其社会价值自我实现的过程中，应当注意以下几点：

第一，不能将职位设计成只有上帝才能胜任。因为职位设计要求过高，根本违背了心理学的基本常识：目标难度太大，激起的动机水平就低，对于无法实现的目标，人们的态度只能是放弃。正确的目标设计难度应该中等，人们在经过努力后可以实现，获取自我管理及其社会价值自我实现的成就感。

第二，设计职位的要求要严格，涵盖要宽广。因为太过狭窄的岗位设计，往往会局限人的能力的发挥，不利于最大限度地调动一个人的积极性。而且长期在一个狭窄的岗位上工作，也容易造成人心理上的疲劳，而对工作产生厌倦。

第三，管理者在用人时，会先考虑某人能做些什么，而不是先考虑职位的要求是什么。管理者在看人的时候，应该要看到他能干什么，能干好什么，即见其所长；而不要首先看他不能干什么。总是见人所短，上下级的关系、同事之间的关系是很难实现和谐的。从心理学上讲，见人所长产生的是亲和感，而见人所短产生的是疏离感，它破坏企业的凝聚力。

第四，管理者知道在用人之所长的时候，必须容忍人之所短。所谓人无完人，如果你始终想任用没有缺点的人，那你只能一辈子都在寻找中。只要不是致命性的缺点，不影响他长处的发挥，就不妨碍任用他，而发挥他的长处。

鼓励员工的自我管理及其社会价值的自我实现，还必须在关注企业与员工的正式合同的同时关注企业与员工之间隐性的心理合同。正式合同的内容包括薪水、工作时间和工作责任等有形的东西；心理合同包括了管理双方的期望，员工希望得到尊重，自己的意见能得到严肃对待，有机会从事各种性质的工作，有条件实现自己的个性意志等等。如果企业与员工的心理合同不统一，甚至相对立，员工无法进行自我管理，获取自我实现，那么管理中的误解、冲突、不满和低绩效就会出现。相反，企业就能很顺畅地得到员工的忠诚、奉献，甚至是自我牺牲。

为此，企业必须改变以往的评价制度。以往（今天有许多企业依旧如此）的评价制度大多是判断性的，它们注重过去，对照制定好的标准来评价员工过去的业绩，尽管它们偶尔也会把员工的发展需求包含进来，但这太小的比重不足以改变评价的性质；要想让员工的能动性得到发挥，企业的评价制度应当由向后看转变为向前看，不以对企业刻板规范的遵守和结果作为惟一的标准，而以现有工作状态对未来工作产生的影响作为最重要的因子之一。只有这样，员工才敢于进行自我管理和自我实现其社会价值。

（三）重视员工的情绪情感管理

现代情绪心理学认为：在一定情境中，个体目标结构变化的方式或历程决定着所发生的情绪特质，目标结构的变化速度与机体的预备能量激活水平决定着所发生的个体情绪强度。人不同于动物的一个关键区别在于人是有丰富感情的高级生命形式，情绪、情感的积累和释放是人的核心精神生活，是人的心理活动的最基本的动力系统，对人的思想和行为起着重要的支配作用。因此，只有当管理者意识到这些，并努力创设环境与条件积累员工的积极情绪情感时，企业才可能产生持久的凝聚力，实现自己的既定目标。前苏联教育学家苏霍姆林斯基曾经说："情感和道德上的无知是不道德行为的根源。"显然，管理者如果忽略了员工的情绪情感起伏与变化，在一定意义上就失去了企业发展的一个重要制动力。

情感管理是企业在运作过程中，将企业的目标与员工个人心理目标有机结合起来，在企业目标实现的同时员工个人心理目标也得到实现。运用情感管理，可以激发员工的积极性和创造性，使他们以饱满的热情、进取的精神和态度发奋工作的过程。事实上，国内国外的许多大企业都已经开始关注并实施对员工的情感管理。

第一，管理者身体力行，体验员工的工作与生活。科层制中的管理者永远高高在上，他们脱离实际，凭借自己的判断发布指令，往往受到员工有形和无形的抵制。现在的一些企业正在试图改变管理者的管理作风，以制度的方式让管理者能够真正地融于员工的生活。因为他们越来越认识到，高级管理人员只有亲临一线，才有可能既直接感知了顾客的现实需要和潜在需要，又体悟了基层员工的工作状况和生活状况，这不仅有助于管理层制定政策、策略，还有利于管理者与普通员工的沟通与交流，易于形成企业共同的愿景。例如，美国最大的医院用品供应公司的创始人兼首席执行官每年有四个星期（每年两次，一次两个星期）都要顶替休假的销售人员做销售工作。他要求公司的所有高级管理人员都这样做。

第二，关注员工情感的细节管理。如今的管理学界一片"细节管理"的呼声，人们都知道了企业"成也细节，败也细节"的客观道理，但遗憾的是大多企业的"细节"多表现为对生产、销售等"物"的流程的管理，而忽略了对于员工情感的细节关注和管理。随着人的物质条件的丰裕，人们对精神与情感的需要呈明显的扩大趋势，而给予员工精神与情感需要的满足较之物质条件的满足要难得多，它重质而忽略量，它对于满足的方式、方法、场合等都有不确定性的要求。究竟何以触及员工的情感阀，不同的人有不同的方式，不同的人也需要有不同的方式，但均应有“于细微处见精神”的理念，细微之处一个小小的“物理量”可以产生一个庞大的“心理量”。在这一方面，美国通用电气前总裁杰克·韦尔奇值得称道，他创立了“便条细节”，他经常手写“便条”，并亲自封好后交给基层经理人或者普通员工，对他们提出建议或感谢。他在任期间，能叫出1000多位通用电气管理人员或员工的名字，经常亲自接见普通的管理者或员工。在这样的企业里，员工没有一种被边缘化的消极情感，他们觉得自己是被重视的，是有价值的，这种积极情感在工作中的释放自然会使企业受益良多。

第三，以文化与制度的方式合理地调适与控制员工间的竞争。现代企业在员工管理制度设计上必须有“竞争”因子的纳入，但若唯“竞争”，就有可能形成员工间残酷的非理性的过度竞争。在这样的班组氛围内工作，人的情感会被迅速地耗竭，人的自信与意志也会被彻底打碎。而对企业，这样的竞争将粉碎员工对组织的忠诚，导致企业内部的凝聚力下降，各个部门与各个人之间也会变得势同水火。

第三节　三态和谐的“生态”努力

物本观的升华就是自然力本观，人本观的升华就是人文力本观。物本、人本与力本的综合内在着企业人对三态和谐的追求，构建着当代企业管理即生态文明时代企业管理的和谐向度，从而昭示出以三态和谐为根本追求的企业管理价值生态。

一、物本与人本的升华及力本观

物本管理突出管理的自然资源、技术过程和人机关系，实即强调各种天然自然物和人工自然物的相互作用和优化配置，力求物能的合理转化、充分利用和有效凝结。生产过程是天然自然物和人工自然物潜能的转化和利用过程，产品作为生产过程的结果是物能的有效凝结，产品的消费则是对凝结的有效能量进行再转化和利用。因此物本管理所关注的是自然物的相互作用和物能即自然力的充分转化、利用和有效凝结。在这个意义上，物本管理就是对自然力的管理，就是将自然力转化为生产力、经济力，物本观就相应地升华为自然力本观。自然力是客观的、盲目的，必须通过科学研究和技术开发才能把握和利用之。在管理活动中，这种力的作用易被人们发觉和注重，所以在西方管理思想史上，科学管理学派较早出现是不难理解的。

人本管理重视管理活动中的人文资源、技术过程、人际关系乃至人境关系，强调的是人与人之间的相互作用和人文资源的优化配置以及人的文化潜能对生产效率、管理效率的决定性意义和文化因素对人的潜能的放大效应。这种相互作用和潜能乃是不同于自然力的人文力，它的形式是主观的，内容却是客观的，在管理中，人们无时不感受到它的作用。由于企业人表面上的自由背后掩盖着极大的不自由，因而与企业人不可分割的主观形式的人文力常常使人们陷入困境和困惑，难以把它作为一种不以人的意志为转移的管理力来对待。直到西方现代管理的一些流派才开始涉及它的理论研究和实践探索，但它们所做的主要是诸如人群关系、人的需要、文化环境等人文力载体的研究，而未明确提出“人文力”概念，更谈不上对人文力进行理论上的论证和实践上的运作。事实上，人本管理所重视的是对人文力的管理，人本观的升华就是人文力本观。对此，樊浩教授进行了系统性的开拓研究，提出了“经济—文化”的生态理念①。厉以宁先生在中国教育台演讲时也发表类似观点，他认为，市场是推动经济发展的“看不见的手”，政府是“看得见的手”，人文（力）则是这两只手之外的第三只手。

① 樊浩：《伦理精神的价值生态》，中国社会科学出版社2001年版，第250—273页。

生态文明时代的和谐管理理论认同企业是经济实体与伦理实体的统一，倡导企业管理是自然资源与人文资源的系统配置，技术过程和人文过程的有机复合，人机关系、人际关系和人境关系的综合协调，相应的也就认为企业管理是对自然力、人文力和经济力的综合管理，奉行物本与人本的结合，提倡自然力、人文力、经济力协同作用的管理力本观。它要求在管理活动中依循自然规律、经济规律和人文规律，凸显企业管理对自然的尊重、对人的关爱和对社会的责任，合理尽性地放大各种自然力、经济力和人文力，并有效地调适这些自然力、经济力和人文力，使之作用点收敛于代表最广大企业人根本利益的企业目标，作用方向一致于企业与职工协同发展、社会与自然同步进化的前进方向。

二、"三本"综合与三态和谐

如前所述，物本管理与人本管理，自然力本观与人文力本观在管理的对象、过程、目标和所依循的规律等方面各有所侧重，都具有一定的合理性和有效性，而且从其现实性上考察，两者理当融会贯通。这种融会贯通的基础是"人"，物本管理所强调的自然资源、技术过程、自然规律和人机关系乃是人所开发利用的自然资源，人所进行的技术过程，人所遵循的自然规律和人的作业与机器特性的符合。它所要求的各种自然力的开发利用、转化和凝结乃是人对自然力的合理调配，把这些内容概括起来就是人与自然关系的处理，就是对人与自然和谐（生态和谐）的追求。于此，管理学家所认定的实际上是人与自然和谐对企业效率、经济力的决定性影响，即从人与自然的和谐可以演绎出企业效率和经济力——人与自然的和谐度越高，企业效率就越高，企业经济力就越强。但物本管理所涉及的主要是企业内部人与人工自然的和谐，对企业外部人与自然的和谐以及人与天然自然的和谐则缺少研究。我们必须吸取条件理论、系统管理学派等人境关系论的合理内核，融入绿色管理的研究成果来克服这一缺陷。

人本管理所重视的人文资源、人文过程、人文规律和人际关系都是从“人”出发和以“人”为归宿的，按照马克思主义的观点，这里的人即“人民群众”，具体讲就是工人、农民、知识分子以及一切社会主义建设者，在企业就是企业全体员工，它所要求的各种人文力的激发和整合乃是人对人的依靠和互动，是为了人的发展和幸福。因此，人文管理和人文力本观的精髓是人与人、人自身关系的处理，是对人与人、人自身和谐的追求。人与人的和谐是企业人际关系网络的优化和善化，人自身的和谐是企业文化单元的整合化和贤能化。它们通过个体激发、群体感通、行为导向、主体自制的机制影响企业的生产过程和经营业绩，同时使企业人获得怡然性的主观体验，从而强化企业的核心能力和竞争优势。

由此可见，物本、人本、力本“三本”的要义是对企业活动中人与自然、人与人、人自身三态和谐的追求。其中人居于三态和谐的中心，人是三态和谐交汇的纽结，既是三态和谐得以实现的动力，也是三态和谐价值的载体。由于人的能动作用，三态和谐便显现出同构性，都是一种“主体—客体”结构。在人与自然的和谐中，人是主体，自然是客体；在人与人的关系中，我是主体，他人和群体是客体，反之亦然；在人自身的关系中，心是主体，身为客体。这种主客体结构的存在，使外部现实和谐的主体化积淀、重构和主体潜在和谐模式的对象化复制、创新成为螺旋式的辩证圆圈运动，不断提升着主体的内在素质、工作质量和生存意义，有力地拉升着企业的经济效益、社会效益和生态效益。

从现实层面看，当代企业的管理需求层次与结构在各种因素的集体作用下，正在生成为一种综合的、系统的需求。企业作为以赢利为目的的经济实体，提高经济效益依旧是企业管理的重要目的；不仅如此，企业与社会系统和自然生态系统有机嵌合在一起，共同构成人类生存与发展的环境支撑，故而，提高社会效益和生态效益也日益生成为企业管理的需求和目的；同时，基于生产力发展而显著增长的人的需求，也日益促使企业将价值关注的目光投向员工的心理世界。总之，当代企业管理的价值追求在超越科技—经济时代对经济效益的单一偏好后，正越来越趋向于追求以三态和谐为表征的“价值生态”。

三、三态和谐的“价值生态”

20世纪的生态觉悟，在其现实性上发端于对人类生存环境、对人类文明未来发展命运的关注。但是，这种潜在于人类文明的胚胎之中经过漫长发展而回归的文明觉悟，从一开始就蕴涵着极为深刻而普遍的哲学意义，即人对自然态度的变化，人与自然关系的重大调适，必然导致人类世界观、价值观和文化精神的深刻变革，最终惠及人类社会整体的变化和发展。

如前所述，生态理念从19世纪提出至今，已经经历了三个极为重要的阶段：19世纪只是指生物体与自然的关系，20世纪扩展到人与自然的关系，21世纪则进一步扩展到人与整个世界的关系，演变为具有形上意义的普遍性理念。像西方深层生态学的代表人物奈斯指出的那样，现在人类需要一种极其扩展的生态思想，这就是“生态智慧”。事实上，人类的生态智慧正在形成。“生态觉悟的实质不只是对人与自然关系的反省，而且更深刻的是对世界的合理秩序，对人在世界中的地位、对人的行为合理性的反省”。“生态智慧”应当并且正在进行另一种提升，在形上意义和实践理性两个层面扩展为“生态世界观”、“生态价值观”和“生态方法论”[①]。

“价值生态”是对“自然生态”概念的哲学提升和意义抽象。企业管理与“价值生态”的结合使企业管理价值的研究实现了由企业“自我本位”经过“关系本位”向“生态觉悟”的理论递进。这种生态本位的企业管理价值合理性的确证方法实际上是以生态世界观和生态价值观为哲学基础，以生态合理性作为价值标准，在文化冲突、经济转轨、社会

① 樊浩：《伦理精神的价值生态》，中国社会科学出版社2001年版，第214页。

转型的背景下，通过企业管理—自然的生态、企业管理—社会的生态、企业管理—企业人的生态的建构，实现企业管理价值生态的辩证复归，从而确证企业管理价值的理论合理性和实践合理性。一句话，它是以"生态合理性"为核心理念、价值取向和建构原理的开放—冲突的文明时代的企业管理价值合理性的评判方法。

按照这种方法的潜引，企业管理的价值生态是把企业看做一个有机的生命体，它在组织或配置人、财、物等要素的过程中，要根据生态智慧对企业管理价值进行合理性确证，实现企业管理过程的主客体统一、合目的性与合规律性的统一，实现真、善、美的有机统一。它一般具有四个特点：第一，企业管理各种要素间的生态有机性和有机关联。作为关联的各种要素，不仅存在于企业内部各管理要素，而且包括与企业活动关联的企业外的因素，包括与自然、与社会、与他企业等的关联。各种关联要素之间在多样统一的过程中共同实现由低级向高级的发展，促成每一个体要素新功能的激发和整体的不断创新。第二，整体性。企业管理活动强调、追求的不仅仅是增殖和利润，它强调的是综合效益、公平正义和"类"和谐。第三，共生互动与协同演进。企业管理的价值取向日益趋向"竞合"，不再主张"与天斗、与地斗、与人斗"，而是以自然、社会、他企业的生存、发展作为自身存在、发展的条件。第四，企业管理价值生态内蕴真、善、美的价值因子，在此基础上的管理效益是真、善、美管理价值的统一。

如果说物本管理、人本管理具有单向度的倾向，只是考察企业管理活动中的某个侧面，那么当代企业管理即生态文明时代的企业管理就要实现否定性的综合，进行多向度的管理理论研究和实践探索。这种"多向度"的有机关联便形成生态文明时代和谐管理的价值生态。它不仅主张企业管理中的多元统一、关系协调、过程疏通、竞争合理、功能优异，而且强调和谐的高度有机性、价值合理性和内外统一性。在管理对象上，必须考虑自然资源与人文资源包括知识和信息资源的多元统一，促成这些资源要素的合理配置和互动协调，以焕发各种自然力、人文力、经济力的生机及其对企业发展与社会经济进步的协同作用；在管理过程上，必须考虑技术过程与人文过程及其知识和信息过程的疏通和良性循环，以形成企业过程的复合体，并藉此实现企业物质资本、人力资本、知识资本的增殖；在企业关系上，必须考虑人机关系、人际关系、人境关系的综合协调和内外统一，以形成企业内外竞争合作的双赢态势，并产生众多的企业创新点，强化企业人的创新动力和创新能力，从而在竞争、合作、创新的连动中增强企业活力，显现企业和企业人的社会价值。从哲学的高度看，当代企业管理即生态文明时代的企业管理就是贯穿着追求人与自然、人与人、人自身三态和谐价值生态的和谐管理。

实现人与自然的和谐（狭义的生态和谐）是生态文明时代和谐管理价值生态的基础向度。以往无论是物本管理还是人本管理，都很少观照到人与自然的关系，人与企业的行为基本没有接受自然的约束和限制。可以讲，迄今为止的管理理论在认知层面上是一个脱离自然的封闭系统。企业、公司作为这个世界最普遍的组织，如果在其管理价值导向中，缺乏对自然的尊重，必然会导致地球的资源系统、环境系统和包括人类在内的生命系统持续的衰落，这种管理显然是缺乏智慧和理性的。生态文明时代的和谐管理主张人与自然和谐，这里的“人”不是螺丝钉，也不是机器的附庸，更不是自然的主宰，而是具有生态智慧，处于一定生态位的和谐人。与人和谐的自然不仅包括人工自然，而且包括天然自然；不仅包括社会物质环境，而且包括自然生态环境；实现了人与自然和谐的企业不仅是经济实体，而且是自然伦理实体和社会伦理实体。

实现人与人的和谐（人态和谐）是生态文明时代和谐管理价值生态的本质向度。这里倡导的人与人的和谐，不是对以往人本管理理论的照搬挪用，而是对它们的扬弃。作为伦理实体的企业是一个“社会公民”，扮演着经济人与道德人相统一的社会角色，它的行为本质上是一种“人”的社会行为方式，涉及政治、经济、文化和伦理等多方面的内容，除了需要为社会贡献物质成果以满足人类的物质需求外，还必须不断地进行道德自省，为社会提供良知、信任、诚实等道德层面的使命与责任。

企业只有自觉地履行“公司公民”的义务，才能激发人的善的本性，实现人与人的和谐，并藉于人与人的和谐，激发人的本质力量，最终实现整个社会的和谐。这里人与人和谐中的“人”，可以是个人，也可以是群体；实现了人与人和谐的企业，不仅职工之间、管理决策层成员之间、职工与管理决策层个人之间是和谐的，而且部门之间、子公司之间、母子公司之间、企业与顾客、企业与供应商、企业与竞争者、企业与互补者乃至企业与企业之间也是和谐的。企业在人与人的和谐中可以冲破利润最大化的藩篱，抵达利润最优化的彼岸，展开发展的可持续性。

实现人自身的和谐（心态和谐）是生态文明时代和谐管理价值生态的标志向度。今天许多国家的物质总量已足以使人“丰衣足食”，谋生不再是人们工作的唯一目的，相当人群已从“工具性”的工作观（工作是达到目的之手段），转变为“精神性”的工作观（寻求工作的内在价值）。工作过程不仅寻求物质的回报，更在意心理的愉悦和满足。传统管理理论只侧重对员工的物质激励而忽视对他们的精神关注，造成不少员工物质生活不断丰裕而幸福指数却在下降。生态文明时代的和谐管理既要在乎人的物质满足感，同时更要在乎人的心灵满足感，充分实现企业人的生理和谐、心理和谐和身心和谐。

上述三个向度的内在辩证统一，便是生态文明时代和谐管理所追求的价值生态。它既是对以往管理理论的批判汲取，也是对生态文明时代特质的顺应和彰显。

生态文明时代以三态和谐价值生态为根本追求的和谐管理可视为人本管理发展的新阶段，也可理解成赋予了人本管理新的界定。从外延上看，生态文明时代的和谐管理吸取了物本管理的合理内核，在重视“人”的同时也重视“物”，只不过这里的“物”不是纯粹、自在的物，也不是役人、累人的物，而是与人相和谐的物，是得到人的爱护从而给人带来安全、健康和愉悦体验的物。同时，生态文明时代的和谐管理还光大了人本管理所强调的人的主体性，企业人不仅是责任主体而且是创新主体、享用主体。从内涵上看，生态文明时代的和谐管理的本质是生态和谐（广义）。广义的生态和谐意味着企业的物更有序、更节约、更宜人，企业的人更聪明、更能干、更高尚、更健康，企业的关系更有机、更融洽，从而使企业显现出蓬勃的生机、旺盛的活力、向善的价值。将内涵和外延结合起来，生态文明时代的和谐管理所主张的就是：生态文明时代的企业人不仅是生态和谐的责任主体，而且是生态和谐的创新主体和享用主体。生态文明时代的企业人对绿色技术的创新、清洁生产的实施、绿色产品的生产、绿色营销和绿色消费的推行，企业内外人际关系、个群关系的和谐负有义不容辞的责任，同时也成为这些现实的生态和谐的享用者，并且在享用的怡然性体验中增强责任心、提高创造力。生态和谐在企业人沿着“责任——创新——享用”的路径推移过渡、螺旋上升乃是生态文明时代的和谐管理的基本价值取向。

现代西方伦理学家阿拉斯戴尔·麦金太尔针对罗尔斯的正义论，曾发表专著《谁之正义？何种合理性?》，强调要在特定的历史传统、文化情境、社会背景下探讨伦理价值的具体性和合理性。依照这种思想方法，我们还要进一步考虑企业生态和谐的具体性和特殊性。作为生态文明时代企业固然有它的共性，都应当以三大和谐作为根本追求，但不同企业的成长过程、文化情境、社会背景、生产领域、营销对象是有差异的，工作乃至生活于其中的“人”是具有特殊性的，实现生态和谐的要素、过程、目标也是不尽相同的，因此不同企业对三态和谐的追求，不同企业的人对生态和谐之“责任——创新——享用”的路径，应依据实情进行具体的设计和运作。例如，国有企业与民营企业、高科技企业与传统企业、汽车企业与化工企业，其生态和谐的目标、机制和方略显然是有区别的。我们所提出的生态文明时代和谐管理的价值取向乃是共性与个性、普遍性与特殊性、现实性与历史性、抽象性与具体性的统一。它昭示出生态文明时代的企业发展既要依靠广大员工的潜能勃发，又要为了广大员工的根本利益，企业发展的成果由广大员工共享。

第六章
效益逻辑：企业目标变革与三维效益

将企业对三态和谐价值生态的追求贯彻到企业效益观，则要求人们超越过去把企业发展等同于利润增长的片面理解，遵循经济、社会、生态统筹兼顾的效益逻辑。经济、社会、生态三维效益的统一意味着企业目标的变革，是对工业文明时代企业单纯追求经济效益的辩证否定，体现了利润与伦理、天道与人道、经济与生态有机关联的最高原理和统筹兼顾的根本方法。

第一节　工业文明时代的单纯经济效益观

18世纪中期，珍妮纺织机的出现，经瓦特改良后的蒸汽机作为动力机在生产领域的广泛应用，标志着工业革命在英国乃至世界的爆发，由此揭开了工业文明时代的序幕。代表上升阶级利益的政治经济学也应运而生。它的发展和演变与市场经济的发展和政府经济政策的变化息息相关。从古典政治经济学到新制度经济学和新凯恩斯主义的200多年时间里，经济学为解决市场经济中出现的经济问题提出了很多有见地的主张。

其中被广泛遵循的是“看不见的手”和“看得见的手”。当这两只手与企业相握时，所践行的是人对自然的主宰征服观及其相应的单纯经济效益观。

一、“看不见的手”

18世纪英国古典经济学家亚当·斯密在他的《道德情操论》和《国民财富性质和原因的研究》中分别提出了“看不见的手”的作用。“在这种场合，像在其他许多场合一样，他受着一只看不见的手的指导，去尽力达到一个并非他本意想要达到的目的。”[①] 富人为了满足自己的欲望，雇佣千百人来为自己劳动，“但是他们还是同穷人一起分享他们所作一切改良的成果。一只看不见的手引导他们对生活必需品作出几乎同土地在平均分配给全体居民的情况下所能作出的一样的分配，从而不知不觉地增进了社会利益，并为不断增多的人口提供生活资料。”[②] 这只“看不见的手”实际上是指市场的自我协调。

“看不见的手”的概念的提出源于古典政治经济学，古典政治经济学是自由竞争资本主义从起飞到成熟时刻的资本主义主流经济学，它忠实代表着产业资本的利益和要求，提出了以经济自由为中心的政策主张。一方面是肃清在社会制度过渡时期奉行的重商主义的国家干预政策的影响；另一方面，古典政治经济学者坚信，自由竞争力量的自发作用能够保证经济生活的协调和稳定增长，国家对经济生活干预是有害的，国家只需要充当为自由竞争市场经济创造良好外部条件的“守夜人”就可以了。

“看不见的手”的概念的提出其根本前提是个人利己主义。在《国富论》中斯密谈到分工的缘由时说：“他如果能够刺激他们的利己心，使有利于他，并告诉他们，给他做事，是对他们自己有利的，他要达到

① 亚当·斯密著：《国富论》下卷，郭大力、王亚南译，商务印书馆1974年版，第27页。

② 亚当·斯密著：《道德情操论》，蒋自强、钦北愚等译，商务印书馆1977年版，第230页。

目的就容易得多了。”[1] 在《道德情操论》中，谈到本性贪婪和自利的地主的行为动机时说：“富人只是从这大量的产品中选用了最贵重的最中意的东西。他们的消费比穷人少；尽管他们的天性是自私的和贪婪的，虽然他们只图自己方便，虽然他们雇佣千百人来为自己劳动的唯一目的是满足自己无聊而又贪得无厌的欲望……”[2] 在《国富论》中，斯密又谈到唯利是图是资本家的行为动机。他说：“把资本用来支持产业的人，既以牟取利润为唯一目的，他自然总会努力使他用其资本所支持的产业的生产物能具有最大价值，换言之，能交换最大数量的货币或其他货物。”[3] 斯密的利己主义认为，人是理性的，是专为自己打算的，是受自我利益驱使的。如果任凭每个人追求其自我利益，他同时也就促进了社会利益。

应该指出，人单有利己心并不能保证社会利益的需要。按照斯密的观点：只有与看不见的手相配合的利己心，才能使个人利益与社会利益趋于一致。《国富论》所研究的主题是：一个国家最有效地增加财富的方法，是规定一个法律结构，使个人能自由地在他们的经济活动中追求改善其经济条件的利益，所要证明的是：在什么制度下，采取什么方式，努力使个人利益与社会利益保持一致。他声称，政治经济学家的主要任务在于：(1) 确立什么制度能够确保个人利益的充分实现，使经济发展有足够的动力，促进社会利益。为此，斯密作出了市场经济中利己主义的“经济人”设计。(2) 在确定的制度下，如何把个人对物质利益的追求引导到资本使用正确、资源配置合理，实现生产者利润最大化和促进消费者效用最大化。为此，斯密作出了市场经济中“看不见的手”的设计。(3) 由于资本主义生产关系本身并不能自动地保证使个人利益和社会利益相一致，因此斯密把问题的解决方法归结为，应该采取能使“经

① 亚当·斯密著：《国富论》上卷，郭大力、王亚南译，商务印书馆1974年版，第15页。
② 亚当·斯密著：《道德情操论》，蒋自强、钦北愚等译，商务印书馆1977年版，第229—230页。
③ 亚当·斯密著：《国富论》下卷，郭大力、王亚南译，商务印书馆1974年版，第27页。

济人”和“看不见的手”充分地、不受阻碍地发挥作用从而使个人利益和社会利益经常保持一致，使经济发展的动力和平衡都得到解决的经济模式。为此，斯密作出了关于“自然秩序”的设计。“自然秩序”的设计源于斯密崇高自然学派的哲学观。自然学派认为，世界上存在一种内在的自然秩序，它是善和美的化身，具有不可抗拒的力量，远比人为创造的秩序优越得多，斯密以此作为分析经济问题的依据，探索经济运动过程的规律，主张经济自由主义。

在斯密的利己主义经济人基础上，纳索·W. 西尼尔在《政治经济学大纲》中阐述了四条公理。第一条公理是：每一个人都希望用尽可能少的牺牲去得到更多的财富；第二条公理是：人口的增加往往比维持生存的口粮增加来得快；第三条公理是使用机器的劳动者能够生产实在的净产品；第四条公理是农业报酬递减。西尼尔的第一条公理事实上已揭示了“经济人”的含义。

约翰·穆勒继承了西尼尔的上述观点，把政治经济学列为基本上论述经济生活中人类动机和行为方式的心理科学。由此引出一个著名的经济学概念“经济人”。穆勒认为：政治经济学对人的理解分为两部分，一部分是抽象化了人的热情和动机，另一部分是没有抽象化的与人对财富的追求欲望相对立的动机和热情，它包括厌恶劳动的心理和渴望满足昂贵嗜好的目前享受。从斯密的“利己心”到西尼尔的“四个公理”再到穆勒的“经济人”，穆勒的“经济人”概念扩大了人的动机对经济学研究的影响范围，指出经济学应该从人的多重动机结构和心理因素去考虑，才能使经济学理论更符合经济现象和经验。“经济人”概念是对人的财富动机和其他动机的概括，比斯密用“利己心”定义的“经济人”概念内涵要大得多。具体说来，“经济人”就是使市场经济得以运行的人。即会计算、有创造性，能寻找自身利益最大化的人。“经济人”概念成为经济学理论中的基本假设，以这个假设为出发点，自由竞争市场经济主体受“看不见的手”的协调，追求利益最大化，即生产者追求利润最大化，消费者追求效用最大化，生产要素所有者追求收入最大化，政府官员追求选票最大化。

“看不见的手”的协调作用在自由竞争市场经济中通过自由放任政策得到淋漓尽致的发挥，使生产力成倍增长，取得了人类社会未曾达到的物质文明成果，促进了经济空前增长。马克思说：资产阶级“在它的不到一百年的阶级统治中所创造的生产力，比过去一切时代创造的全部生产力还要多，还要大。自然力的征服，机器的使用，化学在工业和农业中的应用，轮船的行驶，铁路的通行，电报的使用，整个大陆的开垦，河川的通航，仿佛用法术从地下呼唤出来的大量人口——过去哪一个世纪能够料到有这样的生产力潜伏在社会劳动里呢?”① 但以理性经济人为出发点的市场竞争必然导致资本规模的扩大，资本的生产能力不断增强。一方面使生产供给呈扩大的趋势，而以有支付能力购买为前提的有效需求则相对有限，出现供给大于需求，产生有效需求不足的矛盾，矛盾通过定期爆发经济危机来解决，经济危机的爆发给经济造成了极大的损失。解释经济危机现象成为经济学家的当务之急，凯恩斯的国家干预政策应运而生。另一方面，资本的进一步集中导致了垄断的产生，垄断使竞争更加激烈、残酷，社会平均利润率不断下降，管理的科学化成为必要，钱德勒的“看得见的手”由此提出。

二、“看得见的手”

（一）凯恩斯的“看得见的手”

自由竞争市场经济推崇的“看不见的手”的调节使用只注重微观经济利益，而忽视了宏观经济的协调和均衡，导致了有效需求的不足和失业。“有效需求之不足，常常阻碍生产，——虽然劳力之边际产物，尚大于就业量之边际负效用。”② 为此凯恩斯推出了以崇尚国家调节和干预经济生活为前提的经济政策，国家调节经济政策被称为看得见的手。其总

① 马克思、恩格斯著：《共产党宣言》，人民出版社1971年版，第256页。

② 凯恩斯著：《就业、利息和货币通论》，徐毓枬译，商务印书馆1983年版，第30页。

框架是："国家必须改变租税体系、限定利率以及其他方法"① 引导经济的运行。由此，凯恩斯提出了对付危机和失业的四项政策建议：

1. 通过国家税收政策，改善国民收入再分配，以提高社会消费。他认为收入分配不公会造成消费支出的不足，导致有效需求不足。因为在原有的分配制度中，国民收入的较大部分由富裕的人占有，他们有较高的储蓄倾向，很小部分用于消费，结果便是商品的滞销和失业的增加，相反把国民收入较大部分交给贫困的人，则会扩大社会需求的总量。因此，凯恩斯主张采用"累进税"和"遗产税"来缩小收入分配不均程度，以便增加社会消费，提高就业水平。与此同时，凯恩斯认为，节约不但不促进财富的增加，反而会阻碍财富的生产。因而，国家应当鼓励一般人之消费倾向，提倡奢侈浪费，用"高消费"、"高浪费"政策导向刺激有效需求，促进经济增长。

2. 通过国家的通货政策降低利率，以刺激私人投资，提高就业水平。他指出，由于货币供给是由货币当局控制的，而利率下降的粘性又是妨碍投资扩大的关键因素，进而影响均衡就业状况和投资水平。因此，为了刺激私人投资，他主张政府增加货币数量，增加货币的供给，降低利率，使企业投资者获得较大的收益，从而使投资规模扩大，就业增加。

3. 利用政府投资，以增加经济活动来弥补私人投资之不足。他认为，投资除了受利率影响外，还要看资本边际效率即预期利润率。在经济危机时期，资本边际效率下降，企业大多不愿借钱投资。因而，政府应当肩负起直接投资的责任，"设法增加并补充投资引诱"。政府应投资于公共工程，增加投资需求，缓解有效需求不足的矛盾。

4. 对外经济政策。他认为国际贸易过程对于一国经济尤其对于一国的收入和就业水平有有利或不利影响。外贸逆差将招致国内经济活动的收缩，贸易顺差则相反。在经济危机时期，主张接受重商主义观点，提出通过保护贸易的对外经济政策，扩大商品输出和资本输出，争取外贸

① 凯恩斯著：《就业、利息和货币通论》，徐毓枬译，商务印书馆1983年版，第325页。

顺差来刺激总需求，减少内部有效需求不足的压力，扩大就业。

总之，凯恩斯的“看得见的手”的经济政策是通过财政政策、消费政策、货币政策和对外扩张政策来直接干预经济生活和企业生产，以解决经济危机和实现充分就业的目标。第二次世界大战以后西方发达国家纷纷采用凯恩斯的国家宏观干预政策，被称为“凯恩斯革命”。

（二）钱德勒的“看得见的手”

自由竞争的市场经济最终导致资本的集中。随着资本规模扩大，企业内部分工协作越来越细，要求对企业进行科学管理；另一方面，竞争的加剧使平均利润降低，为获得高额垄断利润，就必须进行技术创新。因而“技术的创新，人口的迅速增长和扩散以及人均收入的增加，使生产和分配过程更为复杂，同时也增加了经此两过程的物质流动的速度和数量。现有的市场机制通常已不再能有效地协调这些流量。新技术和扩大中的市场因而首次引起了管理协调的必要性。”① 这种管理协调被小艾尔费雷德·D. 钱德勒称为“看得见的手”。他在1977年出版的主要著作《看得见的手——美国企业的管理革命》中分析了19世纪40年代到20世纪20年代（正是美国的农业经济和乡村经济转变为工业经济和城市经济的时代）美国所经历的生产和分配过程中的革命性改变。从这些革命性的变革中产生了美国现代工商企业。钱德勒通过对这一时期美国企业发展的分析揭示了美国现代工商企业产生的条件、特征和作用。

美国现代工商企业的出现是把以前由几个经营单位进行的活动及其相互交易内部化。其条件是只是在管理上有形之手在协调经济内部的物质流动方面，证明比市场力量的无形的手更为有效之后，现代工商企业才成为一种可行的机构。即企业的组织者把生产、流通中相关联的企业合并成企业集团，创立一种管理层级制，管理层级制对其经营单位实行内部协调、监督和计划，取代市场的外部调节，从而使合并的企业具有长期的盈利性。

① 小艾尔费雷德·D. 钱德勒著：《看得见的手——美国企业的管理革命》，重武译，商务印书馆1987年版，第571页。

管理层级化是美国现代工商企业的一个显著特征。"从横向结合策略向纵向策略的转移，使美国工业中第一次出现了经理式的企业。"[①] 经理式企业的高阶层管理和中阶层管理全由专职的支薪主管所掌握，企业所有者不再管理企业，企业的所有权和管理权发生了分离。企业所有权和管理权的分离与企业的纵向结合和管理集中化密不可分。从现代高阶层管理的实践和程序看，现代企业是从经由合并（而不是经由建立广泛的销售和采购组织）而形成的工业企业中发展起来的，合并把更多的人带进了高阶层管理。在新的合并企业中，股份已被分散，控股权很少能够被一个家族或一个单一的合伙人集团占有。合并后的公司所面临的管理也更为复杂，设备需要重新安排，因而对它们的管理则需要进行集中化。合并后企业之间的竞争，归根到底乃是它们的经理和组织之间的竞争。一家公司的成功，主要决定于其管理层级制的质量，而这项质量又反映了高级主管在挑选并评估其中层经理、协调其工作以及制定全盘计划和给整个企业分配资源时的能力如何。

美国现代工商企业的作用在于："通过大量生产与大量分配的结合，一个单一的企业就能完成制造和销售一个产品系列所涉及的许多交易和作业程序。管理指导的有形之手已经取代了市场力量的无形之手，而协调着从原料和半成品的供应者直到零售店和最终消费者的货物流动。一方面，这些活动和它们之间的交易的内部化降低了交易成本和信息成本。另一方面，现代公司能够使供给协调得更接近需求，能够更集约地利用劳动力和资本设备，同时高额通过能力和高速度的库存周转产生的现金流量，减少了流动资本和固定资本的费用。"[②]从而降低其会计成本（或外露成本）。"这种内部化使管理协调的有形之手能够比市场协调的无形

① 小艾尔费雷德·D. 钱德勒著：《看得见的手——美国企业的管理革命》，重武译，商务印书馆 1987 年版，第 395 页。

② 小艾尔费雷德·D. 钱德勒著：《看得见的手——美国企业的管理革命》，重武译，商务印书馆 1987 年版，第 328 页。

之手更集约地使用投入生产和分配过程的资源”[1]，实现规模收益递增。这种管理协调反过来又筑起了一道防止其他外部资本进入的壁垒。企业大规模生产和迅速的库存周转又降低了成本。广告宣传和提供全方位服务招来了日益增多的客户。竞争的公司除非也能建立起自己的堪与匹敌的销售组织或营销网络，否则是无法与之竞争的。

总之，美国现代工商企业发展的历程告诉人们，市场协调的“看不见的手”最终要让位于管理协调的“看得见的手”，有形的手比无形的手能够带来更大的生产力。

无论是凯恩斯的国家干预经济政策的“看得见的手”，还是钱德勒管理协调的“看得见的手”，都意在说明随着经济的发展单纯依靠“看不见的手”的自我调节的市场机制无法满足经济发展的需求，必须借助“看得见的手”的协调，两只手相互配合才能促进生产力的发展，保证经济的良性循环。因此，这两只手被主流经济学家们奉为圭臬，成为主流经济学的两大支柱。

三、人对自然的主宰征服观

“看不见的手”和“看得见的手”的哲学底蕴乃是人对自然的主宰征服。

（一）从主流经济学产生的前提看

在人类社会发展的过程中，一方面人类对物质财富有着无穷的欲望；另一方面，满足人类欲望的资源又是稀缺的、有限的。于是，如何合理地配置和利用稀缺资源就成为人类社会永恒的问题，主流经济学正是为解决这个问题产生的。经济学产生的重要概念是资源稀缺。保罗·A. 萨缪尔森说：如果不存在经济物品，这就是说没有相对稀缺的物品，研究经济学或“寻求经济的办法”就会没有什么必要。主流经济学认为，相

---

① 小艾尔费雷德·D. 钱德勒著：《看得见的手——美国企业的管理革命》，重武译，商务印书馆1987年版，第426页。

对于人们的欲望而言，包括劳动、资本和自然资源在内的一切资源都是稀缺的。自然资源虽然是人类物质生产不可或缺的因素，但主流经济学仅仅将那些人类在使用时必须付费的自然资源作为研究对象。他们认为，人类所消费的某些东西，诸如空气、水、日光等等，在某些情况下是自然所赐予的无代价礼物，无需人的努力去创造它们。它们既生产不出，也不会因消耗而毁灭，因而它们不属于政治经济学的范围。马歇尔曾明确说过，虽然一切自然资源都是财富，但属于经济学研究范围的财富只有这样两种东西，一是属于一个人所有，而不是同样的属于他的邻人所有，因而是他的东西；二是直接能用货币衡量的东西，这种衡量一方面代表生产这些东西的努力和牺牲，另一方面代表他们所满足的欲望。由此我们可以看出主流经济学定义的稀缺资源并不仅仅以人的欲望为标准，同时还有另一种标准：人们在使用它时必须付费。那些不需付费的自然资源成为“自然的财富”，被认为是可以自由取用的。主流经济学的这种思想的指导导致对自然资源的肆意开发和利用，出现了全球性的“公共地悲剧”。

（二）从企业所遵循的“两只手”法则来看

“看不见的手”是指导微观经济学行为的准则，“看不见的手”起作用的前提是市场主体所追求利润最大化的经济人。厂商为了极大化的目标总是按照能使成本最小而利润最大的生产函数来设计生产取得效率的。效率意味着通过管理协调这只“看得见的手”，用最小量的，必须用货币购买的投入品获得最大的利润产出。这必然会导致厂商尽可能多地利用可以自由取得的（无需付费的）自然资源。在这里，对利润的最大化、投入成本的最小化的追求，不但不会节省自然资源，反而会加大“可以自由取用”的自然资源的使用量，结果造成自然资源挥霍和耗竭的加速。而科技水平的提高则使人们挥霍和消耗自然资源的手段更强、范围更大。

（三）从宏观经济学提倡的“看得见的手”来看

宏观经济学的出现是源于1929—1933年出现的以货物的大量积压和

工人的严重失业为特征的经济大萧条。凯恩斯理论认为：经济生活中存在的对消费和投资品的有效需求不足，是市场大萧条的原因所在。因此，他主张由政府伸出“看得见的手”，出台财政政策和货币政策来刺激有效需求，从而拉动厂商的销售，使厂商获利，以实现投资和扩大就业的启动。其实质是让政府从外部以各种利润机会诱导和推动企业生产，让企业按照对利润的本能追求，不断地实践这种生产，从而使整个国民经济成为一架高速、高效运转的自然资源的加工机器。同时凯恩斯理论提倡奢侈浪费，用“高消费”、“高浪费”政策导向刺激有效需求。结果，在一些人的物欲得到空前的满足的同时，人对自然资源的挥霍也达到无以复加的地步。

以“看不见的手”和“看得见的手”为支柱的主流经济学内在着把自然资源作为可以自由取用（甚至无需付费）的物品的主张和“无自然的人类发展”模式（不计自然成本，否定自然的发展权）。在事实层面，它已激励了高熵模式的非生态化生产方式与生活方式。企业以对自然资源的低效高耗为代价攫取利润，人们以高能量物品的占有和消费为标准衡量幸福；大量不可再利用的物能的生成和可利用但利用成本较高的物能的废弃，加剧着“负外部性”，催生了人与自然失和的生态危机；而人们对自然资源的无序争夺和过度占用又将自己陷入人与人失和的人态危机和人自身失和的心态危机的泥潭。

（四）在价值层面，它体现并强化了人对自然的主宰征服观

主宰征服观的思想根源在亚里士多德。亚氏认为，自然界中的事物是有等级和有目的的，那些理性较少（因而较不完满）的存在物，是为那些理性较多（因而较完满）的存在物而存在的。例如，“植物是为了动物而存在的，禽兽是为了人而存在的。”① 因此，人对自然的主宰征服是顺理成章的。

（五）基督教继承并发挥了亚里士多德的观点

基督教认为，上帝不仅是为了人类而创造其他物种，而且把人类居

① 《亚里士多德选集·政治学卷》，中国人民大学出版社1999年版，第128页。

住的地球置于宇宙的中心，以表示他对人类的偏爱。与此相应，基督教就把世界分割为二：一是消极被动的、可以任意受人摆布的自然界；一是按上帝印象造成的人，人虽然由粘土组成，但已不再是自然的一部分。早期基督教作家、经院哲学家、新教领袖都鼓吹这种观念。

圣保罗认为，上帝是不关心牛的，所有的律令都是“为了我们的缘故”① 创造的。

托马斯·阿奎那认为，罪恶只对上帝、邻居或一个人自己造成危害，而对非人类存在物是不造成伤害的。在他看来，即使是上帝的博爱，也不可能延伸到“无理性的创造物身上”，因为上帝许诺的“永久幸福的团契中不包括它们”②。

加尔文认为：自然界中的所有事物都是严格按照人类的用途而创造的。

基督教这种把人与自然对立起来让人凌驾于自然之上的观念有着十分深远的影响。这种观念看不到人与自然的相互作用，只承认人对自然界的单向作用。在培根提出“人征服自然”的口号后，这种观念又得到了进一步的发展，人对自然的主宰欲、征服欲甚嚣尘上，日益演变为一种思想“狂热”，以至于像康德那样具有深刻洞察力的哲学家，也难跳出这一窠臼。他在说到人对动物的责任时，曾提出：就动物而言，我们没有直接责任，动物是没有自我意识的，因而只是作为达到某个目的的工具而存在。这个目的就是人类。

以“两只手”为支柱的主流经济学的内在主张显然与上述主宰征服观一脉相承，都属于人类中心主义的思想范畴，并且，由于它在工业文明建设中的有效性而促使主宰征服观成为主宰人们特别是西方人思想的征服自然的理论依据。人们把自己看做自然的主人，把自然视为听任宰割的羔羊，把机器的轰鸣声喻为悦耳的音乐，把烟囱当作画笔，把浓烟看做牡丹。

---

① 《圣经哥多林书》。

② 《神学大全》。

第二节　科学发展观对企业目标变革的内在要求

以“两只手”为支柱的主流经济学及其含蕴的人对自然的主宰征服观的风行，企业对单纯经济效益的目标追求，使人类创造了巨大的物质财富。但一味追求经济效益，不顾生态效益和社会效益，是以牺牲后人和他人的利益为代价的，与之相联系的生态、人态、心态三大危机已严重危及人类的生存和发展。于是，人与自然和谐相处，经济效益、生态效益和社会效益并重，“经济—生态—社会”的整体可持续发展理论应运而生。它要求企业对其所追求的目标进行变革，即扬弃片面的经济效益观，奉行生态和谐文明观和人际公平整体观。伴随我国企业发展和经济建设所出现的失调问题，党的十六届三中全会提出了科学发展观。科学发展观汲取了可持续发展理论等国际社会关于发展的理论成果，蕴含着企业目标变革的要求。

一、“经济—生态—社会”三位一体的整体可持续发展

1972 年，联合国人类环境会议在瑞典的斯德哥尔摩举行。会议深入讨论了人类社会发展引出的环境保护问题，在《只有一个地球》的报告中提出，要保持地球不仅成为现在适应人类生活的场所，而且将来也适合子孙后代居住。该会议还通过了《联合国人类环境宣言》，呼吁各国政府和人民为维护和改善人类环境，造福后代而共同努力。这次会议使可持续发展思想有了萌芽。

1983 年，联合国成立了世界环境与发展委员会（WCED）。委员会成员经过了 3 年多的调查、研究，于 1987 年发表了《我们共同的未来》的报告。报告正式提出了“可持续发展”的术语（Sustainable Development)。其定义是："既满足当代人的需要，又不对后代人满足其需要的能力构成危害的发展。"[①] 这标志着可持续发展概念的形成。

1992 年，联合国环境与发展大会在巴西里约热内卢召开。会议通过并签署了《里约热内卢环境与发展宣言》、《21 世纪议程》、《生物多样性公约》、《气候变化框架公约》、《关于森林问题的原则声明》等五个重要文件。会议提出了"环境与发展不可分割，要为保持地球生态环境实现可持续发展，建立新的全球伙伴关系"的主张。此次会议标志着可持续发展由理论转为战略行动。

2002 年，在约翰内斯堡展开了世界可持续发展首脑会议。会议通过的《约翰内斯堡实施计划》指出，要实现可持续发展，就必须对所有生命依存的生态系统、对彼此作为整个人类大家庭的每一分子以及对我们的子孙后代承担更大的责任，并多次提及环境友好技术、产品、材料、服务等概念。这标志着世界各国开始以全方位的视角认识和实践可持续发展理念，涉及的范围涵盖了生产、消费、技术等众多领域。

可持续发展理论蕴含极其丰富，概括起来有三个方面内容：第一，经济可持续发展。可持续发展是以经济增长为前提的，为国家富强和满足民众的基本需求提供永久的经济支撑。经济增长不仅包括数量或经济总量的增长，还包括经济结构调整和经济质量的改善。经济质量改善包括注重经济效益，提高产品质量，节约资源、能源，减少废弃物排放，逐步转变传统的粗放型经济增长方式，要实施清洁生产等。第二，生态可持续发展。可持续发展要以保护自然为基础，与资源和环境的承载能力相协调。保护自然就是保护生产赖以生存的物质基础，也就是以保护可持续发展的物质基础。其中主要包括：保护生命支持系统，保持地球生态系统的完整性，包括生物多样性保护，控制环境污染，改善环境质量，保证以可持续的方式使用资源。只有这样，人与自然共同组成的人类生态系统才是安全的，只有在安全的环境下，人类才能谱写经济与社

① 联合国世界环境与发展委员会著：《我们共同的未来》，王之佳等译，吉林人民出版社 1997 年版，第 52 页。

会的光辉历史篇章。第三，社会可持续发展。可持续发展以改善和提高人的生活质量为目的，与社会进步相适应创造美好的社会，服务于人类生活质量的提高。包括控制人口数量，提高人口素质；建立适度的与经济发展相适应的消费模式；逐步消除贫困，走向社会公平。

以上三个方面是相互关联而不可分割的。孤立追求经济增长必然导致经济崩溃，孤立追求生态安全不能遏制全球环境的衰退，孤立追求社会公平也不能实现社会的富裕与安居乐业。生态可持续是基础，经济可持续是条件，社会可持续是目的，人类追求的应该是“经济—生态—社会”复合系统的整体可持续发展。

二、企业生态和谐文明观

科学发展观将可持续发展理论作为国际社会关于发展的理论成果融入其思想体系，主张社会经济发展要以人为本，要素全面，关系协调，时间上可持续。以人为本，就是突出人民群众的主体地位和根本利益，促进人的全面发展，强调发展为了人民，发展依靠人民，发展成果由人民共享。要素全面，就是物质文明、精神文明、政治文明、生态文明全面发展，经济建设、政治建设、文化建设和社会建设全面开展。关系协调，就是“四大文明”齐抓并举，“四大建设”四位一体，统筹并谋求城乡发展、区域发展、经济发展与社会发展、国内改革与对外开放、人与自然的协调。我们在“蛋糕”做大的同时，城乡差距持续拉大，城乡经济发展、居民收入、社会事业发展、基础设施建设和投入政治建设、文化建设、和谐社会建设等方面存在巨大反差，如农业从业人员的生产率只相当于加拿大的1/108；国内农村居民收入只有城市居民的1/5。故城乡发展的统筹、协调势在必行。我国东部、中部、西部发展的差距也在继续拉大。1980年，东部、中部、西部GDP的比重分别为50%、30%、20%，2007年则拉大为55.3%、27.4%、17.3%。东部发达、发展快，中西部落后、发展慢，这种不协调的背后隐藏着某种不公平。为了扭转这种状况，我国在“东部率先”发展战略之后，相继出台了东北振兴、西部开发和中部崛起战略。2007年，我国经济总量世界第三，发展速度世界第一，但社会发展排名只排在世界的第82位，仅在印度和巴西之前；基尼系数超过0.4的警戒线，最富有的1/5人所拥有的财富占社会总财富的50.13%，最贫穷的1/5人所拥有的财富只占社会总财富的4.27%；每年都有几十万人的残疾儿出生，现在残疾人总量已经达到8000多万人，其中有500多万人是智障；就业问题突出，我国每年要有2400万人就业，但只能解决1000万人，实际失业率大约是7%—8%。故经济发展与社会发展统筹、协调，特别是以民生工程为核心的社会发展任重道远。一个国家开放程度越大，如果防范体系不健全，风险就会越大。我国的对外资源依赖度、对国外市场的依赖度、出口依赖度、对国外资本依赖度都很大，需要统筹内外，谋求国内改革与对外开放的协调。我国环境状况不容乐观，在经济发展的同时，水体、大气、陆地呈现出立体交叉式污染画面，我国7条大江、大河没有一条不被污染，现在华北地区很多河流都接近干枯，丁玲笔下的桑干河干枯了，北京城原来常发大水的永定河也已经干枯。虽地大物博，但人口众多。中国人口已逾13亿人，这个数字是50年前的2倍。到2020年，中国人口将达到15亿人。城市化进程伴随着沙漠化，可居住及可利用土地都是50年前的一半。中国的西部和其他有生态压力的地区已经很难养活居住在那里的人口了。故人与自然环境的统筹、协调已如箭在弦。时间上可持续就是“经济—生态—社会”复合系统的整体永续发展，当代人的发展不给子孙后代的发展能力造成损害。

科学发展观的提出体现了生态文明时代的实践诉求，构建和谐社会、建设“两型”社会（资源节约型和环境友好型社会）、发展绿色经济是其战略目标和实践指向，民生工程、节能减排、绿色生产、绿色消费、绿色供应链等是其在操作层面的举措。其所蕴含的核心理念是生态和谐理念，生态和谐理念就是谋求人与自然、人与人、人自身和谐发展的理论观念。它要求人们从传统的工业文明的发展方式中挣脱出来，转向新的生态和谐的文明发展方式，要求企业奉行生态和谐文明观。

生态和谐文明观是对工业文明观的扬弃。工业文明观本质上是反自然的。它认为“人是自然界的主人”，强调人对自然肆意的征服和索取，把大自然看做是取之不尽的原料库和随意污染的垃圾箱。这种文明发展观支配下的社会经济发展，显然不具有可持续性。欲求可持续发展，就必须扬弃工业文明发展观，确定生态和谐发展观，遵循生态学原理，将人看成是自然界的一员，不断追求和递进人与自然的和谐发展。

生态和谐文明观也是对中国传统文化的辩证否定。中国古代哲人提出了“天人合一”的思想，但其基调是以人对自然的臣服来换取人与自然的和谐相处的，这是人的能动性不能充分发挥的“人顺天”的思想表现。生态和谐文明观主张合理发挥人的主观能动性，自觉地遵循自然规律，在人类社会发展中寻求环境资源保护的最佳途径，将环境资源保护纳入经济发展之中，以求“人和天”的发展。因此，它不仅是对工业文明观所主张的以人的主观能动性滥加发挥去主宰征服自然的“人制天”思想的扬弃，也是对中国古代“天人合一”思想的辩证否定。“天人合一——主宰自然—生态和谐”、“人顺天—人制天—人和天”构成人类处理人与自然关系的辩证历史过程。生态和谐、人和天乃是融入可持续发展之中的思想精华。

融有生态和谐文明观的可持续发展是“有自然的人类发展。”它包括两个方面：第一，必须承认自然界本身具有发展权。即不仅承认人类有发展权，而且要承认自然界的其他要素——从生物种到生态系统也都具有不容否定的生存发展权。按时下生态伦理学界的观点，自然界既具有外在价值又具有内在价值。自然界的外在价值是指自然界对人和其他生命具有的有用性，即它作为他物的生存手段或工具是有价值的；自然界的内在价值是指它自身的存在与发展，即自然界作为生命共同体在宇宙环境中，它是自我维持的独立系统，有自己的内容和规律。自然界外在价值的保持以其内在价值的完整作为前提和基础，换言之，自然的生态价值对人类价值具有优先性，一旦生态价值遭受毁坏，人类价值也便荡然无存。因为从根本上说人是自然界的产物，人类的生存和发展离不开对其他物种的依赖。正如马克思在《1844 年经济学哲学手稿》里所说："人直接地是自然的存在物。人作为自然存在物，而且作为有生命的自然存在物，一方面具有自然力、生命力，是能动的自然存在物，这些力量作为天赋和才能、作为欲望存在于人身上；另一方面，人作为自然的、肉体的、感性的、对象性的存在物，和动植物一样，是受动的、受制约的和受限制的存在物，也就是说，他的欲望的对象是作为不依赖于他的对象而存在于他之外的。"① 第二，人类社会的发展必须足够充分地考虑自然成本，应该进行展开更加符合生态的社会竞争。这不仅仅是符合道德和伦理，而且是人类应该这样做，因为这种行为与我们的最终利益是完全一致的。工业文明时代各种经济理论有一个共同点，就是把经济增长作为惟一追求目标，作为社会发展状况的惟一尺度。他们在表达上刻意追求数学式的简洁和美感，很少考虑经济活动所不能脱离的生态背景，不顾及经济活动所付出的环境成本、生态代价以及各种自然资源本身的价值，甚至往往以牺牲生态环境的承载力为代价，天真地去设想、追求经济增长的线性态势。这种对自然不计成本的过度利用所造成的生态失衡，也许要人类不得不花费成倍的代价去弥补。生态知识一再向我们表明，除非财产是建立在自然界法则和自然界循环的基础上，否则钱到头来只会是虚幻一场。因而只有那种最低限度地消耗自然成本，并有效地保持了自然持续性的"有自然的发展"才是真正的发展，才能保证人类社会可持续发展。

经济可持续发展是通过经济活动的主体实现的，企业是经济活动的重要主体。工业文明时代，主流经济学认为，企业是追求利润最大化的经济人，追求经济效益是企业的根本目的，生态效益和社会效益是政府的事。实际上企业不仅仅是以赢利为目的的经济组织。在市场竞争中，企业首先关注的是生存和成长，其次才是利润。企业具有生态意义上的

① 马克思：《1844 年经济学哲学手稿》，人民出版社 1985 年版，第 124 页。

特征。第一，企业是生命有机体。企业具有诸多的生命现象：如在市场生态中，企业追求成长性；企业具有的从出生到死亡的生命周期；企业遵从优胜劣汰、适者生存的自然规律；企业有自学能力并对环境作出反应等。第二，企业之间互利共生。达尔文认为，物种之间不仅有竞争或合作的模式，也有共同进化的模式——它使整个系统变得更加协调，这一点有时甚至是更为重要的。无论是自然生态还是企业生态，都是相互依赖的系统，在这一系统中，重要的不是个体，而是个体之间的相互关系。在市场生态中，企业是否有机会挑战对手，获取领先地位，自身技术实力是一方面，对手技术实力是另一方面，而对手的协作者，或对手对其协作者的协作力度却是更为重要的因素。只要其双方之间的协作是无隙可乘的，后来之竞争者恐难有胜算的机会与可能。第三，企业绿色成本博弈。企业的商务环境包含着生态环境和社会环境，在这个广泛范围内所发生的一切成本（非可再生资源的使用、可再生资源的循环利用、废旧物品的管理、土壤和水污染的处理等）都必须作为内部成本来加以考虑。如果考虑自然生态的约束并自觉地选择适应自然环境，用生态伦理的观念去对待自然环境，则就要将这部分成本内部化。反之，若考虑选择等待政府施加压力并受到公众运动的谴责，则要冒生态法规成本和惩罚成本之险。在经营过程中把生态和社会环境所带来的成本因素考虑进去，有助于增加企业的潜在收益：商誉价值。良好的信誉能够得到社会各界的支持。

三、企业人际公平整体观

广义的生态和谐理念不仅包括人与自然的生态和谐，而且包括人与人的人际和谐。人际和谐的基本标志和条件是“公平”，包括代内公平和代际公平。从企业管理实践角度看，企业追求的公平只涉及代内公平。代内公平涉及整体观念，因而，企业生态文明作为科学发展观的微观映射，蕴含着企业人际公平的整体观。

企业管理从以泰罗为代表的西方科学管理——见物不见人发展到以梅奥为代表的“人际关系”阶段以后，企业管理更重视人的因素，强调以人为本，以人为核心。企业的主体是人，只有调动职工的积极性，开发他们的智力，发挥他们的聪明才能和创造力，才能提高劳动生产率。因为只有作为万物之灵的人才具有能动的创造性。一切物质因素都是死的因素，只有通过人的能动性，才能加以开发利用，才能转化为商品。企业的真正资源是人 ——“企业即人”。人是企业的主体和企业管理的核心。

既然企业管理是人的问题，企业内部的人际公平是职工积极性能否发挥的关键所在。企业人际公平整体观体现在以下方面：第一，管理者与员工的平等关系。管理者如果在一般员工面前缺乏平等意识，不给予员工关怀和理解，让员工参与企业管理，而对员工不屑一顾，这种企业就会缺乏凝聚力，缺少形成合力的基础。当然，说管理者与一般员工的平等并非要求两者什么都一样，重要的是要有平等意识，尊重员工。第二，企业在用人制度方面机会均等。企业对员工最好的奖励莫过于重用员工。员工通常具备多种潜能，这些潜能能否全部释放出来，就看你给不给机会。独具慧眼的领导往往不是等到员工具备各种能力时才去用他，而是只要他具备基本素质，就给他职位、责任、压力，让他在管理实践中磨炼，在磨炼中展示各种潜能，提高管理技能。领导如何发现人才、使用人才，不仅影响到个人成长，更会关系到组织的发展。不能否认，错用一个员工的负面影响是客观存在的。在员工眼里，如果该用的没用，不该用的用了，那就是用人的机制有问题，大家所怀疑的就不是所用的员工，而是所在的企业。对于企业，如果员工感受不到管理机制的规范性与合理性，看不到自己的发展前途，那这个企业也就毫无发展前景可言。第三，企业在利益分配中体现公平。企业中员工的利益不仅有物质利益，而且有精神利益；不仅有经济利益，而且有政治利益。各种利益的分配方式也是各种各样，不管采用何种方式，必须在具备无损他人利益的“三公”（公开、公正、公平）原则条件下进行，没有这些条件或缺乏这些条件的良好监督，员工利益的分配容易被他人侵害。当出现多种分配不公时，员工心中就会感到不公平，便会失去对管理者、对企业的信任，企业就会丧失凝聚力和向心力。此外，员工会自觉不自觉地将自己的工作与所得到的利益，同条件相当的人所做的工作与所得进行比较，他关心的不仅是自己所得利益的多少高低，更关心的是同别人比较的多少高低。只有当感到比较的结果是公平合理的时候，他才会心情舒畅，积极地工作。第四，企业在对外关系中体现公平。企业不仅要依靠、发展、为了内部的人，而且要顾及外部的人。如果一个企业为求经济效益而欺骗顾客、竞争者、互补者，不顾“负外部性”对他人的伤害，其结果必然是其长期竞争优势和长远经济效益的丧失。

第三节　生态文明时代企业效益的三个维度

科学发展观是对企业单纯追求经济效益的辩证否定，企业生态和谐文明观和企业人际公平整体观的践行，逻辑地要求企业走向对经济效益、社会效益、生态效益三个维度效益的整体追求。经济效益的本质是利润，社会效益的本质是伦理与人道，生态效益的本质是天道，因此生态文明时代的企业必须在正确处理利润与伦理、人道与天道、生态与利润的关系中谋求三维效益相统一的科学发展和和谐发展，为节约型社会、环境友好型社会的建设添砖加瓦，显现切近生态文明的社会经济细胞功能。

一、利润与伦理

（一）市场经济的道德风险

市场经济是一种依靠市场机制进行社会资源配置和利用的经济体制。

市场主体以利润作为经营目标，追求利润最大化。但在追求利润的过程中会带来道德行为的不确定性。这种道德行为的不确定性既包括作为行为主体本身的可能行为的不确定性，也包括一种社会措施所可能引起的社会可能道德后果的不确定性，且这种不确定性主要又是立足于其可能的结果及其潜在的危险性质而言的，即道德风险。

1. 从市场经济发展历程来看。随着分工日益专业化，市场成了人的创造性生命活动能力以物化的形式向他人展示的最集中的地方。企业充分发挥生产优势，获取更大的经济效益，从而使市场上不断出现越来越多的商品供人们消费，人的生活因此变得越来越富足。但生产的日益专业化，却造成了人同生产要素（现实世界）的关系就越来越单调、片面，于是人在作为消费者通过市场日益获得更加富足的物质生活世界的同时，他作为生产者却必须同世界的现实丰富性和全面性日益疏远。市场作为产品与人的中介，把人和产品原来的直接关系“阻隔”开来，使人离开了自然的生存环境。后来货币的出现又使市场把物和物之间的关系也阻隔开来。货币在市场上的“流通”给人的生活和伦理道德带来了许多前所未有的难题。再后来伴随以市场为核心的经济体制的建立，所有的生产要素包括劳动力也都市场化了。劳动力像商品一样在市场上的买卖，固然为人对自己活动的方式、种类、时间的自由选择提供了可能，但同时也使人在劳动力买卖过程中“可能”失去自己现实的伦理存在，因为工具理性对技术实用、物欲占有的强调，使得人类生存的另一维度，体现人类生存与发展需要之非功利、非实用、非技术性等方面受到忽视和排斥，人日益变成非精神性的动物。社会经济活动中的主体异化为机器的奴隶、附属物，成为供他人驱使和利用的工具。市场行为中最具有现代意义的关系形式是信用制度和公共信息交换系统。承担这两种行为的实际机构设施就是金融业和信息业。金融业具有集中大量资本的能力，金融业发达与否关系到经济发展的可能性。但金融业的发展，隐含着三个严重危机：其一，它在使社会资本配置合理化的同时，形成职业投机家和专门食利者阶层，助长着金融投机行为的发生和发展，形成资本运营“合理化”掩盖下的伦理不公，加剧了国民收入分配不公；其二，如果社会民主不够发达，金融业所促成的资本集中就可能助长经济寡头利用集中的巨额资本实行市场垄断和经济独裁，从而改变市场经济从其本来意义上所应具有的公众平等、公平交易的性质；其三，金融业的高度发展是通过对信用制度网络的运作而实现的。但网络庞大而复杂，一旦运行发生故障，连锁反应导致社会性“信用危机”，这将对人的社会生活产生严重的负面影响。这从2008年始发、2009年尚未见底的全球金融危机可见一斑。信息业的发展是现代信用制度得以发展的技术基础。但信息业本身并不限于对信用制度发生作用，它成为当代市场交换行为的基本表现形式。同时，在社会发展的广阔时空范围中，它标志着一种新的“市场文化”，从而它也给人类带来许多崭新的文化伦理问题。所以，市场行为作为企业实现利润的手段，从它一开始直至现在，都具有反人性、反伦理的性质。

2. 从市场经济的价值难题来看。市场经济对利润的追求是通过效率来实现的，效率与公平的关系是市场经济的价值矛盾。“效率是一个经济学的范畴，这里指资源的有效使用与有效配置”①。而“公平并不是纯经济学概念，它从来都会有伦理学的意义②，”是一个涉及价值判断的概念。由于在市场运作中有限的资源趋于效率最高的部门或行业的流向，因而追求效率会导致收入分配或财富分配的不公，这显然有悖于伦理道德中强调的公平合理原则。进而言之，功利与价值的矛盾是人作为生物性的存在对物质生活资料的世俗性的需求与作为社会性的存在对意义世界的价值性的追求的内在矛盾的外显，是人的本性的生物性与社会性、人的行为的经济性与伦理性的二重性的体现，它形成人的世俗生活与道德生活的两种指向。

（二）伦理对交易成本的扬抑

主流经济学中的市场经济理论把人们在市场上的交易过程归结为单

---

① 厉以宁著：《经济学的伦理问题》，生活·读书·新知三联书店1995年版，第1页。

② 厉以宁著：《经济学的伦理问题》，生活·读书·新知三联书店1995年版，第4页。

纯的市场机制的操作，市场这只“看不见的手”协调和组织经济运行的过程被假定是无成本的。诺贝尔经济学奖得主科斯在研究市场经济运行的实践后发现，交易成本是实行市场制度必然产生的成本。在市场制度下，达成任何一项经济交易都需要进行合约的设定、讨价还价，合同的执行和监督，生产者和消费者、生产和需求信息的获取等等。寻找市场、寻找真实价格的信息成本、谈判成本、签约成本和监督合约执行的成本等交易成本与市场经济乃是一对孪生兄弟。在分工和专业化高度发达的现代市场经济条件下，人们生活中所必需的产品和服务绝大多数都要通过同别人打交道（即交易）获得。就此而言，交易成本也是市场经济社会赖以运行的费用。交易成本的大小必然影响利润的多少，因而降低交易成本便成为增加利润的重要途径。

新制度经济学试图寻求某种市场以外的制度建设来降低交易成本。按照科斯的观点，界定和调整产权是降低交易成本的重要途径，产权界定强调的是明晰使自己或他人受损或受益的权利，是要在所有权上确定谁控制资源的使用，从而确定谁又得向他付费，以免在资源配置和使用上产生讨价还价的费用。推进企业间的联合和集团化是降低交易成本的另一重要途径。在交易成本经济学中，企业被视为对市场的一种制度替代。由于企业间的市场关系存在着交易成本，如果相互间存在投入产出联系的各个企业联合成一个企业，这时就不存在交易成本。根据这个理论，企业替代市场是将企业之间的外部市场协调，通过内部化的途径变成企业内部的管理协调，即把部分由市场这只“看不见的手”所做的事情转交给管理协调这只“看得见的手”去做。无论是界定、调整产权还是推进企业间的联合都要求参与者各方建立在信任的基础上。“信任基本上不是想要别人的利益，而是要共同的利益，增进相互有利的合作。”①企业市场行为中的信任对方，就是使自己的行为与别人的行为协调一致，以保障共同遵守规则，确保合同的履行。信任的作用首先体现在企业之

① 彼得·科斯洛夫斯基著：《伦理经济学原理》，孙瑜译，中国社会科学出版社 1997 年版，第 25 页。

间。合同规定的不可靠和不确定性，一方面可以通过相互信任来解决，或通过昂贵的法律监督来惩罚加以部分地减少。相互信赖降低了交易支出费用，因为合同双方可以很快达成一致意见并很少要求监督。在履行和遵守规则不要监督以及以非常昂贵的费用进行监督的地方，从道德上自愿地履行和遵守那里的规则会降低经济交易的费用，由此会降低企业总成本，增加合同双方的经济收益。其次体现在企业和雇员之间。当劳动合同是建立在雇主和雇员之间相互依赖的道德关系上的时候，公司才可能雇佣众多的劳动力，员工对企业才会有信赖感和忠诚度。相反，所有经营者对单纯个人利益的追求，并没有达到最佳的效益，因为在追求单纯个人利益的效果中没有阐明合同双方对遵守合同和对真诚的可信性，因此也就不存在这种可信性。缺乏对另一方遵守规则的信任，双方缺乏对遵守规则的准备，如果通过违背规则，能够获得短期利益，必然存在不履行合同的行为，从而引起生产经济上不必要的费用及法律监督和对履行合同制裁的费用。交易双方相互信赖、彼此忠诚可以达到降低市场交易成本的作用。伦理学在市场交易中的重要性，表现在使交易双方降低合同中的成本时具有可信性和相互信赖，并表现在使经营者在确定价格和履行购货合同和劳动合同中的义务时（特别是在供求双方的认识不同时及在供货方或需求方具有独特地位的时候），在市场中具有自由决策的余地，减少由于信息不确定带来的成本负担[①]。道德行为、忠诚、信任等又降低了社会的交易成本。“因为这些道德行为降低了交易支出费用，所以提高了市场的能力，减少了市场失灵的概率，减少了对国家强制合作的刺激，伦理学是对经济失灵和市场失灵的一种调整措施，因为它降低了制裁和监督费用。因为法制机关实施的国家监督也要花费国家的费用，所以伦理学也减少了国家行为的费用和‘国家失灵’的概率。”[②]

① 彼得·科斯洛夫斯基著：《伦理经济学原理》，孙瑜译，中国社会科学出版社 1997 年版，第 21—23 页。

② 彼得·科斯洛夫斯基著：《伦理经济学原理》，孙瑜译，中国社会科学出版社 1997 年版，第 25 页。

（三）利润与伦理和谐的路向

从追求利润的路径来看，把企业的策略行为和道德行为分开是不可能的，“可以考虑增进社会合作的形式，把关心个人的行为与关心他人的行为统一起来，即经济道德上的合作和策略上的对策论和伦理学，即伦理经济学的统一。”①

首先，摒弃狭隘的自利行为假设。自利行为假设作为主流经济学的基本假设在整个市场经济发展进程中成为推动人类物质文明进步的主要动机。但是人人追求自利必然会妨碍别人的利益，出现损人利己的后果。为此亚当·斯密设计了“看不见的手”和“自然秩序”，并借助于人的同情心来实现。然而，行为人必须以市场伦理道德为基础，共同遵守规则。斯密认为，支配人类行为的动机有自爱、同情心、追求自由的欲望、正义感、劳动习惯和交换倾向等，企业人应当在信任对方的情况下，从积极的动机出发，选择短期不获利，不是为私人目的而利用规则，从而保障共同遵守规则以后能获得更大的长远利益。从企业在市场经济中成功的结果来看，自利行为不是惟一的动机。阿马蒂亚·森说：“有些时候，假设自利行为假设所依据的只是这一假设的预期结果——这一假设会导致有效率的结果。像日本那样的一些自由市场经济在生产效率方面所取得的成功曾经被当作是自利理论的证据。但是，一个自由市场的成功根本不可能告诉我们，在这样的经济中，潜伏在经济行为主体背后的行为动机到底是什么。事实上，在日本这一案例中，有大量的经验证据表明，责任感、忠诚和友善这些偏离自利行为的伦理考虑在其工业成功中发挥了十分重要的作用。”② 单纯的自利行为并不是一个国家或一个企业经济成功的唯一动机。从经济学发展来看，单纯的自利行为假设使经济学越来越走向贫困。“极为狭隘的自利行为假设的广泛使用，已经严重限制了预测经济学研究的范围，使其很难

① 彼得·科斯洛夫斯基著：《伦理经济学原理》，孙瑜译，中国社会科学出版社1997年版，第25页。

② 阿马蒂亚·森著：《伦理学与经济学》，王宇、王文玉译，商务印书馆2000年版，第23—24页。

分析由行为多样性所引起的广泛的经济关系。”① 经济学研究的目标是理解、解释和预测人类行为，从而使经济关系得到卓有成效的说明，并应用于经济预测、判断和政策制定，指导政府和企业的经济行为。从预测的有用性这一角度来看，把除了极端狭隘的自利动机之外的所有其他动机全部抛弃这一行为，本身就是不正确的，能否得到经验的支持也是相当可疑。对于经济学者的研究工作来说，走入这样一条狭窄的道路绝非幸事。

其次，强化企业文化的伦理建设。企业是现代经济的细胞。相对于人来说，它是体现和实现人的目的的工具性存在；相对于社会来说，它是服务于人与社会的“公器”。这就决定了企业对社会负有特殊的道德责任，奠定了它作为“伦理实体”的本性。从企业内部的关系考察，企业必须首先是人际关系的实体，这种人际关系实体的基本内涵就是人与人之间的伦理关系。另一方面，“经济伦理学作为企业伦理学，即使在接近理想市场条件时也不是多余的，因为它能提高内外效益和企业文化。……因为没有一家企业能够始终满负荷地生产，并永远保持其企业经济的最佳状态，而总是显示出具有通过经济伦理的潜能。”② 从经营者的实践看，他是在一种社会的总体关系中进行的，这就要求他考虑经济行为的道德、心理和社会文化等超越成本效益和最高利润的问题，以便改善企业的环境和职工创造成绩的决心，从而获得收益。

再次，推进利润与伦理的融合。由于经济行为中不确定性因素的存在，强化伦理道德的力量愈发重要。“一种道德习俗通过经营者发挥作用，并被个人所接受，将降低合同交易中那种对产生交易费用起作用的副作用。经济伦理学不仅对提高道德起作用，而且对提高福利也起作用。”③ 一个成功的社会恰恰是由包括法律在内的有字的合约与道德习俗、宗教等无字的合约共同构成。人们往往看前者，而看不到后者，是因为后者太司空见惯，又是静悄

① 阿马蒂亚·森著：《伦理学与经济学》，王宇、王文玉译，商务印书馆2000年版，第78页。

② 彼得·科斯洛夫斯基著：《伦理经济学原理》，孙瑜译，中国社会科学出版社1997年版，第183页。

③ 彼得·科斯洛夫斯基著：《伦理经济学原理》，孙瑜译，中国社会科学出版社1997年版，第37页。

悄地起作用。这些无字的规则包括合作的诚意、对信用的珍视、与人为善的态度等等。由于这些规则的存在，才使一个市场合约最后得以履行。企业在推进利润与伦理的融合中，一方面，赋予“效率”伦理学含义，对“公平”予以经济学解释，遵循“效率优先，兼顾公平”的原则；另一方面，强化过程中的平等，最终建立市场伦理的价值合理性。

在社会生活中，企业作为独立法人对自己的行为具有一定的选择自由。从企业作为“经济人”来看，企业是个利益性的生产组织，“逐利”是它的一种自然需要和本能动力；从价值判断的角度来看，“逐利”动力源具有不确定性，对社会影响的有效矢量可能是正的，也有可能是负的，可以讲企业单一的“逐利”动力驱动具有道德风险。2009 年年末，中国开始了对手机黄色网站的打击，人们纷纷指责最大的利益获得者中国移动通信集团公司。11 月 26 日中国移动通信集团公司在西安对记者说：“我们要向全社会传达这样一个信息：中国移动是一个负责任的国有特大型企业，我们绝不赚这个黑心钱，我们也从来没有赚过这个黑心钱！如果我们中国移动的 52 万人里面有‘害群之马’，我们砸他的饭碗！”然而网友的跟帖中，依旧是充满了对其作为国有企业遵循市场伦理、履行道德责任的置疑，呼吁政府要加大惩戒力度。

从企业作为“企业公民”来看，任何企业都存在于错综复杂的社会关系中，这些关系包括企业与内部雇员、所有者、经营者的关系，企业与外部消费者、供应商、银行、政府、社区的关系等等，协调处理好这些关系，既是企业生存的基础和发展的动力，也是企业自身的道德需要和道德责任。一个有道德责任感的企业，在处理相关的各种利益关系时，必须考虑他者的利益与情感，顾及社会的影响和反映，承担必要的道德义务。企业对员工有雇工和管理的权利，也有为员工提供健康安全的工作环境、合理劳动报酬的道德义务；企业对消费者有销售产品和服务的权利，也有保证产品质量、维护消费者权益的道德义务；企业在社区中有分享社区公共资源、公共利益的权利，也有为社区的发展进步提供物资及精神帮助的责任和义务；企业与自然环境之间，企业有使用自然资源的权利，也有保护自然资源的再生性、减少环境污染的责任和义务。总之，企业的这些义务和责任是其内外各种利益关系的反映和折射，表征出企业在处理各种利益关系时的伦理立场和态度。

企业作为社会公民，在其价值追求中必须以“利润最优化”取代“利润最大化”。“利润最优化”的概念和思想最早是由曾担任美国总统艾森豪威尔经济顾问的加州大学洛杉矶分校经济学教授尼·加科比（Nei Jacoby）首先提出的，他在《公司权利和社会责任》一书中说到：“我并不是要求公司去做任何一件无利可图的事，——但是，企业必须正视和市场力量一样真实的政治力量，这意味着公司必须满足最优化而不是最大化利润。”[①] 后来，这一概念和思想在学界质疑“利润学派”的过程中被正式提出，一些学者主张应当用“利润最优化”或“满足利润”来取代“利润最大化”，并同时主张企业还应当追求一定的社会目标。经济学家谢克（Sheikh）明确地说：“公司管理者不再最大化股东的福利，他们通过增加收入并追求对社会有直接影响的非金钱目标来最大化公司总的福利。他们会‘满足’利润而不是最大化利润。”[②]

以倡导“利润最优化”或“满足利润”来取代“利润最大化”作为企业的经济追求目标，意味着企业管理层不必再以最大化股东利益作为企业管理的唯一目的，而是倡导通过增加收入并追求对社会有直接影响的非金钱目标来优化企业的利益。这同社会组织设立的目的和功能是吻合的，从本质上讲，没有一个社会组织是以利润为目的而建立的，而是以某种社会职能的实现为宗旨，按照理性原则建立的，社会组织存在的目的并不在于自身，而在于对自身以外的社会有所贡献。所以，企业作为一种社会组织形式，本质上应该是为社会存在与发展提供必要的产品和服务，利润对于企业来说只是实现社会目标的一种手段；任何对于利润无节制的攫取，都会异化企业作为社

① Bruck, Gilbert, 1973, “The Hazards of Corporate Responsibility”, *Fortune Magazine*, June, p. 114.

② Sheikh, Saleem, 1996, *Corporate Social Responsibilities*: *Law and Practice*, London: Cavendish Publishing Limited, p. 33.

会组织的目标，都是一种倒果为因的荒谬。正如德鲁克指出的那样：“利润是果不是因，是市场行销、创新与生产力发挥成效的结果。”①

对于企业而言，“利润最大化”一般只考虑企业短期的经营效益，以“利润”作为手段选择的惟一衡量标准，为了攫取利润可以恣意损害自然环境、消费者、利益相关者的利益，甚至是国家的利益，它可能会带来暂时的赢利和繁荣，但却潜存着致命的危机，长此以往，容易掩盖企业内部管理上的缺陷和隐患，造成企业文化和价值观的扭曲。故而企业追求“利润最大化”无疑是竭泽而渔、饮鸩止渴。

正确辨明“利润最优化”取代“利润最大化”的意义，还必须厘清财富与利润的内涵区别。财富与利润作为“物”的状态，既有一致，又有差异。财富是企业所提供的各种良好的产品和服务，它可以是有形物质形态的，也可以是无形精神形态的（如企业形象、企业文化等），前者能用数量衡量，后者则难以用金钱标价；前者的利润是一种纯粹的数量价值指标，表明企业从事经济活动的效率，反映企业在时常上的经营业绩，能给人一种直觉的冲击和兴奋。财富之于社会是正向的、有益的，利润则是中性的，当利润是通过正常渠道获得的时候，它表现为财富的增加，而当它是通过不正当手段取得的时候，它不仅不表现为财富的增加，从长期而言，甚至可能是对财富的削弱。所以，倡导“利润最优化”即是要求企业以“财富”的增加为企业发展目标。企业在对“利润最优化”追求中获得财富的增加，标志着其实现了利润与伦理的融合。

二、天道与人道

（一）中国古代的天道与人道观②

在人与自然的关系问题上，中国古代的道家为我们提供了一种独特

---

① ［美］彼得·德鲁克：《管理学》，（台湾地区）联经出版事业公司1974年版，第90页。

② 卿希泰：《道教生态伦理思想及其现实意义》，《四川大学学报》（哲学社会科学版）2002年第1期。

的精神视野，在老子、庄子和中国具有道家风范的隐士那里，他们的思想和精神是彻底亲近自然的，是自觉地置自然于人之上的。天道与人道思想即源于中国古代道教，以道家哲学为理论基础，形成了道教的生态伦理思想，赋予“道”以宇宙本体和普遍规律的意义。《道德经》说“有物混成，先天地生，寂兮寥兮，独立不改，周行而不殆，可以为天下母，吾不知其名，字之曰道。”世界上的一切，包括天地万物和人，都是从这个“道”产生的。“道生一，一生二，二生三，三生万物。”[①]“道”是宇宙万物之本源，“一”指道产生之元气，“二”为元气所产生之阳阴，“三”乃阳阴所产生之天地人三才，人与天地共同生养万物。由此可知，“道”把天、地、人等宇宙万物都连贯成为一个整体。人是自然的一部分，由此形成了道家“天人合一”的思想，并从“天人合一”的思想出发，将“道”分为“天道”与“人道”，“天道”指自然的规律和法则，“人道”指人事的规律和法则，包括人与社会和人与人的相互关系，二者是一以贯之、密不可分的。

在人与社会和人与人的相互关系问题上，道教是以《道德经》的“道生之，德育之”[②]这一思想为依据，提出“凡事无大无小，皆守道而行，故无凶，今日失道，即至大乱。”[③]这个“道”就是指相生相养之道，既是“天道”，也是“人道”，是天与人的合一，亦即道教生态伦理思想所主张的社会生活的公共准则。在社会生活中，每个人都要有“济世度人”的社会责任感，都应遵守社会的公共伦理准则。在人际交往中，每个人都要友善地对待他人，在人与人之间要实行互助友爱，救人于危难之中；有财者应该乐善好施，“周穷济急”，“有财相通”；有德者则要以道德教人。它强调为人君父者，应该实行人人平等的公平原则，认为“天地施化得均，尊卑大小皆为一，乃无争讼者，故可为人君父母也。”在统治者与老百姓之间，如果能做到“心相通而后神相通，神相通而后

① 老子：《道德经》，第四十二章。
② 老子：《道德经》，第五十一章。
③ 王明著：《太平经合校》，中华书局1960年版，第21页。

气相通，气相通而后形相通，故我病则众病，我痛则众痛。”[①] 彼此休戚相关、唇齿相依，老百姓就会怨恨冰消、造反不再，天下就会太平，国家就可以兴盛。

对于天道与人道的关系，道家主张天人合一。老子认为“人法地，地法天，天法道，道法自然。”“人”、“地”、“天”、“道”是有着整体性的串连，并且有关系地存在。人应该一层一层地向上追索和效法，一直溯及其终极意义所在，就是“自然”。尽管天、地、人和万物的形态各异，但都本是同根而生、浑然一体的。所以《太平经》便强调这天、地、人三才应当相互协调，彼此“相爱相通，天复有害者”，方能“并力同心，共生凡物。”[②]“一气不通，百事乘错”[③]，只有“天地和合，三气俱悦”，然后“跂行之属，莫不向风而化为之，无有疫死者，万物莫不尽得其所”[④] 在人与万物之中，人“为万物之师长”，[⑤] 人应该体察“天道恶杀而好生”之意，不要轻易戕杀、伤害万物。实现人与自然的和谐共处，生态环境也就可以受到保护了。

与道家的“天人合一”思想相一致，农业文明时代的人与自然的关系是人顺天，人类在这段时间里所创造的人工自然基本上是“再生型”的，自然基本上是未经触动的自然；人类的能动性淹没在受动性的海洋里，人类臣服于自然，人类对自然的破坏未曾打破自然的整体平衡，人与自然没有大的冲突，处于原始的和谐之中。

（二）重建天道与人道的和谐

虽然道家的“天人合一”思想有农业文明时代的烙印，农业文明时代由于科学技术的落后，人类对自然的认识不深，人与自然的关系处于人顺天——人类的生存与发展更多地依附于自然。但道家、道教所主张的万物自道生和万物生而有道的思想却是面临着全球性生态危机的现代

① 《道藏》第23册，第599页。
② 王明著：《太平经合校》，中华书局1960年版，第148页。
③ 王明著：《太平经合校》，中华书局1960年版，第18页。
④ 王明著：《太平经合校》，中华书局1960年版，第133页。
⑤ 王明著：《太平经合校》，中华书局1960年版，第205页。

人应该继承和发展的。它将给我们扬弃主流经济学及人对自然的主宰征服观，谋求企业健康发展，提供有益的启示。

世界上的一切生命都有其平等的生存权利和合理的存在地位，应该让世间众生都能在大自然的阳光雨露下各得其养，自由生长，任性自在，自足其性，人当天为，勿与干预。人类应当合乎自然地把自己置于天地间的一个较为合理的地位，从生态和谐的价值观念和以高度的责任感去善待自然，管理好人与自然共同生息的“地球村”，实现人与自然和谐相处，这样才能有利于人类自身的生存和发展。

人类面临的生态危机，本质上是文化和价值层面的危机，其根源在于人尤其是企业人在主流经济学和人对自然的主宰征服观支配下所遵循的人类中心主义的价值观念、行为模式以及社会政治、经济和文化机制方面的缺陷，这种有缺陷的伦理价值观念，至少存在着两方面致命的问题：一是只承认人的内在价值，而不肯承认自然界其他物种的同等特征和同等权利，说到底是物种间的自私和利己；二是对人类理性的绝对信任和崇拜，其实人的理性有时也经常出现“迷失”。人类只有确定人与自然环境和谐相处的新的文化价值观念、消耗模式、生活方式和社会政治机制，才能从根本上克服生态危机。因而为了人与自然的和谐共存，必然构建生态伦理规范，确立生态中心主义伦理观。

生态伦理规范必须是按照科学世界观与方法论而确立的合乎逻辑的客观内容。人类必须从人与自然之间的利益关系，而不是单纯地从人类自身的利益去考虑社会经济的发展。另外，它还必须从总体上回答人类利益与自然利益的关系问题。人与自然有着本质的区别，但这种区别在统一的生态系统中具有相对意义，它们之间的相互关系和相互作用更为重要。人类的全部活动都是在生态系统中进行的，系统和谐既是人类积极干预的对象，又是人类力图实现的状态和目标。美国和英国的科学家们经过研究认为，如果地球不曾诞生过生命，其状况将与金星、火星相似；如果地球上现有生命灭绝，那么地球将逐渐回到与金星、火星相似的状态。由此可见，适合生命存在的地球的形成和维护，只能是由生命来保证的。人类利益与生态利益实际上是一体的。

生态中心主义的生产和发展，代表着环境意识形态领域对人类中心主义的一种激进的反思。确立生态中心主义伦理观是把人与自然的关系视为一种由伦理原则来调控和约束的关系，把道德关怀的对象扩展到所有的存在物，人不仅对包括人在内的生命负有义务，对那些由生物和无生物构成的生态系统也负有直接的道德义务。这既是对中国古代道教生态伦理思想的继承，也是从本源上提出了解决现代人与自然对立关系的原则和方案，重新建立人与自然之间原本实有的亲和力，使两者能够在和谐的存在序列中相生相养、相照相温。于此，人们尽管需要从自然中吸取其生存与发展的养分，为求生存与发展而开发自然，但已没有宰割和奴役自然的贪欲，不再采取“竭泽而渔”的态度；在这种态度下，人们将不再以“征服自然”的方式来显示自己的力量，而以“参天地之化育”的方式来体现自己作为万物之灵的风度，从而与自然相依共生、相长并育，达到冯友兰先生所说的“天地境界”。这种境界在更高层次上满足人类利益，绵延和扩展了人类的生存及其价值。因而，生态伦理观是可持续发展的伦理观，是对人类中心主义伦理观的扬弃和超越。

工业文明时代的企业管理由于时代的局限，一般把利润增长作为惟一追求目标，作为对社会贡献的惟一尺度。他们在表达上刻意追求数学式的简洁和美感，很少考虑经济活动所不能脱离的生态背景，不顾及经济活动所付出的环境成本、生态代价以及各种自然资源本身的价值，甚至往往以牺牲生态环境的承载力为代价，天真地去设想、追求利润增长的线性态势。这种漠视“天道”，一味“人事”，不尊重自然价值，对自然不计成本的过度利用已经造成了严重的生态问题，由此也造成了严重的社会问题。从全球视野来看，资料显示，如果不改变现有的生产方式和生活方式，2050 年世界将会出现 10 亿人的“气候难民”；100 年后地球的石油资源将基本消耗殆尽。从中国现实来看，不远的未来，由于环境恶化、资源枯竭，将有 22 个省市 1.86 亿名居民需要重新安家。然而其他省市只能收纳大约 3300 万人，这就意味着中国将会产生 1.5 亿名生态移民，或者叫做“环境难民”。违背“天道”，结果就是危害“人道”。

事实上，包括人类在内的自然是有机的、系统的、自组织的、客观的。价值不是人类的专利，与人类并存于地球的所有成员都有自己生存、发展的权力和价值。当代美国著名学者、国际环境伦理学会主席罗尔斯顿认为，荒野作为自组织的自然生态系统，是生物生存与繁衍的栖息地，也是人类的发源地与生存场所，这样的荒野与生态群落都具有内在价值、运行规律和法则。作为地球的“繁衍物”，人与自然万物不是二元对立，而是一体共存的关系。作为人事的规律和法则的“人道”植根于作为自然的规律和法则的“天道”，只有遵循“天道”，才能落实真正的“人道”。

应该清楚地看到，保护自然环境是人类生存之基础，也是保持企业可持续性的前提。企业行为与资源环境之间没有绝对的经纬“悖论”，通过企业、政府等共同有效作为可以实现两者由“对立”到“统一”的革命性变化，形成经济与生态共赢的“深绿色”发展模式。

同济大学的诸大建教授在编撰“绿色前沿译丛”的总序中阐述了浅绿色环境概念与深绿色环境概念的差异，浅绿色的环境观念建立在环境与发展分裂的基础上，是20世纪60—70年代第一次环境运动的基调，而深绿色的环境观念则要求将环境与发展进行整合性思考，这是90年代以来第二次环境运动的主题。两者的区别在于：浅绿色环境观念较多地关注对各种环境问题的描述和渲染它们的严重影响，而深绿色的环境观念则重在探究环境问题产生的经济社会原因及在此基础上的解决途径；浅绿色的环境观念常常散发对人类未来的悲观情绪甚至反发展的消极意识，而深绿色的环境观念则要弘扬环境与发展双赢的积极态度；浅绿色的环境观念偏重于从技术层面讨论问题，而深绿色的环境观念强调从技术到体制和文化的全方位透视和多学科的研究。深绿色环境观念追求的是人类可持续发展的模式，它的一个突破，是厘清了经济与生态的本末关系、依存关系。经济本质上应该是生态系统的一个子系统，一个子系统不能超越、破坏它置身于其中的母系统的发展。皮之不存毛将焉附的道理并不深奥，然而人因为置身于其中却总也匡正不了生态与经济的关系。美国地球研究所所长莱斯特．R. 布朗先生就在《生态经济》一书的开篇中指出：“环境是经济的组成部分，还是经济是环境的组成部分。经济学家把环境看做经济的一个子系统。生态学家则与之相反把经济看做环境的一个子系统。经济学家的观点使人们对现代世界的理解陷入混乱，创造出了和它所依存的生态系统不相适应的经济。”① 经济的规模和增长应保持在生态系统可以持续提供如光合作用、授粉、空气和水的净化、气候维持、紫外线过滤、废物再生等服务的能力之下，只有这样人类才能长续存在，才能可持续发展。

从具体资源节约与污染治理的成本效益分析来看，如果一个企业在设计、制造、维修、销售、保管、回收的全过程当中注重了环保要求的话，它是完全能够实现经济效益与资源环境效益双赢的结果。例如，美国 Interface 公司的工程师两个简单的技术设计，就使企业生产能耗减少了 92%。Interface 公司的绿色战略不仅赢得了环保主义者的掌声，而且被市场证明是一种非常成功的经营战略。1993—1998 年间，公司的总收入增长了一倍，纯利增长了两倍，雇员也增加了 73%②。

事实上，在残酷的现实与学者们的不断呼吁下，不少企业的生态意识逐步觉醒，他们开始关注自己的管理行为是否尊重了生态的价值。但践行过程中，他们正经受着两种相反力量的煎熬：选择利润追求，产品成本中不考虑环境成本，低成本的定价无疑对企业有利，但却是对生态、社会不负责任；选择对生态、社会有利，成本核算中纳入环境成本因素，符合自然的原理，企业则有可能因成本增加，竞争力下降而破产、灭亡。摆脱困境依赖于政府作为指挥者来消除拯救环境的企业与无视环境的企业之间的不公平的竞争，因为拯救环境所带来的成本增加会削弱企业竞

① ［美］莱斯特．R. 布朗著：《生态经济》，林自新、戢守志等译，东方出版社 2002 年版，第 1 页。

② 《哈佛商业评论》精粹译丛：《企业与环境》，思铭译，中国人民大学出版社 2004 年版，第 10—11 页。

争力，单个企业根本无法独立实施成本与价格合一的良心行为，它必须是所有企业齐步走，这一过程的艰难性可想而知。

总之，企业赚钱获取利润是天经地义的事，一定量的利润是生产力得以发展，社会得以进步的前提；问题是利润追求不能成为企业的惟一目标，否则利润的逻辑就会不惜破坏生态平衡。如果生产力是以破坏自然环境的方式得以增长，终究会对整个人类生产力的发展以毁灭性的打击。

三、经济与生态

（一）经济与生态的冲突

市场经济下企业对生态资源的开发利用，目的是效率与收益。但市场自身的缺陷使其在效率实现的同时有不利于生态环境、影响生态持续的一面。这主要表现在：

1. 技术进步的非对称性。企业技术进步，许多源于生态资源开发利用实际，所解决的问题大多集中于开采或收获成本的降低，以获取更多收益为目的的资源利用率的提高以及使以前不能开发的生态资源能够经济的开发利用上。这样的技术进步，在客观上促进了经济的增长，但同时加速了生态资源的消耗，不利于生态资源的保护与持续。另一方面，技术进步往往忽略生态资源的保护与持续，人类技术活动的后果已经远远超过了自然生态圈自身调节和进化的能力，带来了棘手、严峻的“全球问题”。事实上，“人类生活的两个世界——他所继承的生物圈和他所创造的技术圈业已失去平衡，正处在深刻的矛盾之中。”①

2. 市场的负外部性。在企业基础资源的开发、加工与分配中，市场运作富有效率，能产生足够的激励；而对于污染废弃物的处置，市场运作失灵，几乎完全没有效率。这是因为，大气和水资源具有公共资源的

① 艾伦·科特内尔：《环境经济学》，商务印书馆1987年版，第13页。

属性，常常成为污染物排放的不二选择和破坏对象。另一方面对其他一些公共资源的利用也存在有明显的负外部性。最典型的例证是公共牧场。由于利益的驱使，每一个放牧人都去增加羊只数量，结果超出牧场承载限度，草地就会退化，生态难以持续，酿成公有资源不可逆破坏的恶果。上述排污者和资源占用者在获取经济利益的同时，却将其经济活动的不利影响转嫁给他人。这种转嫁超出市场的作用范围，经济成本不由获利者承担。因此，他们会肆意排放污染废弃物，过度开发利用生态资源，直接破坏生态的可持续性。

从理论上讲，市场机制是以承认各经济主体的局部利益为出发点的，很难统观全局，无法使各经济主体根据环境和社会效益来安排自己的活动。也就是市场往往不能反映生态学的真理，市场价格没有把经济活动中的环境成本体现出来，企业或个人实际承担的成本低于其应当承担的社会成本，边际社会成本实际大于边际私人成本。从实践上看，企业承担环境责任将导致经营成本增加，短期内必然与企业的营利性目的存在冲突和矛盾。尽管企业的环境投入也许有利于企业长期利润的实现，然而现实中多数企业更倾向短期利润而非长期利润。

3. 非市场交易资源的忽略。在企业对生态资源的开发利用中，那些没有市场价值的资源是市场之手难以触及的地方。这些资源只是伴随着其他经济活动被随意处置，不存在市场利用问题。生物多样性，生态系统功能，许多迄今尚未被人类开发利用的植物品种等就属此类，我们有时把它们称之为“公共物品”。公共物品是没有明晰产权规定，人人都可进行消费，受益过程具有排他性的物品总称。公共物品因产权不清而得不到任何一个主体的有效的保护和监管，始终处于不安全的状态；公共物品的不可分割性，消费的非竞争性，使得企业和个人在消费它的过程中，不愿付出代价，“搭便车”行为甚嚣尘上。对待这类尚无价格信号的物品，具有有限理性的人们为了攫取最大的利润，不断地采取短期行为，导致公共物品的数量和质量急剧下降，结果危及人类自身的生存与发展。事实上，它们只是没有直接使用价值，其固有价值，诸如间接使用价值和存在价值等等，则是客观存在的。市场对这些客观存在的价值忽略不计，因而不能保护这些资源，最终致使生态环境的整体性和可持续性遭到破坏。

因为市场力量只能反映商品和服务的部分成本而非全部成本，所以市场提供给各级经济决策者的信息是一些误导性信息，这样一种因已经酿成一种果：为我们造就了一种与地球生态系统相悖的亦即被扭曲了的经济——一种正在戕害其自然生态支持系统的经济。尤其是近几十年来空前的经济增长使得经济与其支持系统的冲突愈演愈烈，目前的经济使地球的自然资源迅速趋于耗竭，将全球经济引向了破坏生态环境的歧途，终必导致经济的衰退。这启示我们，经济与地球生态系统之间的匹配关系是经济持续发展的基础，我们必须全面调整和优化经济，使之与生态系统密切匹配。建立生态经济是必然的选择。

（二）建立生态经济的构想

“所谓生态经济，就是能够满足我们的需求而又不会危及子孙后代满足其自身之需的前景，亦即不会危及布伦特兰委员会在差不多 15 年前所指出的那种未来前景的经济。”① 生态经济是可持续发展型经济，旨在通过维护诸如渔场、森林和耕地等生态系统的可持续发展来谋求经济的可持续发展。另一方面，生态经济也要仰赖大自然的平衡，这包括土壤侵蚀与新土壤生成间的平衡、碳的释放与碳的吸收间的平衡、脱氮过程与固氮过程间的平衡以及树木死亡与树木再生间的平衡等。大自然是靠循环来维系生命的，在自然界中，一种生物的废物就是另种生物的养料，营养物质处于不停地循环之中。生态经济就是遵循这种运动方式的经济模式。近来人们提出的循环经济、低碳经济，只是突出了经济活动对生态系统碳平衡和物能循环原理的遵依，仍属于生态经济的范畴。

发展生态经济有赖于我们经济思想的哥白尼式改变，要求人们用生态学家眼光看企业发展、经济发展，促进生态学与经济学的融合。经济

---

① ［美］莱斯特·R. 布朗著，《生态经济——有利于地球的经济构想》，林自新、戢守志等译，东方出版社 2002 年版，第 84 页。

是地球生态系统的一部分，只有遵循生态学规律，以生态法则为导向，调整经济使之与生态系统相适应，才能实现经济与生态双赢的“深绿式”发展。

生态系统为我们人类提供的服务有时候可能比为我们提供的产品更有价值。但传统市场经济常常将生态系统为人类提供的服务忽略不计，从生态学的角度看，这显然不利于生态系统的平衡和循环。因而，如果要让生态系统为人类提供的这类服务得到保护的话，就有必要改进传统市场经济，对这类服务的价值加以计算，将其体现在市场信号中。我们要通过政策、法制、教育等多种机制使企业人认同生态经济学的思想观念。

残酷的资源、环境状态和由此带来的人类生存危机，也正在促使许多企业开始反思、觉醒。如今他们中的不少企业已不再接受“企业的目的就是赚钱”的信条了。企业不仅是经济实体，它更是一个伦理实体，产品的设计与生产过程具有一定的价值引导功能，一个负责任的企业，它在设计和生产产品的时候应该更多地考虑产品的社会意义和生态意义，消费者在消费产品或服务的同时，事实上也在“消费”附着在产品身上的价值引导。今天的许多民众对于环境、资源问题还是朦朦胧胧的，唤醒他们的环境意识，资源意识，是企业的责任和义务。因此许多企业正在制定新的企业生存和持续发展的行为规范和准则，目的是使社会、经济、伦理和环境的原则趋于统一。美国著名的生产工业地毯的英特费斯公司总裁雷·安德森在《财富》杂志上阐述未来公司的计划时说：“我的公司——亚特兰大的英特费斯公司，正在改变经营方针，我们要做到可持续发展，发展时不破坏地球，生产时不污染环境，不生产废料，不用化石燃料。如果我们干得好，那我们的公司和我们的供应链将不再使用一滴石油。”①

发展生态经济需要构建新的概念、框架。生态经济是与传统市场经济截然不同的经济，传统市场经济中强调的利润、收益、经济增长将不

① ［美］莱斯特·R. 布朗著：《生态经济——有利于地球的经济构想》，林自新、戢守志等译，东方出版社2002年版，第1页。

再是生态经济的目标限度，“建立生态经济将要影响到我们生活的方方面面。生态经济的建立使我们的家居照明方法、我们的进食类别、我们的居住场所、我们的休闲娱乐方式、甚至我们的孩子的数量都要发生改变。生态经济的建立所赋予我们的将是这样一个我们置身于其中的世界：我们就是大自然的一个有机组成部分而不是游离于大自然之外的人。”① 因而，设计这样一种生态经济是我们这代人面临的无比艰难的挑战，没有任何先例可循。经济学家要和生态学家联合起来为构造这样的经济提供概念框架。“生态经济的设计，必须由理解生态的基本概念（如可持续产量、自然承载能力、养分长期循环、水分循环和气候等基本生态概念）的人参与。”② 生态经济的框架包括恢复碳的平衡、稳定人口和地下水位，保护生态系统的多样性。

保护生态环境是人类生存之基础，也是保持企业可持续性的前提。生态经济体系的建立必然要求企业人践行生态经济的生产方式。有人认为环境保护问题，经济可持续发展问题是国家和政府的事情，企业与此没有太过直接的关系。其实建设生态经济模式对企业也具有生死攸关的关系。从宏观看，如果生态危机带来地球整体经济滑坡甚至经济崩溃，企业自然在劫难逃；从中观看，无论哪个国家的企业，如果生产过程中视环境为儿戏，这个企业根本无法做大做强，国际贸易的绿色壁垒成为它致命的发展障碍；从微观看，一个企业漠视环境问题，没有可持续发展的观念，它的公众形象就会受损，成为没有社会责任感的企业，消费者会因此从心理上排斥它，不购买它的服务和产品，企业的利润目标实现不了，破产也就无法避免了。

在残酷的现实与学者们的不断呼吁下，不少企业开始关注自己的管理行为是否符合生态规律和自然法则。但践行过程中，他们正经受着两

---

① ［美］莱斯特·R. 布朗著：《生态经济——有利于地球的经济构想》，林自新、戢守志等译，东方出版社2002年版，第91页。

② ［美］莱斯特·R. 布朗著：《生态经济——有利于地球的经济构想》，林自新、戢守志等译，东方出版社2002年版，第22页。

种相反力量的煎熬：选择经济效益追求，产品成本中不考虑环境成本，低成本的定价无疑对企业有利，但却是对生态、社会不负责任；选择对生态、社会有利，成本核算中纳入环境成本因素，符合自然的原理，企业则有可能因成本增加，竞争力下降而破产、灭亡。摆脱困境依赖于政府作为指挥者来消除拯救环境的企业与无视环境的企业之间的不公平的竞争，因为拯救环境带来成本的增加会削弱企业竞争力，单个企业根本无法独立实施成本与价格合一的良心行为，它必须是所有企业齐步走，这一过程的艰难性可想而知。应该清楚地看到，这种煎熬只是建立生态经济体系过程中的阵痛，企业行为与资源环境之间没有绝对的经纬“悖论”，通过企业、政府等共同有效作为可以实现两者由“对立”到“统一”的革命性变化，形成经济与生态共赢的“深绿色”发展模式。

从具体资源节约与污染治理的成本效益分析来看，如果一个企业在设计、制造、维修、销售、保管、回收的全过程当中注重了环保要求的话，它是完全能够实现经济效益与资源环境效益双赢的结果。例如美国Interface公司的工程师两个简单的技术设计，就使企业生产能耗减少了92%。Interface公司的绿色战略不仅赢得了环保主义者的掌声，而且被市场证明是一种非常成功的经营战略。1993—1998年间，公司的总收入增长了一倍，纯利增长了两倍，雇员也增加了73%①。

四、三维效益观

由前述可知，企业人在利己心前提下对利润的追求与市场主体之间相互的信任、合作是相辅相成的。他必须使自己的行为与别人的行为协调一致，共同遵守市场规则，才能确保双方利润最优化，即“双赢”。伦理的价值合理性是经济合理性的必要条件，而且，经济效益并不是目的，追求利润客观上满足了人类不断增长的物质需求，促进人类社会的

① 《哈佛商业评论》精粹译丛：《企业与环境》，思铭译，中国人民大学出版社2004年版，第10—11页。

进步、社会效益的提高，所谓“仓廪实而知礼节”。但利润与伦理又不是同步推进的，正如樊浩在《伦理精神的价值生态》中所说：“于是出现世俗生活和精神生活、物质追求与价值追求的悖论：世俗世界中‘向前看’，无止境地追求功利、创造功利；价值世界中‘向后看’，孩童般地眷念过去，在遥远的却是虚拟的原初世界中寻找自己的价值梦想。”①经济与伦理的矛盾可以通过伦理冲动力与经济冲动力所形成的人文力的平行四边形来解决，即建立“伦理—经济”的生态。如图6－1所示。这实质上是要企业追求基于伦理的利润最优化，即追求有社会效益的经济效益。这在本论文的第八章将会进一步论及。

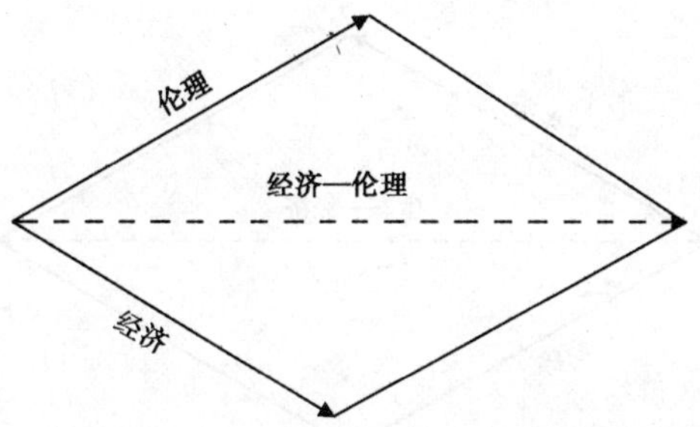

图6－1　经济—伦理形成的平行四边形合力

再者，企业人在处理生态效益与社会效益的关系即天道与人道的关系中，要抛弃工业文明时代所奉行的体现于主流经济学和人对自然的主宰征服观之中的人类中心主义伦理观，践行者在吸取中国当代生态伦理思想的合理内核基础上形成生态伦理观，通过生态冲动力和伦理冲动力所形成的平行四边形合力来谋求人与自然的协同进化。这实质上是要企业追求基于天道的人道，亦即追求富有生态效益的社会效益（图6－2）。

继而，解决生态危机是在生态伦理观的基础上建立生态经济，生态经济的建构是通过生态冲动力和经济冲动力的所形成的平行四边形的合力来完成的。这实质上是要企业追求基于天道的利润，亦即追求富有生

① 樊浩：《伦理精神的价值生态》，中国社会科学出版社2001年版，第301页。

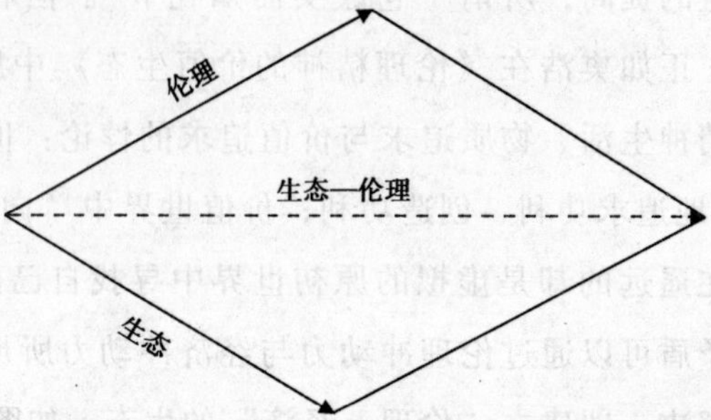

图6－2　生态—伦理形成的平行四边形合力

态效益的经济效益（图6－3）。

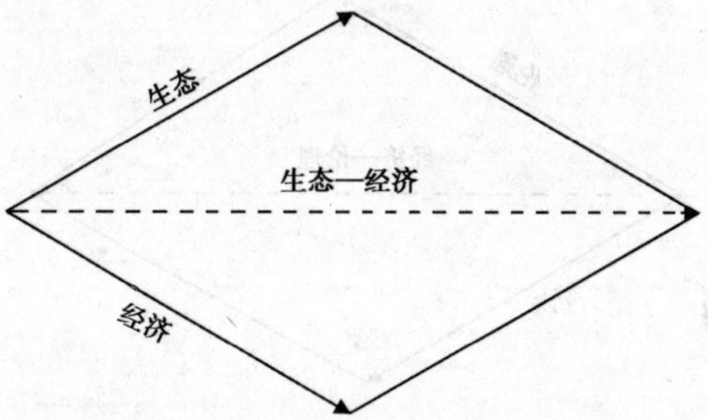

图6－3　生态—经济形成的平行四边形合力

以上三个图综合起来形成图6－4。

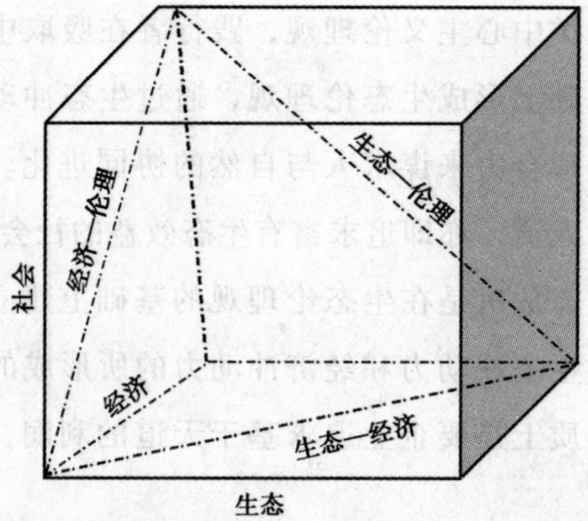

图6－4　“经济—社会—生态”三维效益的统一

在一个立体空间中，生态、经济、伦理构成平行四边形组成的立方体的三条边，其理想状态是经济、伦理的合力构成“经济—伦理”的边，生态、经济的合力构成“生态—经济”的边，生态、伦理的合力构成“生态—伦理”的边，三条边组成一个稳定的三角形，相互支撑形成一个“经济—社会—生态”效益相辅相成、互相促进的有机整体。这就是对企业三维效益观的概括性描述。

为确保三维效益的统一，企业人在管理与生产实践中必须遵循以下三条原则：

第一，天道原则。企业人的管理与生产实践必须有利于维护天然自然演化的正常秩序，而不是扰乱和破坏它的正常秩序，有利于促进天然自然的良性循环而不是恶性循环；有利于保护天然系统的稳定化，而不是引起和加剧其灾变和退化。人类必须遵循客观规律的绝对命令。

第二，人道原则。企业人的管理与生产实践必须合乎人道主义精神和社会伦理规范，既着眼于人类自身的整体利益与长远利益，又尊重一切生命，克服狭隘的人类中心主义，将人道主义关怀从企业内部人扩展到企业外部人，从当代人扩展到未来世代人，从人类社会扩展到生态圈有机体。

第三，天人和谐原则。企业人的管理与实践不仅同时兼顾自然界与人类社会各自的发展规律，而且要遵循自然与人类的共同规律和相互作用机制，企业人的一切作为都要维护和促进天人关系的和谐，而不是破坏这种和谐。

一般来说，天道原则限定了人类活动的范围或限度，指出人类有所能为与有所不能为；人道原则强调了人类活动的目的性，指出了人类有所应为与有所不应为；天人和谐原则则确定了人类活动的可能性和目的性的结合点和统一的评价标准。如果说前者强调了真，次者强调了善，而后者则强调了美。“三原则”统一贯彻，真善美完美结合，企业人就可以真正地做到合理地进行管理和生产，从而实现三大效益的统一，在满足自身物质和精神需要，获得自身幸福的同时，也满足了他人物质和精神的需要，使他人也获得幸福，并且使自然的价值得到尊重，为子孙后代的幸福创造更好的条件；企业就可以真正地履行社会责任，在对社会主义经济建设、政治建设、文化建设、社会建设、生态建设显现正面价值的同时使自身获得发展的可持续性。

第七章
技术选择：生态技术及其柔性配置

生态文明时代企业管理的结构要素可划分为生产技术、心理行为、组织部门、伦理规范、制度规则五个层面，这从表面上看似乎与工业文明时代没有什么不同，但其本质内涵却有天壤之别。根据生态和谐（广义）理念的本质要求，生态文明时代的企业生产技术必须突出对自然价值的尊重，应追求生态和谐（狭义）；生态文明时代的企业人心理行为必须伴生企业心理资本的培育和和谐人格的塑造，应趋于心态和谐；生态文明时代的企业组织、伦理规范必须能促进企业知识资本增值和社会资本的优化，应指向人态和谐；生态文明时代的企业制度，必须能将自然、组织、社会、人格予以贯通，促进物质资本、人力资本和生态资本相互增值，应追求三态一体的生态和谐（广义）。

按照生态和谐理念的要求，生态文明时代的企业生产技术管理不仅要“加快建立以企业为主体、市场为导向、产学研相结合的技术创新体系，引导和支持创新要素向企业集聚，促进科技成果向现实生产力转化”①，而且更重要的是要“开发和推广节约、替代、循环利用的先进适用技术”②，

① 胡锦涛：《高举中国特色社会主义伟大旗帜，为夺取全面建设小康社会新胜利而奋斗》，人民出版社2007年版，第21页。

② 胡锦涛：《高举中国特色社会主义伟大旗帜，为夺取全面建设小康社会新胜利而奋斗》，人民出版社2007年版，第23页。

推进资源节约型和环境友好型社会建设。

生产技术的实质主要是通过物质能量的转换，将不能被人们方便、高质、有效消费的自然物质变成为能被人们方便、高质、有效消费的物质产品。因此，它主要反映了人与自然的关系，托载着人与自然之间物质能量乃至信息的交换。生产技术的发展水平决定着人与自然之间关系的和谐程度和价值取向。在农业文明时代，占主导地位的生产技术是“再生型”技术，与这种技术相关的产品基本上是天然自然物的翻版，不足以使人类充分发挥主观能动性，人与自然之间处于“人臣服于自然为代价的原始和谐”之中，自然的价值得到相应尊重。进入工业文明时代，“异生型”技术取代了“再生型”技术的主导地位，相应的物质产品是对天然自然物进行脱胎换骨的改造的结果，有些是天然生态系统原先所没有的物质结构，不能纳入生态系统的循环，必然产生污染和浪费资源，使人与自然失去和谐，自然的价值被人所肆虐；在生态文明时代，生态化或仿生型技术，即节约、替代、循环利用的先进适用技术，应成为企业生产技术的主体，它既可以使人类有效地驾驭自然，又能纳入生态系统的循环，使人与自然高度和谐，自然的价值得到充分尊重。

从管理哲学的角度研究生态时代企业的生产技术，必须回答三个基本问题：第一，企业的生产技术与自然价值关系的真谛是什么？第二，企业管理者应遵循什么样的思路去进行企业生产技术的配置和创新，以形成生态化或仿生型的技术体系？第三，如何评价企业技术体系对生态和谐的贡献？通过这三个问题的回答，可以形成基于生态文明时代和谐管理的技术观。

第一节　对自然价值的尊重和生态技术的抉择

生态文明时代的企业生产技术与自然价值关系的真谛在于它对自然

价值的尊重。自然价值是自然的外在价值与内在价值的统一，这在生态伦理学的创始人利奥波德（Aldo Leopold，1887－1948）那里就已提出。他早年所持的是传统的自然价值观，即认为自然价值就是指生物的有用性，主张按照对人有用无用、有利还是无利的原则来对待自然物。但后来他在《沙乡年鉴》这本代表作中则强调自然价值主要在于自然界自身的整体性和内在相关性，提醒人们能真正从超越自身利害的高度来审视自然、善待自然。从自然物的有用性方面认识自然价值，实即肯定了自然的外在价值，从自然的整体性和内在关联性方面理解自然，实即强调了自然的内在价值。利奥波德对自然价值两重性的认识，在当时曾遭到一些人的反对，但后来却被越来越多的人所认同、继承和发展，以至于成为社会实践的指南。1992 年巴西里约热内卢联合国环境与发展大会（DNCED）颁布的《生物多样性公约》（Convention On Biological Diversity），就是以明显接受生物多样性的内在价值为基础的。

一、尊重自然的外在价值

自然物的有用性是针对人而言的，是指自然物对人有用。考虑到刘易斯对价值的划分，这种有用性可以是事物对“相对某种目的而言的有用性”，即功利价值，也可以是对某种被欲求或好的东西具有手段意义的善，即工具价值，还可以是被审视或倾听时产生美好经验的善性，即固有的审美价值。所以，外在价值作为自然物的有用性，从广义上讲，包含了自然物对人的功利需要和审美需要的价值以及具有手段意义的价值，其中，人的尺度必不可少。换言之，自然的外在价值，就是自然物在满足人的需要的前提下所具有的意义。其客观条件是物的属性，主观判据是人的需要的满足；如果某个自然物具有满足人的某种需要的属性，那么它具有外在价值；如果它实际上已满足了人的某种需要，那么它的外在价值就由潜在变成了现实。在这里，人的需要的本质是对自然物的依赖性，因此，它不应该成为人征服自然的借口，而正好是人与自然和谐相处的原因。人的需要只是构成自然价值的一种主体选择性的要素，它必须在对自然物的依赖中得到满足，这就决定了人欲更好地满足自身的需要，就必须尊重自然及其自然物的属性，尤其要尊重生态系统及其生物的属性（因为在自然界中生态系统与人的生存与发展关系最为直接和密切）。就此而言，人类中心主义存在一个悖论，即一味以人类为中心就不能使自己成为中心。人把自己看成自然的主宰，一味按自己的需要对自然界进行掠夺式开发，其结果会导致满足人的需要的自然物的破坏乃至丧失，从而最终导致他的需要不能再被满足，其生存和发展失去了客观条件，也就没有“中心”可言了。因此，一种行为是否正确，一种品质在道德上是否良善，将取决于它们是否展现或体现了尊重大自然这一终极性的道德态度（P. Taylor，1986）。生态文明时代的技术尤其是企业生产技术，作为对自然物物能的转换和结构的改造，必须尊重自然的外在价值，切忌“杀鸡取卵”、“竭泽而渔”。

二、尊重自然的内在价值

对自然内在价值的认识，学术界有多种不同的观点。约翰·奥尼尔认为，自然的内在价值包括非工具性价值（Non - intrumental Value），事物所具有的内在性质（Intrinsic Nature）和与评价者无关的“客观价值”（Objective Value）①。霍尔姆斯·罗尔斯顿在其《哲学走向荒野》中则提出，自然的内在价值是指非工具性的、非主观性的价值。

刘易斯则主张，内在价值是作为一种目的或者就其本身就是善的或被欲求的事物，是相对于工具价值和固有价值的价值。在这些不同的观点中不难发现其共同之处，那就是都认为自然的内在价值是以物为尺度来决定而非按人的尺度来决定的自然价值。正因为如此，爱德华·摩尔（G. E. Moore）的观点被人们用以佐证自然的内在价值。他认为，自然的

① A. Naess. A Defence of the Deep Ecology Movement [J], *Environmental Ethics*. 1984 (6): 266.

内在价值，就是自然物自身所具有的善的性质，是一种“目的善”或“内在善”，于此自然物自成目的[①]。“说某种价值为‘内在的’仅仅是指某一事物是否具有这种价值或在什么程度上具有这种价值，完全依赖于这一事物的内在本性。”这就是说，自然的内在价值的本质在于其目的自足性，与人的需要无涉。目的自足性有两层含义：一是指自成目的，二是指处于生态状态。自成目的，不是说自然物独自存在，自为决定其目的，而是一种“群落中的善”，因为“没有任何一个主体，也没有任何一个客体是独自存在的”[②]，它总是处于与周围环境的联系之中。于是，生态伦理学中所说的自然的内在价值，可以展开为三个方面的规定性：首先，生命系统固有维持自身存在与繁衍的目的走向，这是不以人的意志为转移的，与人的需要、愿望、利益及其评价系统是相分开的；第二，这种目的定向是与其网络格局相联系的，任何一种生命都与其他的生命和自然因子相互依赖、相互作用、有机关联，在物种层次、生态系统层次、生物圈层次形成交织的网络，由此保证它自成目的的现实性；第三，这种目的定向有一个从低级到高级发展的过程，表现为生命的进化线系，由此不断实现生命自己的“好”(A Good of Its Own)，趋向结构与功能的完善。

人作为生命网络格局中的一个纽结，作为生命进化线系的“高端”，当然也具有其内在价值，追求着自身更好地生存与发展。但人的内在价值的展现不能以牺牲自然和其他生命的内在价值为代价，它只有在生命网络格局和生命进化线系的维护和发展中才能求得自身更好地生存和发展，从而更好地展现自身的内在价值。这就决定了企业在运用、开发技术进行生产时必须尊重自然的内在价值，实现技术系统与生态系统的耦合。尤其是在生态危机的警钟不断，生态觉悟的自觉日显，生态规则的出台日多的当今生态文明时代，技术对自然内在价值的尊重已不只是一

---

① 石毓彬、程立显等编：《当代西方著名哲学家评传：道德哲学卷》，山东人民出版社1996年版，第69页。

② ［美］霍尔姆斯·罗尔斯顿著：《哲学走向荒野》，刘耳、叶平译，吉林人民出版社2000年版，第190页。

个理论问题，更重要的已是一个实践问题。

三、师法自然的生态技术

生态文明时代的技术既要尊重自然的外在价值，又要尊重自然的内在价值。人类技术特别是企业生产技术对自然价值的尊重，即对生态技术的开发，已成为不可抗拒的时代潮流，也是在企业管理中贯穿生态和谐理念的重要内容和必然选择，是企业管理者必须努力做到的重要方面。尊重自然价值和开发生态技术的最佳路径是师法自然。师法自然是指人不仅要遵循和信守自然法则，而且要虚心向大自然学习，从大自然演化历史中汲取生存智慧，领会发展道理。遵循和信守自然法则，强调了“人不能做什么”及“为什么不能做什么”，是人的受动性方面；在向大自然的学习中谋发展则更进一步地体现了人反作用于自然的主动性和积极性，也进一步突出了人的灵活性和悟性，是人的能动性方面。因此，师法自然体现了人的受动性与能动性的高度统一，是人类文明走向成熟的标志。在企业管理中师法自然，实即要求企业系统模拟生态系统的运作，将人工过程纳入天然生态系统的循环，使物能充分循环作用，从而节能降耗，并从根本上解决环境污染的问题，同时提升企业的市场竞争力，实现经济利益与生态和谐的璧合。

地球的演化历史毕竟已有数十亿年，可谓历尽沧桑、饱受磨砺。在漫长的演化变迁中，地球不仅积蓄了人类赖以生存的物质资源，形成了适宜人类繁衍的生态环境，而且蕴涵和凝结了宝贵的生存“经验”和发展“智慧”，作为地球历史上最美妙花朵的人类精神，理所当然地应该继承、学会和运用这些成功“经验”和伟大“智慧”，促进人与自然的和谐发展。作为专门从事物质产品生产及其相关服务提供的企业（人）必须是地球生态“经验”和“智慧”的仿效者[①]。

---

① 郭因、黄志斌等：《绿色文化与绿色美学通论》，安徽人民出版社 1995 年版，第 180—181 页。

生态“经验”与“智慧”最重要的体现是生态系统中的“去向原理”。因此，生态文明时代的企业（人）应当模拟也能够模拟地球生态系统的“去向原理”，赋予企业生产技术以生态或仿生性质。

美国生态学家巴里·康芒纳曾写过一本《封闭的循环——自然、人和技术》的书，用极生动的例子，详细地论述了他的四条生态学法则，其中第二条就是去向原理，认为生态系统中一切事物都有着必然去向。这可视为生态时代工业企业生产技术的科学基础。

可以说，在自然界中是无所谓什么“废物”的。在每个自然生态系统中，由一种有机体排泄出的废物都会被另一种有机体当做养料而吸收。如动物呼出二氧化碳，正是绿色植物所要吸收的一种基本营养，植物放出的氧气则又为动物所利用。动物的粪便滋养着可引起腐烂的细菌；细菌的废物，如硝酸盐、磷酸盐和二氧化碳等无机物，又成为植物的养料。于是，自然生态系统内部形成了一套合理的“生态工艺流程”，其中每一环节或组分既是下一环节或组分的“源”，又是上一环节或组分的“汇”，没有“因”和“果”及“废物”之分；物质和能量在其中循环往复和充分利用，资源利用效率极高，废物都可变为原料。尽管自然生态系统的物质、能量是有限的，但由于去向原理的作用，其中的原料、产品和废物能够多重利用及循环再生，故自然生态系统能够长期生存并不断发展。

传统的企业生产技术是以非再生资源为基础，以单纯经济效益和经济发展速度为目标，以物能的高速流通转化为代价的。这种企业生产技术造成了地球亿万年蓄积起来的矿物资源在短短数百年中消耗殆尽。而由于大量燃烧矿物质又造成了严重的大气污染，地球生态遭到严重破坏。按照巴里·康芒纳的四条生态学法则的第四条所说：世上“没有免费的午餐”①。人类每一次获得都要付出代价。现在人类就已经在品尝自己栽种的苦果：大气污染，水土流失，沙漠面积扩大，淡水与食品短缺，人类患上很多疑难杂症。面对当前资源和环境问题的困扰，企业正确的选

① 巴里·康芒纳著：《封闭的循环——自然、人和技术》，侯文蕙译，吉林人民出版社 1997 年版，第 35 页。

择就是模拟自然生态系统的“去向原理”，开发和运用生态化或仿生型的生产技术，从而实现清洁生产，使企业系统中能量得到充分利用，物质资源循环使用，没有或很少有废弃物产生①。

只要企业（人）能够改变对大自然的居傲不恭的态度，在技术开发与应用过程中师法自然，将发展生态技术作为最佳抉择，就不难保证自身成为生态和谐的承担者和受益者，在作出生态贡献的同时获得丰厚的经济回报。

第二节　企业技术体系的柔性配置与生态弹性

企业生产技术是由若干技术单元或环节集合而成的技术体系，即是多种单项技术的集成。鉴于当代企业环境的复杂多变和企业能力的灵活多样，管理者必须遵循柔性原理去配置和创新企业的生产技术，从而形成生态化或仿生型的企业技术体系。

一、企业技术体系的逻辑结构

尽管不同企业的技术体系形式迥异，但从逻辑上进行分析，却可以找到它们的共性，都是由基础技术、主体技术、通用技术和相关技术四个部分结构而成的技术整体。各个部分在技术体系中都占据着特定的“生态位”，扮演着技术体系的功能单位的角色，它们彼此关联、相互制约、协同作用，担负着企业的生产职能，决定着企业的产出。其示意图如图 7－1 所示。

① 黄志斌、张本照、吴椒军：《当代企业的知识化与生态化》，安徽人民出版社 2000 年版，第 231—233 页。

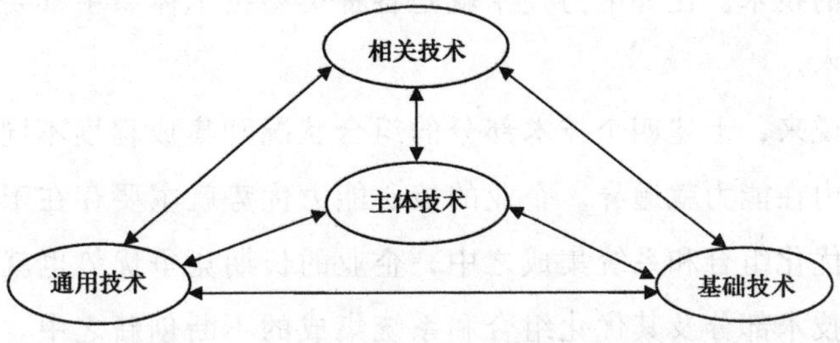

图 7-1 企业技术体系的逻辑结构

基础技术是企业技术体系的最基本的部分，它影响着主体技术的发挥，因而决定着企业生产过程的整体水平和技术产品的性能、精度、寿命等指标的实现。如在计算机生产企业中，机械部件和原材料加工技术就属于基础技术，其水平的高低将影响主体技术的功能表现，最终影响计算机质量乃至环境属性。这就是说，基础技术通过主体技术这一中介间接影响着产品的质量和环境属性。

主体技术是构成企业技术体系的骨干技术，它直接影响和决定着产品的质量和环境属性。一个企业核心技术能力的强弱通常取决于其主体技术水平的高低。在计算机生产企业中，诸如半导体元件和线路板印刷等芯片生产技术，计算机整机集成技术，编码、解码技术等，就属于主体技术，它们是计算机产品质量和环境属性的直接决定因素。

相关技术是与主体技术有机关联，直接支持主体技术过程实现的技术，如果说主体技术是硬核，那么相关技术就是保护带，它就如几何解题过程中的辅助线，促进着几何定理的运用和几何难题的最终解决。在计算机生产企业中，线路板清洗技术，酸洗液排除技术，软件技术（在软件企业中它则是主体技术），计算机网络技术，污染物处理技术①，就属于相关技术，它们是计算机生产主体技术的得力助手。

通用技术是企业技术体系所运用的，和其他类型的企业技术体系具

① Giovanni Azzone, Giuliano Noci. Introducing Effective Environ Metrics to Support Green Product Design [J]. *Engineering Design & Automation*, 1998, 4 (1): 69-81.

有共同性的技术。比如电力技术就是各种类型技术体系中都要用到的通用动力技术。

一般说来，上述四个技术部分的组合状况和集成程度不同，企业技术体系的内在能力就迥异。企业的核心能力优势就主要存在于这四个技术部分的优化组合和系统集成之中，企业的长期竞争优势也就主要取决于这四个技术部分及其优化组合和系统集成的不断创新之中。这四个技术部分中某一部分落后，尤其是主体技术的落后往往导致企业技术体系的落后，最终使企业失去核心能力优势和长期竞争优势；同样，即使拥有了先进技术部分，哪怕是先进的主体技术，但各技术部分之间没有很好的配置，也会导致企业技术体系的落后，也会使企业失去核心能力优势和长期竞争优势。这就要求生态时代的企业不仅要千方百计加快技术单位或环节的生态化、仿生化的步伐，而且要着力于探求和实现各技术单元或环节之间的“生态”配置，使生态化、仿生化的各技术单元或环节占据良好的“生态位”，从而显示优异的整体功能和对自然价值的高度尊重，在自然生态和社会生态中维护和强化其现实性。

二、企业技术体系的维度及柔性特征

将哈耶斯、W. 里特、布恩、斯肯讷（Hayes，Wheel wright，Browne，Skinner，1984）等学者在讨论企业柔性时所提出的企业柔性的维度概念和考斯特、尤普顿（Lori. L. Koste，2000，Upton. D. M.，1994）等人关于企业柔性维度的要素分析框架移植过来①，我们可以进一步考察企业技术体系的柔性配置与生态弹性问题。

在企业技术体系中，四个技术部分可视为四个技术维度，每个技术维度都有维长、维宽、维的变易性、维的均衡性四种特征。这可用图 7－2表示。

① Lori L. Kosta，etc. Trade－offs Among the Elements of Flexibility：A Comparison from the Automotive Industry［J］. *Omega*，2000（28）：693－710.

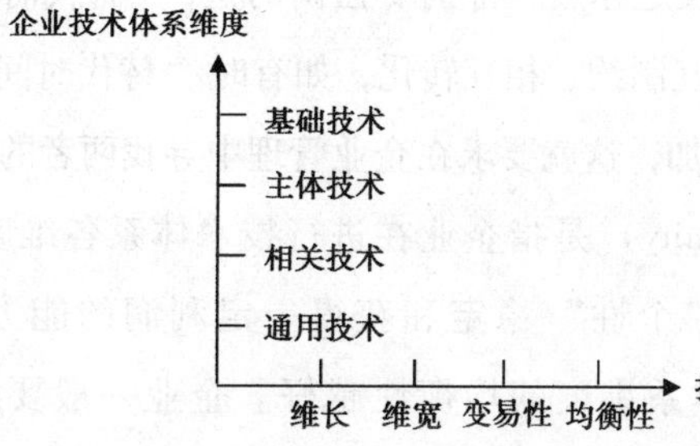

图 7－2　技术维度的特征

维长（range－number）是指企业在其技术体系的某一维度上可以选择的数量，即企业进行技术单位或环节置换和创新的可能性多少。例如，在主体技术维中，企业可以进行置换和创新选择的数量，就是该维的维长。维长越长，企业技术体系的可塑性即柔性就越大。

维宽（range－heterogencity）是指企业在其技术体系的某一维度上可以容忍的差异程度高低。企业技术体系各维度的选择是有条件的，如果这种对维度的选择会降低乃至瓦解整体技术体系的功能，那是不能被企业所接受的，任何企业都不会做出这样的选择。但因各技术维度的维宽越大，企业柔性就越大，所以企业所要努力去做的是，在不影响整体技术体系预期功能的前提下，尽可能地发散思维，使各技术维度拓宽。

维的变易性（range－mobility）是指企业技术体系各维度从一种状态过渡到另一种状态的难易程度，主要反映企业技术体系中不同维度及其维长、维宽诸要素之间可“替代性”（trade－off）的大小，这又可从替代时间和替代成本两个层面去分析。“替代时间”乃诸技术维度及其维长、维宽之间“替代”时间的长短。若替代时间越短，则其易变性越强，企业技术体系的柔性就越大，反之亦然。“替代成本”乃诸技术维度及其维长、维宽之间替代时资金投入的高低。Upton 把它叫做“转移罚金”（transition penalize）①。“转移罚金”越低，则其易变性越强，企业

① Upton D. M. The Management of Manufacturing Flexibility［J］. *California Management Review*, 1994, 36（2）: 72－89.

技术体系的柔性就越大，反之亦然。特别要强调的是，“替代时间”与“替代成本”两者之间往往相互制约、相互转化，如有时“替代时间”缩短可能会造成“替代成本”的增加，这就要求在企业管理中寻找两者的优选点。

维的均衡性（uniformity）是指企业在进行技术体系各维度及其维长、维宽的改变时保持企业“个性”稳定和获得一定利润的能力。“个性”越稳定，表明企业技术体系维度的均衡性越好。企业一般要追求在维护技术体系“个性”相对稳定的前提下的柔性，如果企业在追求柔性时造成其技术体系“个性”的飘忽不定，往往会降低市场占有率或增加企业的变易成本，难以维持更难以提高企业的竞争力。

三、企业技术体系的维变

企业技术体系维变的必要性和可能性必须在企业外部环境、企业内部环境、企业的学习与创新能力中去寻找。迈克尔·波特的“五种力量模型”提示企业人要因应买方、卖方、新进入者、竞争者和替代品等环境因子的变化谋求企业技术体系的维变和柔性配置，而生态危机、市场绿色化、产业生态化对企业的压力，生态技术对企业的长入，又给企业技术体系的生态化、仿生化维变和柔性配置提出了要求，提供了条件。因此，企业技术体系的生态化、仿生化维变及其柔性配置既是生态文明时代企业环境变化所必须，也是这种环境变化所促成。

但“环境分析——不管它如何严密，仅仅是故事的一半，对竞争优势源泉的完整认识还需要加上对企业内部实力和弱点的分析。”[1] 这就是说，企业不仅要由外向内寻求企业技术体系的生态化、仿生化维变，进行柔性配置，而且要考虑由内向外的思路，根据企业现有的资源和设备及其技术适应环境变化的能力，及企业使用新资源、新发明、新方法以适应环境变化的能力，来寻求企业技术体系生态化、仿生化维变和柔性

---

① Jay Barney. Looking Inside for Completive Advantage [J]. *Academy of Management Executive*, 1995, 9 (4): 132 - 158.

配置的切入点和整体方案。而且，要在正确评估和充分考虑企业“干中学”的不断积累的状况，尤其是企业不断学习、开拓创新、系统而持续地整合内外资源以对环境变化和因果模糊性挑战的能力的基础上，决定企业技术体系生态化、仿生化维变及柔性配置的方向、方式和方法，确定企业技术体系各维的替代性、相长性机制，并加以贯彻执行。

企业技术体系生态化、仿生化维变和柔性配置，既使企业技术体系因应与产品更迭相关的尊重自然价值、保护生态环境的具体指标的变化而变化，又使企业因应人们对自然环境有序化、宜人性程度要求的提高而变化，从而显现出生态弹性。

第三节 对企业生态技术体系的实然性评价

要求企业生态技术体系具有生态弹性，实即要求企业生态技术体系对生态和谐作出贡献。从管理的角度看，就必须通过实然性评价标准的制订和实施，控制企业生态技术体系的维变和柔性配置，使之对生态和谐作出更大的贡献。

狭义的生态和谐即人与自然的和谐。实然性评价即符合自然规律的客观评价，其核心内容是评价标准。因此，笔者在这里所要探讨的是企业生态技术体系对人与自然和谐影响的符合自然规律（尤其是生态规律）的客观评价标准，而不涉及人的主观体验的应然性伦理评价和怡然性心理评价。至于具体的评价指标体系和评价程序等则不属于管理哲学层面的内容，因而不在本文论域之内。

一、“自然之先在性”

“自然之先在性”是马克思主义经典作家早就阐明的哲学观点。这种观点认为，自然存在的历史久远于人类，人类源于自然，是自然界长期分化的产物；同时人存在于自然界，对自然界有着天然的无法摆脱的依赖性。对企业生态技术体系进行实然性评价必须以此作为基本的哲学前提。

马克思在《1844年经济学哲学手稿》里明确说："人直接地是自然的存在物。人作为自然存在物，而且作为有生命的自然存在物，一方面具有自然力、生命力，是能动的自然存在物；这些力量作为天赋和才能、作为欲望存在于人身上；另一方面，人作为自然的、肉体的、感性的、对象性的存在物，和动植物一样，是受动的、受制约的和受限制的存在物，也就是说，他的欲望的对象是作为不依赖于他的对象而存在于他之外的。"① 在这里，马克思明确指出人是"能动的自然存在物"，是有天赋、才能和欲望的存在物，这是人作为自然存在物与自然界其他存在物的不同，但是人的理性再深邃，精神意志再坚定，能动作用再伟大，都是第二性的，是"受动的、受制约的和受限制的"，而自然界对人来说具有先在性，是不依赖于人、存在于人之外的"先在"。

一方面，人类作为自然的存在物，必须通过劳动才能实现人与自然之间的物质变换，以满足自己生存繁衍的需要。马克思在《资本论》里就这样说过："劳动是制造使用价值的有目的的活动，是为了人类的需要而对自然物的占有，是人和自然之间的物质变换的一般条件，是人类生活的永恒的自然条件。"② 人的生命、生活须臾离不开自然，马克思甚至形象地把自然比喻为人的"有机身体"（即血肉之躯）之外的"无机身体"，认为"自然界是人为了不致死亡而必须与之处于持续不断地交互作用过程的人的身体。所谓人的肉体生活和精神生活同自然界相联系，不外是说自然界同自身相联系，因为人是自然界的一部分。"③ 对此，恩格斯说得更加直接明了："因此我们每走一步都要记住：我们统治自然

① 马克思：《1844年经济学哲学手稿》，人民出版社1985年版，第124页。
② 《马克思恩格斯选集》第2卷，人民出版社1995年版，第181页。
③ 《马克思恩格斯选集》第1卷，人民出版社1995年版，第45页。

界，决不像征服者统治异族人那样，决不是像站在自然界之外的人似的——相反地，我们连同我们的肉、血和头脑都是属于自然界和存在于自然之中的。”①

另一方面，人要生存，就必须通过劳动与自然之间发生物质代谢，而要保持这种代谢长期持续地正常进行，必要条件应当是人与自然“两个身体”都是健康的。伴随着人的能动力量的不断增长，人的“有机身体”得到了越来越多的关注，其状况也日趋强壮；相比之下，人的“无机身体”却有“日薄西山”之势。问题的关键是，以历史现象来看，“两个身体”的发展似乎存在着无以避免的悖论趋势，即人的“有机身体”的发展与享受似乎必然地要牺牲“无机身体”的完整。这种“悖论”能否得到有效矫正和解决，说到底还得依靠人类理性地认识和发挥自身的能动作用，合理地作用于自然客体。马克思曾说：“劳动首先是人和自然之间的过程，是人以自身的活动来中介、调整和控制人和自然之间的物质变换的过程。”② 日本著名的环境哲学家岩佐茂在他的《环境的思想》一书中，对马克思的这段话，有过这样深刻的阐述：“这种观点论述的不是人对自然的支配，而是对人与自然之间的物质代谢进行‘合理地调节’，‘把它置于他们的共同控制之下’。对此，马克思还提出，要‘在最无愧于和最适合于他们的人类本性的条件下来进行这种物质代谢’。为了能进行‘最适合于他们的人类本性’的‘人和自然之间的物质代谢’，需要把人和自然之间的物质代谢置于“合理地调节”和“共同控制”的基础上。”③ 人作为理性的动物，其能动作用的发挥，不是无限膨胀自我，意图征服自然，而是学会自我控制，学会与自然界的和谐共处，这既是自然的权利，也是人类生存之必需。

企业生态技术体系作为前期劳动的凝结和后续劳动的手段以及企业

① 《马克思恩格斯选集》第4卷，人民出版社1995年版，第383—384页。

② 《马克思恩格斯选集》第2卷，人民出版社1995年版，第177页。

③ ［日］岩佐茂著：《环境的思想》（修订版），韩立新等译，中央编译出版社2006年7月版，第111页。

人与天然生态系统的中介，必须符合“自然之先在性”，能够合理调节和控制人与自然之间的物质代谢，从而对生态和谐作出贡献。

二、评价标准的理性追问

同为地球自然系统的企业技术体系与天然生态系统不可能没有物能的交换、化学的反应，因此企业技术体系的建立、运作与发展必然引起其与天然生态系统的相互作用。

这种相互作用既可以表现为相互“拆台”，降低对方的有序程度，比如企业排放的废料污染空气，空气腐蚀企业设施；也可以表现为相互“补台”，提高对方的有序程度，比如自然资源供给企业，环保产品优化生态。“拆台”也罢，“补台”也罢，对自然来说都是纯客观的过程，无好坏之分，但对人类来讲，则存在一个评价问题，有利弊之别。人类欲求更好地生存与发展，就要设法提高企业技术体系的生态化程度，使企业技术体系与天然生态系统相互“补台”而不是相互“拆台”。相互“补台”实即两者之间的正相互作用。它包括宜人结构的相容共生，物质能量的良性循环和整体过程的最小熵增。

宜人结构即适合于人的生存和发展的结构。不管是企业技术体系还是天然生态系统，都有适合于人的生存和发展的结构，从厂房建筑到生产设施，从洁净河流到臭氧气层，均属此类。宜人结构的相容共生就是要使适合人的生存和发展的企业技术结构形态和天然生态结构形态并行而不相害，共处且能互济。企业在利用自然资源，生产物质产品以及提供相关服务的实践中理应根据自然规律，追求企业技术体系和天然生态系统中宜人结构的相容共生。

要实现宜人结构的相容共生，还得有物质能量的良性循环。企业技术体系与天然生态系统之物质能量的良性循环乃是其宜人结构相容共生的内在根据。

循环，即周而复始的变化；物质能量的良性循环是指企业技术体系和天然生态复合系统在其运行过程中某些物质形态和能量形式的重复出现和周期性变化的最佳状态。老子云："周行而不殆，可以为天下母。"①其意是，不停地循环运行，可算作天下万物的根本。企业技术体系和天然复合系统中物质能量的良性循环。可视为人类最好的生存和发展的基石。

企业技术体系与天然生态系统之间良性循环的标志主要有三个：一是物能利用的高效性。生态和谐理念要求"发展清洁能源和可再生能源，保护土地和水资源，建设科学合理的能源资源利用体系，提高能源资源利用效率。"② 这给企业的发展路径指明了方向。对自然界来说，物能是守恒的，但对人类来说，只能占有和消费有限的物质形态和能量形式。因此必须使企业技术体系与天然生态复合系统的物能充分循环，生成尽可能多的有用物能形式。比如提高煤燃烧的热效率，利用垃圾发电、废渣制砖造肥，利用回收的废纸生产"再生纸"，利用废旧轮胎制成"绿色轮胎"，利用废塑料生产汽油，利用先进的生物污水净化处理技术使污水变为清洁水，创新清洁能源和可再生能源技术使生产过程进一步生态化等等。二是正反过程的平衡性。如地球环境内二氧化碳的吸收与释放过程、固氮与脱氮过程等应该平衡，只有这样，才能阻止相应的环境污染。企业技术体系必须有利于促进这种平衡。三是物质构成的宜人性。即地球环境内的物质构成要适合于人类的生存和发展，比如大气中二氧化碳、水中氮的含量要适当，化学农药等有害物质的滞留要求低，企业技术体系必须对此作出贡献③。

资源生产率的提出为衡量企业技术体系物质能量良性循环的现实操作提供了可能。资源生产率是经济社会发展的价值量（GDP 总量）和资源环境消耗的实物量比值，它衡量的是单位生产和消费对环境产生的影

---

① 《道德经》，第二十五章。

② 胡锦涛：《高举中国特色社会主义伟大旗帜，为夺取全面建设小康社会新胜利而奋斗》，人民出版社 2007 年版，第 24 页。

③ Dennis A. Rondinlli, Gyula Vastay. Global Corporate Environmental Management Practices at Alcoa [J]. *Corporate Environmental Strategy*, 2000, 7 (3): 289 - 342.

响，是一种投入产出比，体现了经济增长与资源环境压力的分离关系，较高的资源生产率是绿色竞争力的表现，也是企业技术体系生态化程度的量度。在国际上，以莱斯特·R. 布朗为代表的学者把过去以“高资源消耗、高污染排放和低经济产出”为特征的经济发展模式统称为 A 模式，主张未来通往可持续发展的道路应该沿用“低耗高出”、低碳高效的 B 模式。相对于以往经济发展的惯性情景 A 模式而言，B 模式显然具有积极的意义，因为一个国家资源生产率提高的关键在于企业的生产状态，一个负责任的企业必须在它的生产中开发和应用生态技术，用较少的资源消耗获得较高的生态化产品的产出。

依照经济学的逻辑，当自然资本日益上升为限制性因素，它作为生产要素的市场价格必然是上升的。而在一个企业内部，资源的无效率或效率低更多地表现为原材料未充分利用而导致的不必要浪费。国际上一些具有远见的企业，往往通过生态技术的开发和应用及生产流程设计和生产工艺的生态化，促使自然资源的生产率比目前提高 5 倍、10 倍甚至百倍，从而使企业从中收益。因为资源生产率的提高，意味着企业在生产量不变的情况下，初始的资本投入减少，成本付出降低，利润率提高。法国政府为了引导企业提高资源生产率，在 1992 年成立了“十倍研究所”。它的目标是十倍地提高资源生产率。他们认为，在政府一定政策的鼓励支持下，企业完全有可能将资源生产率提高十倍，亦即将材料的使用量减少 90%。可见，对企业而言，提高资源生产率是一件双赢的事情，既节约了资源，获得社会认可，还减少了初始购买资源的资本，使企业在竞争中处于优势。

熵本来是热力学中表示系统分子运动混乱程度和系统状态实现可能性大小的一个概念。熵越大的状态，分子运动越混乱，实现的可能性越大。推而广之，所谓熵就是指事物内部诸要素或事物之间混乱而无规则的组合，以及事物运动转化的无规则性，是不能作功的能量。例如，满天乌云，滚滚浓烟，一堆垃圾，一潭污水，散热辐射等等，这些混乱而没有规则的状态或运动都是熵的表现。因此，熵有两层基本的意思：一是指系统结构的无序性；二是指能量形式的无效性（不能再作功）。与此相联系，熵产生及其所引起的熵增加，就是系统结构的无序化和能量形式的无效化。熵产生最小原则，就是要求企业（人）在改造自然创造人工自然的社会实践中，尽可能少地破坏环境结构，并尽可能少地产生无效能量。换言之，就是要企业（人）“落实节能减排工作责任制”①。

企业技术体系的建立、运作和发展是企业人的一种创造，但是，任何创造都是以改变天然生态系统的结构，破坏天然生态系统的原有秩序为其代价的。创造和破坏就具体统一在企业改造自然的同一过程中，技术体系的维变及其生产运作的展开，对企业来说，这是创造；对自然来说，则是破坏。企业技术体系维变及其生产运作过程与结果的有序化与天然环境的无序化是共存相依的；或者说，与企业技术体系相关的熵减与天然生态系统的熵产生及其所引起的熵增加是相伴而生的。企业（人）所要做和所能做的事情是尽可能少地破坏天然自然，尤其是宜人的天然结构，压低企业技术体系和天然自然复合系统中的熵产生。这恰好与前面所讲的“宜人结构的相容共生”殊途同归。

从能量的角度说，企业技术体系总要消耗原材料等有效能量，而且有效能量不可能全部凝聚于产品之中，其中总有一部分要沦为废物和热辐射等形式的无效能量。这就意味着人工系统的熵减与天然系统的熵增并不是等值的，熵增的数值大于熵减的绝对值，低熵的维持是借助不断把高效能量降解为低效能量来实现的。单纯的企业技术体系与天然生态复合系统在总体上的熵产生是必然的。

但这些并不能说明，我们地球的命运注定要像克劳修斯和里夫金等人所宣扬的那样从有序走向无序，直到“热寂”而终②。因为我们的地

① 胡锦涛：《高举中国特色社会主义伟大旗帜，为夺取全面建设小康社会新胜利而奋斗》，人民出版社2007年版，第23页。

② ［美］杰里米·里夫金、特德·霍华德著：《熵：一种新的世界观》，吕明，袁舟译，上海译文出版社1989年版，第10—20页。

球并不是一个孤立系统，而是一个准开放系统，它与宇宙空间有着物质和能量的交换。海洋和陆地植物能够通过光合作用直接利用太阳能，合成有机物，并可清除现已存在的过剩二氧化碳、氮氧化物等废物，这样就使地球体系获得了源源不断的有效能量的补充。同时对过剩二氧化碳和氮氧化物的利用，也使地球本身得到净化。

需要解决的问题是，食物链和人类创造人工系统过程中，尤其是企业运作过程中，所产生的无效能量只能相当于最好小于植物将太阳能转化成的有效能量。为此，企业必须千方百计降低无效能量的产生。这也正是前面所讲的“物质能量的良性循环”。这实质上是要求企业在消耗自然资源的同时必须对自然资本的维护和增值作出贡献，因此企业对自然资本的投资是评价企业技术体系生态化程度不可或缺的方面。

1988 年英国环境经济学教授 D. 皮尔斯（David Pearce）将“自然资本”概念引入了经济学和管理学领域。他认为，如果自然环境被当作一种自然资产存量服务于经济函数，可持续发展政策目标就可能具有可操作性[①]。2000 年在上海大都市生态、环境与可持续发展研讨会上，来自美国落基山研究所的两位专家埃默里·洛文斯和亨特·洛文斯提出了资本的第四种形式——自然资本，让许多中国人开始了解和认识自然资本。

传统意义上的资本一般包括三种，加工资本——基础设施、机器、工具和工厂等；金融资本——现金、投资和货币手段构成，人力资本——劳动和智力、文化和组织等。现在由自然资源、生命系统和生态构成的第四种资本——自然资本对经济、社会、人类有了异乎寻常的意义。自然资本概念的引入要求人们用经济术语与方法来处理自然和经济的关系，与一般的自然环境作为一种原材料和环境服务存量的经济隐喻相比，自然资本的经济隐喻强调了自然的“能动性”和自然环境在经济中的话语权。

工业文明过于追求利润，把传统意义的三种资本换算成资金，成为

---

① 秦大河等：《中国人口资源耗竭与可持续发展》，新华出版社 2002 年版，第 598—605 页。

企业的生产成本，构成任何企业的生命线，但却忽视了任何价值都可归之于它所利用的最大的资本储备——自然资源和生命系统，即“自然资本”。18 世纪资本主义工业化运动开始的时候，世界上的稀缺资源主要是人以及人造资本，不稀缺的是自然资源。因此工业化运动的目的是要以机器替代人，从而大幅度地提高劳动生产率。今天，人和人造资本已不再是稀缺资源，稀缺的对象已然变成自然资源，更确切地说是包括自然资源和生态能力在内的自然资本。当自然资本成为经济发展的内生变量时，持续的经济增长就开始受到自然资本的约束。事实证明，自然与生态不是生产以外的因素，而是“包容、供应和支持整个经济的一个外壳”，由于工业文明的“短视”，导致在过去 30 年中，地球上 1/3 的自然资源已被消耗殆尽，如果不加以扭转，在加速效应下，自然资本的耗竭速度会更快。美国《自然》杂志的一项统计保守地估计，地球生态系统每年提供的服务价值至少为 330000 亿美元，接近于全世界的生产总值。而且绝大多数的服务是无价的；换句话说，没有什么东西可以取代它们，一旦离开了它们，人类将不复存在。

如果资源供给是一个静止的量，无论怎么节约，它也终是与日俱减，趋于终结。所以要保证资源的持续性供应，就必须在提高资源生产率的同时，在相对短的时间内主动投资自然资本，最大限度地提高资源作为限制性要素的生产能力，以加大它的持续性供应量。投资自然资本在很多时候被认为是政府和社会的事情，企业是无关的，只需按市场价格“公平”索取。实践显示，当企业投资自然资本的积极性没有被调动之前，自然资本的维护和持恒变得非常艰难，因为企业是地球上最基本和最普遍的组织，也是与自然资源“生死攸关”的受众体，没有它们的介入，单凭政府有限的投入，显然难以奏效。

而要促使企业积极主动投资自然资本，首先要把投资自然资本作为评价企业生产体系尤其是企业技术体系的指标，促使他们将投资自然资本纳入到企业资本的大循环中去。

宜人结构的相容共生是企业技术体系与天然生态系统“正相互作

用”的外在表现，物质能量的良性循环是“正相互作用”的内在根据，熵产生最小原则则是“正相互作用”之“内”与“外”的统一，三者有机构成企业对生态和谐贡献的客观评价标准体系，由此可以演绎出相应的指标体系（略）。只要企业以熵产生最小原则去规范自己的决策与生产及其行为，企业技术体系与天然生态复合系统就有可能不断地向低碳高效、低熵高序的状态演进，企业自身也就有可能在生态文明时代的洪流中劈波斩浪，成为建设资源节约型、环境友好型社会的主体。

第八章
心理诉求：企业心理资本的培育

心理行为是管理结构中基于个体的基本要素，生态文明时代追求三态和谐价值生态的和谐管理含蕴着实现企业人心态和谐、塑造企业人和谐人格的内在诉求。前述生态和谐人主要是从一般意义上阐述与生态文明时代相契合，与构建社会主义和谐社会相适应的人性目标设计，既为我国新时期的管理提供依据，又体现通过管理提升人性，促进人的全面发展的时代要求。对于企业而言，其管理固然要遵循既依据人性又提升人性的一般原理，同时还要考虑其作为盈利性组织的特质，将企业人和谐人格的塑造与企业心理资本价值的实现有机关联。因此，生态文明时代的企业管理应致力于人格管理和心理资本培育，通过企业人和谐人格的塑造及其向资本形态的转化，提升企业绩效。

第一节　企业人和谐人格结构及其微生态特征

从个体外显层面而言，人格是在生物遗传和后天社会环境的相互作用下形成的独特而稳定的心理行为模式。从广义的生态理念层面理解，人格是一个由各种特性组成的多侧面、多层次的微生态复杂系统，系统内部主要包含动力人格、特性人格和道德人格三大子系统。三大子系统有机关联、交互循环，使人格内外统一，展现出具有整体性和一贯性的个体和谐面貌及其生态特征，形成积极向上的人格发展方向。

一、企业人和谐人格的结构分析

人格系统的三大子系统各自都拥有其核心运行要素及规律性表现，健康、活跃的子系统要素构成了人格系统内部具有相对独立性的人格微生态链条上的有机环节。推而论之，企业人的和谐人格则表现为人格子系统内部要素的协调发展以及子系统之间的良性互动。它在满足个体高层次的心理需求和自我潜能的实现的同时，推动着企业人力资源产生经济效益的心理潜流。

企业人动力人格是其人格微生态结构的有机环节之一，是企业人能否发动和维持相关活动的力量源泉，具体包括企业人活动的需要、动机、兴趣、信念、价值取向诸多要素。动力人格决定了人对现实活动对象的趋向和选择。在动力人格的诸要素中，美国研究者阿特金森（Atkinson）等人认为，需要是主体行为的一种倾向，给予主体一个方向性的推动，而动机则为主体提供行为的能量和方向。主体的行为是在动机的始作下表现出满足一定需要的倾向，需要和动机是引导、激发主体行为的重要向量。企业人的兴趣、信念和价值取向等都是他们的动机的变换形式，反映出个体追求某种理念或认识、从事某些活动的心理倾向。企业人的兴趣表现出企业个体对某种事物或从事某项工作活动的选择性态度以及积极的情绪反应。瑞士心理学家皮亚杰（J. Piaget）指出："兴趣，实质上就是需要的延伸，表现出对象与需要之间的关系，人们之所以对对象发生兴趣，是因为它能满足人们的需要。"① 兴趣能为个体的工作过程提

① 皮亚杰著：《教育科学与儿童心理学》，傅统先译，文化教育出版社1981年版，第161页。

供积极的情绪支持，激发个体的创造潜能。信念具有坚信感，表现为企业个体对某种理论、观点或事业的正义性抱持无疑的态度，并力求实现。信念满足了企业成员自我确认、自我肯定的内在需要，并对个人行为产生持久的动力支持。价值观是动力人格中最为隐蔽的深层次要素，也是影响人格微生态系统发展方向的核心因素。它反映出企业成员在对周围客观事物总体评价基础之上，通过相应的行为方式及对事物的褒贬态度，从而作出一定的利益及行为模式选择的倾向，并成为驱动个体的内部力量。因此，动力人格调动各要素形成的是一个以需要为核心的动机组织系统。以需要为核心的企业人的动力人格色彩凸显在其对目标和各种利益的追求和满足方式上。企业人通过劳动付出追求组织和个体的发展目标以及各种利益需求，他们既可能表现为具有实物形态的物质利益，也可能表现为非实物形态的意识精神领域中的理想、信念或事业志趣。企业满足其成员需求的能力以及不同的管理操作模式，将激发出企业人工作的不同动力强度。企业成员以劳动获得自我和社会的肯定，从而满足其需要，并不断提升需要层次，最终实现在追求个人自我价值与社会价值调和兼顾的基础上，达成个人发展与其需要满足不断循环上升，推动个体动力人格的良性发展。企业成员追求利益必然会触及各种关系，企业人动力人格诸要素和谐发展于主体外部的表现结果是，在遵循经济法则追求利益和效用最大化的过程中，自觉调节各种利益关系，以人类生态利益为最高目标，遵循人类社会可持续发展的生态伦理观，兼顾个人与企业和民族或国家之间的利益分配，倡导并依照公平、正义、共赢的竞争方式和经济行为。企业人动力人格的发展一方面具有推助主体行为的动力性特征，另一方面还呈现出显著的层次性特征，企业人员既追求低层次的温饱和安全保障，又有尊严、地位和价值等高层次的需求；他们既有生存自保的近期自我价值要求，又有建设生态文明的远期价值追求。企业和谐人格的动力特征理应是心理需求层次高，行为驱动动机强，自主活动选择空间大，生态价值取向显著的综合反映。

企业人特性人格是其人格微生态结构的又一有机环节，是企业人能否持续、高效地工作的心理前提，具体包括企业人以认知、情绪情感、意志过程为基础和以气质、性格、能力为个体表征的诸多要素。特性人格的形成与个体生理、心理状况及成长环境相关，但也打有先天特性的烙印。特性人格有生物性、稳定性、独特性等特征，含有遗传特质的生物因素只为特性人格的发展提供潜在可能，在教育、环境、文化等若干社会影响因素的综合作用下，这种特性人格才能转化为现实；特性人格的稳定是一种相对稳定，一般状态下，个体身心组织的静态和动态都以较稳定的状况显现，而自我调节对成人特性人格的改变或塑造起重要作用；特性人格常能通过态度、情感、意志、行为模式等多维渠道表现的整合，形成区别于他人的富有独特色彩的整体面貌。企业成员心理与行为关系的调节状态和调节水平反映了特性人格的和谐适度。在企业成员追求的人与自然、人与社会及人与自身协调发展的“三态”和谐中，企业成员的特性人格是反映主体“心态”是否和谐的核心要素，它显证出主体身心健康发展的程度。美国心理学家奥尔波特认为健康和谐的特性人格主要表现为：活动范围广泛，热情与人交往，具有较强的耐挫力，情绪的安全感和认同感，具有现实知觉性，能客观评判外界事物和自身，拥有较明确的个人发展预期等[①]。“心态”和谐需要以个体生物神经系统健康发展、各类营养元素和能量均衡，内脏功能协调为基础。现代医学研究证明，人体具有自我平衡、自我调节、自我修复等医疗功能，这种功能是人体神经系统等组织器官的本能反应。但是，当人体某些器官遭到破坏时，会引起神经系统高级功能的失调，并伴随产生一系列的精神疾患。个体的生物功能与心理功能的作用是互动的，受损的生物功能会影响心理的健康发展，而不健全的心理同样也会引起异常的躯体生物反应。因此，个体在拥有健康的生物基础之上，再通过适当的行为调控和心理训练，才能保障其身心发展和谐。企业人在追求其身心桴鼓相应发展状态的过程中，会涉及各种“关系”因素，反作用于其身心协调发展

---

① 郑雪：《人格心理学》，暨南大学出版社2007年版，第117页。

的结果。因此，在企业这个经济组织中，个体既要保持自己的“个性”，同时也应尊重他人的性格；既要善于宣泄、平衡自己的情绪情感，同时还应管理调控自己的情绪情感与周围人和物的互动；既要有积极的工作竞争意识，同时也应相互支持合作，善于包容、关爱他人。这样才可能既达成个人发展愿望，又实现企业内成员之间兼容互补、共同发展的目标。

道德人格是个体在社会化进程中显现为人的良知、社会价值和思想品质的稳定的、本质的心理特点的综合，是社会伦理规范内化为个体意识，进而反射至人外在伦理活动中的道德品质、道德境界表现。道德人格具有社会性、规范性和传统性。道德人格是人性内涵的核心，是植根于社会关系和劳动实践的一种社会属性。恩格斯曾指出：“人来源于动物界这一事实已经决定人永远不能完全摆脱兽性，所以问题永远只能在于摆脱得多些或少些，在于兽性或人性的程度上的差异。”① 那么人只有在道德等精神的引导下，才能更高的超越人的自然性，形成人独有的人格。道德人格在社会发展进程中通常以一定社会的伦理规范为尺度，秉承推进社会发展的优良传统，吸收特定社会经济文化环境下的现实要求，使个人的心理和行为方式烙上历史和现实的印迹。道德人格通常是一个社会评价个体素养的核心要素。道德人格的和谐发展是主体的道德判断以及道德情境的行为选择与其内化、认同的道德认知相协调，并伴随积极愉悦情感体验的过程。企业人的道德人格作为其人格微生态结构的有机环节，实质上是企业生态伦理的文化理念在个体身上的投射。人类的生存和发展脱离不了自然与社会的支持和约束，人类社会科技水平的进步以及人类生产劳动能力的提高，使得人在处理其与自然之间关系中占据主动，人类驾驭自然为自身创造了丰富的物质财富，但同时也引发了环境污染、资源枯竭、生态危机，人类掠夺自然、牺牲环境的代价换来的终将是自然对人类无情的惩罚和报复。工业化的发展过程和结果证明，

①《马克思恩格斯选集》第3卷，人民出版社1995年版，第442页。

人类与自然之间不是绝对的主客关系，这种关系有可能会发生置换。因此，企业人的和谐道德人格就蕴含了个体对社会、对自然遵循的一定社会伦理和生态伦理规范，引导个体自觉、自律遵照道德规范，将个人利益融入社会发展之中，形成为人类整体利益服务的人生观念；调整人与自然相处关系的思路，形成人与自然相互依存、相互促进，共同发展的理念，并体现在企业成员的各种行为选择之中。

二、企业人和谐人格的微生态特征

企业人和谐人格结构中的不同环节均有其独到的表现和特征，但这些环节的有机关联终将使其以整体化和一致性的面貌展现于外，彰显出生态特征：统合性、循环性和效能性。个体是企业活动的基本单元，相对于人际、群体、组织和社会而言属于微观层次，因此，企业人和谐人格的生态特征可视为微生态特征。

就像自然生态系统中诸生态因子有机关联成整体一样，主体（包括企业人）心理系统诸要素也可以统合为整体。这种统合性一方面体现在个体内外知、情、意、行的统合，即主体在与社会的互动过程中实现自我认识、自我调控与发展，形成正确的自我意识和积极的情绪体验。企业人在不断的自我知觉、反思和评价以及有效的情绪管理过程中，锻炼克服困难的坚强意志力，养成积极主动工作的行为习惯，从而有效达成自我和谐，提升幸福感。另一方面，这种统合性还体现于个体自身与社会劳动的统合，即个体在积极主动的社会劳动中，充分发挥个体潜能和创造力，获得相应的自我认同和社会认同。企业人有计划、有目的，积极主动的工作过程能不断提升他们的工作能力以及自我胜任工作的坚持力和创造力。

自然生态系统中存在着广泛的循环性，包括碳循环、氧循环、氮循环、磷循环、菌循环等等。和谐人格，包括企业人的和谐人格，也具有类似的循环性，包括特性人格中知、情、意、行的循环增强，动力人格、道德人格中真、善、美的循环互动，以及特性人格、动力人格、道德人格在心理状态上“无、有、潜”的循环转化。

主体（包括企业人）的认知过程、情绪情感过程和意志过程是互为因果、起讫相连的。就认知过程与情绪情感过程而言，人们在认知事物时，对所认知的事物很难漠然处之，总是伴随着或喜或怒、或悲或惊的内心体验。一些影星的演技并不出色，但追星族却对他（她）情有独钟，究其原因，就在于其“酷”或“靓”的形象引起了追星族内心强烈的情绪体验；一块冷冰冰的石头之所以成为地质工作者的关注对象，也是因为其在被认知时使地质工作者染上了情感色彩。荀子曾论及情与知的因果循环关系。一方面，“情然而心为之择谓之虑”，即情要受心之认知调节，情的种种表现都是心之认知参与选择的结果；另一方面，“心忧恐，则口衔刍豢而不知其味，耳听钟鼓而不知其声，目视黼黻而不知其状，轻暖平簟而体不知其安。”① 即消极的情会扰乱知，降低知的效果，这与现代心理学中所说的消极情绪情感过程对认知过程的阻抑作用是一致的。同理，积极的情绪情感过程则具有益智作用，它可以使人的感知集中、追忆积极、想象深化、思维活跃，从而放大认知能力，提高认知效率。

就情绪情感过程与意志过程而言，情绪情感既可以成为意志行动的动力，也可以成为意志行动的阻力。当某种情绪或情感对人的活动起激励或支持作用时，它与意志过程的作用方向一致，就成了意志的动力，而当某种情绪或情感对人的活动起阻碍或削弱作用时，它与意志过程的作用方向相悖，就成了意志的阻力。另一方面，意志能够控制情绪情感，消除逆境时的痛苦和消沉，抑制顺境时的狂热和莽撞，使情绪情感服从于理智。意志坚强者可以克服消极情绪或情感的干扰，将意志行动贯彻到底，意志薄弱者则可能被消极情绪或情感所压倒，使行动半途而废。

就意志过程与认知过程而言，意志过程的发生与展开以认知过程为

① 《荀子·正名》。

前提，不管是动机斗争的取舍、行动目的的确定、行为方式和方法的选择，还是意志行动的决定、对困难的分析和解决，都离不开认知过程的介入和支持；同时，意志过程对认知过程也有很大的影响，没有意志行动，就不会有认知活动，更不可能进行有效的社会实践活动，抑制坚强者可以围绕某一问题持续地进行认知活动，使其效应得以积累，最终摘取硕果。

上述认知过程与情绪情感过程、情绪情感过程与意志过程、意志过程与认知过程的双向联系和交替因果昭示出人的心理过程的复合体特征。在这个复合体中，认知是情绪情感、意志的发生器，情绪情感是认知、意志的驱动器，意志是认知、情绪情感的调控器，三者有必要也有可能耦合成为相互循环增强的和谐整体。

黑格尔说："真和善只有在美中间才能水乳交融。"[①] 的确，真和善只有以达美为最终目的，才能达到有机的循环互动。事实上，真、善、美是内在地统一于人类的实践中的。人在实践的过程中表现出一种合规律性与合目的性的统一即真与善的统一，而合目的性与合规律性的统一便构成了美——像马克思所说的自由创造力量。人类实践活动中所显示出的战胜各种困难的智慧和力量在合规律、合目的的基础上得到确证和肯定的时候，会引起精神上的愉悦，从而产生美感。

在人的认识阶段，真、善、美是人脑对客观存在的质的反映。真是人对客观存在的内容的质的实事求是的反映；善是人对以真为内容、以美为形式的客观存在的同一体和认识主体之间构成的合目的的关系的质的反映；美是人对客观存在的形式的质的伴随着愉悦情感体验的感性反映。因此，在人的实践阶段，求真、臻善、达美便成为被人追求的目标的质，而真善美作为一种积极的动机力量，引导和规范着人们的行为，使人能够在以真为内容、以善为尺度、以美为目标的实践中，在对自身价值的追求和实现中，获取一种满足和愉悦，从而保持内心的宁静与安谧。

---

① ［苏］古留加：《黑格尔小传》，商务印书馆1978年版，第20页。

人的心理状态有三种：无意识、有意识、潜意识。在这三者中，无意识处于心理的最深层，潜意识次之，有意识处于最外层。人的心理状态的和谐乃是此三者在各自和谐的基础上所实现的循环转化。

无意识包括原始冲动和本能以及出生之后的多种欲望，由于这些原始冲动、本能和欲望与现存的社会道德准则不相符合，便被压抑到心理的深处即无意识中去了。作为人自身并没意识到这一点，但由于这些欲望和本能并未被驱逐出大脑，客观上还存在于主体之中，仅仅是被压抑而已，因此，它必定还会在无意识中活动，并寻找突破的契机。按照弗洛伊德的观点，当人的无意识中的欲念压力过大，终必以某种形式爆发出来。爆发的形式有两种：一种形式是精神失常甚至分裂，其连锁反应是人的生理趋于紊乱，身体受到伤害；另一种形式是极度的释放，就是当无意识中的欲念越来越强烈时，人的理智被无意识所吞没，吞没了理智的无意识将采取某种行动以求发泄，这种发泄使人的行为失控，违规犯错甚至伤害他人，危害社会。具有和谐人格的主体（包括企业人）可以运用有意识来规范人的欲望，在不危害他人和社会前提下寻求某种方式，使人的“恶”的欲念得以适时疏解，从而引起人内心的满足的情感体验，进而维持人的心理处于和谐状态。同时我们也看到，无意识当中的欲念并非全部是恶的，虽然它具有违反当时的社会道德的一面，但是，现实社会中的伦理道德观念难免因掺杂有历史的尤其是封建历史的余毒而有失偏颇，需要不断地加以修正，才能真正体现社会历史发展的要求。这就是说，无意识当中的欲念违反当时的社会道德，并不排除它可能契合未来的社会道德——具有超前性的“善”的一面。无论是“善”的还是“恶”的欲望，最理想的解决方式还是：个人既保留人本身的自然天性，又不断地自觉地超越小我以完成大我，从而使人在无意识中呈现出一种自然生发而非矫饰的祥和、宁静、坦荡、泰然的状态，求得无意识中的高度和谐。

与无意识相类似，潜意识也是人自身当下意识不到的状态，可以不受理性束缚，超越时空限制，无视任何规范，在心灵深处悄然活动，自由自在，或进行信息的随机分合，或上演设计创意的春秋战国等等。所不同的是，潜意识可以与有意识直接对话，使有关信息相互转化，表现为有关内容的一体两态。人在有意识状态接收、加工过的大量信息，不可能都留存在有意识里，也不会全被丢到爪哇国去，其中相当一部分经过注意的作用而被保存在潜意识之中；当人在回忆或再认，或分析问题、解决问题需要时，它们又会被有意识直接或间接地提取和运用。在这里，潜意识实质上是作为一个记忆库，妥善保存着有意识无数次传递给它的事实和经验，以备有意识需要时使用。另一方面，潜意识还与无意识直接交往，贮藏着人类自然本能的烙印，不断地接受来自无意识的刺激，蓄势待发。于是，潜意识就成为无意识与有意识之间的中介和纽带，它一方面将无意识的“意见”和“要求”传递给意识层，另一方面又将意识层的“回答”和“建议”反馈给无意识层，表现出巨大的传送和接受能力。诚然，潜意识中的信息向意识层的传递与转化往往需要特定的情境作为条件，这已被现实生活所确证。人的一生所接触到的事物、事件，所接受、加工的信息可谓汗牛充栋，其中许多似乎已经遗忘，在大脑里了无痕迹。其实不然，这些事物、事件的信息仍旧被储存在潜意识之中，只是在通常情况下，人们因缺乏情境的刺激意识不到而已。这就类似我们的家庭生活，有些东西不经常使用，被我们压在箱底，或打包存放，若非情境提示或特殊需要，是不会想到翻箱倒柜，取之一用的。

潜意识不仅是一个信息的记忆库，而且是一个能量的贮藏室，通过它，个体得以充实，得以恢复力量、勇气及信念。这种能量一方面来自无意识的本能和欲望，其对人的行为可以起到发动与维持的作用，但这种作用往往是不定向的，而且极有可能成为非理性的冲动行为的祸根；另一方面来自有意识的动机（广义），包括人的需要、兴趣、理想、信念、世界观，当人的动机通过有意识的强化并纳入潜意识后，他就会自动化地对人的行为过程起到定向、发动与维持的作用，为人的行为提供动力，而且高层次的需要、兴趣，高尚的理想、信念，正确的世界观，往往能整合无意识本能与欲望的能量，共同驱使人的行为不偏离价值合理性的轨道。

美国知名学者奥图（H. A. Otto）博士认为：人脑好像一个沉睡的巨人，我们只开发使用了其中不到1%的潜力。一个正常的大脑记忆容量相当于6亿本书的知识总量，几乎是一部大型电脑储存量的120万倍。人们如能发挥出其大脑的一小半潜能，就可以轻易学会40种语言，记忆整套百科全书，获12个博士学位。人脑潜力主要通过潜意识得以展开，就此而言开发人的大脑主要就是激发人的潜意识。因此，如何使潜意识不断接受无意识的刺激和有意识的信息，并使这些信息有机关联、有效组合、触类旁通、自主增长，就成为人们永恒的研究主题。在这方面，迄今为止的研究成果与其他学科相比可谓寥寥无几，但基本的研究思路还是明确的，这就是必须在与有意识、无意识的循环转化中来挖掘潜意识的宝藏。弗洛伊德在《精神分析引论》中对此曾形象地提出了这样的运作模式，即："无意识的系统好比一个大的前庭，其中各种精神冲动彼此摩肩擦肘，拥挤在一起。从这个前庭通向另一个较小的房间，类似一个会客室，意识就居住于此。但在门槛上站着一个看守人，他检查每个精神冲动，不得到他的许可，他们不能进入会客室。……然而那些已被看守人准许跨过门槛的冲动也并非必然会变成有意识的，因为，这只有当他们已经成功地吸引意识顾盼它们一眼时才会发生。因此，我们就顺理成章地把第二个房间称为前意识系统。"① 在这里，前意识即我们所说的"潜意识"。弗洛伊德把无意识、潜意识和有意识看成一套一室一厅的房子，无意识是"厅"，有意识是"室"，潜意识是"室"与"厅"中间的通道——不断地监视着"厅"内的活动并传达"室"的要求。它们各自完成自己的职责，但毕竟同属一套房，是一个整体，因此，只有三者相互配合，才能更好地发挥作用。在这里特别要强调的是，潜意识巨大潜能的释放和作用的发挥有赖于有意识的调控。人的大部分活动，都是在"有意识"的层面上进行的。在这个层面上，人可以很好地控制

① 弗洛伊德著：《精神分析引论》，彭舜译，陕西人民出版社2001年版，第301页。

自身的行为。当你在职业发展的道路上迷惑得找不到北时，你可以通过有意识地控制自己的失望甚至绝望的情绪，运用坚强的意志找到突破口，拨开云雾见彩霞；当你事业上取得巨大成功而得意得找不到北时，有意识会提醒你控制一下自己的行为，避免出现由巅峰滑入低谷的失重状态；当你被欲望驱使、因欲望的满足而“快乐”得找不到北时，有意识会警示你不顾法律、道德的制约的恶果，避免留下损人利己的骂名。实践是人类的生存方式，人类正是在不断地认识世界和改造世界的实践活动中得以维持和延续生命的，而实践又是在与有意识的互动中进行的，一方面实践作为认识的来源、起点和检验标准塑造着有意识，另一方面人的认识又通过有意识指导着实践。因此，主体（包括企业人）可以运用基于实践的有意识对潜意识进行引导，使其服从合理的社会规范，充分地释放能量、适时地外显信息，从而有效地推进实践活动，同时不断地将在实践活动中获取的信息有效输入、存储到潜意识之中，形成“实践——有意识——潜意识”的高效循环转化。

通过上面的分析，我们不难看出：由动力人格、特性人格、道德人格构成的人格系统的和谐，在实践活动中显现为正确动机取向驱使的以和谐的心理状态去完成整体协调的心理过程的独特行为。主体（包括企业人）的和谐人格是含蕴着心理过程、动机取向、心理状态等三个重要维度九个基本要素的微生态和谐，如图 8－1 所示。

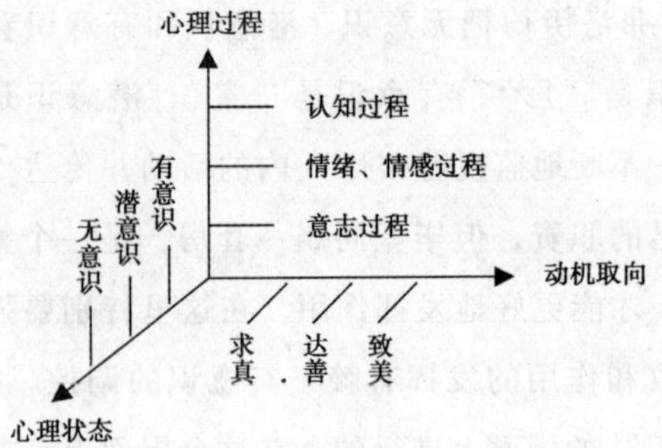

图 8－1　主体和谐人格三维结构

这三个维度九个基本要素的随机组合，即呈现出多样的三维结构类型。从理论上讲，应有27种结构类型（3×3×3）：“有意识（或潜意识或无意识）——认知过程（或情绪情感过程或意志过程）——求真（或达善或致美）”。这些结构类型在某个人身上不一定都存在，而只是其中的若干种得到体现。究竟有哪些结构类型存在并发挥作用，取决于这个人所处的环境和自身的修养以及环境与他的交互作用。进而言之，在某个人身上存在着和起作用的心理结构类型，其地位也是不同的，其中必有某种结构类型占主导地位，并且随着时间的推移、工作的进展，占主导地位的心理结构类型也会更迭变化。拿企业研究人员来说，其研究最初可能是无意识的，只是由于对某种现象比较好奇，想一探究竟而已；在进一步的研究探索中，发现了问题的重要性，就会有意识地进行试验、思考，不懈求索，格物致知；研究过程中注意力的高度集中则又进一步使其进入忘我的潜意识境界，与物同体，与造化同游，领悟事物的真谛。这就经历了一个由“无意识——认知过程——求真”到“有意识——认知过程和意志过程——求真”再到“潜意识——认知过程——求真”的转化递进。

自然生态系统藉其统合性和循环性展示出蓬勃的生机、旺盛的活力、绵延的生命，显现出高度的效能性。企业人的和谐人格，也藉其统合性和循环性展示其旺盛的工作活力，显现其高度的工作效能。

企业人和谐人格系统诸要素的有机统合和循环运动，能使主体在实践活动中对自身所从事的工作或承担的任务彰显良好的效能，并因此而抱有乐观的判断和较强的自信。这种自信又进一步激发主体追求更高的目标以及工作的创造性，增强主体的工作效能感，提升主体的工作业绩。生态文明时代的企业人基本跨越了低层次的缺失性需要，更多追求的是社会尊重和自我实现等生长性需要。需求层次越高，需求产生的内外驱动力就越强，企业人在工作中的积极性、主动性和创造性也越高，相应形成的工作效能、工作绩效也就越显著。因此，企业人和谐人格的塑造及其在实践中的效能展现对个人、企业和社会都有重要意义。个人和企业拥有明确的发展愿景能调动企业员工克服困难、完善自我的积极性，并敦促主体不断在思考中反省，在反省中调整，从而以客观的态度评价自己和他人的社会关系以及工作状况，并表现出利于自身及公众利益协调发展的行为方向，这种动力性的人格表现倾向是企业人人格向符合生态文明时代要求的和谐人格方向发展的必要前提；主体主动调节和控制情绪，经常保持愉快、开朗的心境，适当宣泄消极情绪，诚恳与人交往，乐于融入群体等特性人格表征是调节人格系统各种发展矛盾的“润滑剂”；企业人积极的人生态度和人生理想将拓宽他的道德视域，从维护个人私利转向兼顾维护能为公众带来共同利益，并且在工作、生活中自觉规范个人行为，形成良好的品性修养，这种道德知行是企业人和谐人格发展契合生态文明时代需求的基本保障。

第二节　企业人和谐人格向心理资本的转化

心理资本是继舒尔茨提出人力资本之后面世的又一重要思想。按照舒尔茨的观点，人力资源是一定时期内组织中的人所拥有的能够被企业所用，且对价值创造起贡献作用的教育、能力、技能、经验、体力等的总称。当企业劳动者将自己的脑力和体力投入到生产过程之中参与价值创造，并且因而获取相应的劳动报酬和经济利益，那么这种人力资源就成为企业一种重要的资本类型，即人力资本。企业人的知识和智力是当代企业最为关注的人力资本内容。为适应时代发展以及市场竞争的需求，人们应当探索事实上一直在探索能够有效转化成为支持企业发展的包括人力资本在内的多元资本类型。当人们以更为开阔的视域探究影响企业发展的企业人的内外特征时，发现其心理因素及其个性特征在其工作绩效中起着不可忽略的制约或推动作用，作为更多展现心理发展优势和行为模式趋善的企业人和谐人格可以拉升工作绩效，提高企业效益，增殖企业价值。这就是说，企业人的和谐人格可以转化成企业的心理资本。

一、心理资本及其组成成分

第二次世界大战之后的50多年时间里，虽然心理学家承担着治疗精神疾病、帮助健康的人变得更幸福、挖掘人的潜能三项重要使命，但大量的社会资源被分配用在伤害控制和心理缺陷修正机制上，而对人优势发挥的研究关注较少，即忽略了“心理能力是具有开发价值的资源”的理念和实践操作①。2004年，前美国管理学会主席路桑斯（Luthans F.）等人以积极心理学和积极组织行为学的观点为思考框架，提出了以强调人的积极心理力量为核心的“心理资本（psychological capital）”概念，认为心理资本是“个体在成长和发展过程中表现出来的积极心理状态”②。这种将主体的内隐心理优势与企业发展依赖的资产价值链有机衔接的理念，充分诠释了未来经济利益观的资产内涵，即资产价值的判断取决于资源本身是否蕴含未来经济利益，而非取决于是否因其而支付了代价。心理资本是能够投入企业生产经营活动之中，为企业带来价值且体现企业投资活动的积淀或累积结果的一种无形资产。心理资本同样应当具备增值性、竞争性、运动性、相对独立性以及开放性等资本化特征。心理资本与企业的人力资本、社会资本以及有形资本、金融资本等共同成为推动企业成功发展的要素。心理资本的提出进一步深化了人力资本和社会资本的相关研究，心理资本的部分内含要素表现为人力资本和社会资本的元认知构念③，而且心理资本从内在心理价值向外在知行价值转

---

① Seligman, M. E. P., & Csikszentmihalyi, M. Positive psychology [J]. *American Psychologist*, 2000, 55: 5-14.

② Luthans F& Youssef, C. M. (2004). Human, social, and now positive psychological capital management: Investing in people for competitive advantage [J]. *Organizational Dynamics*, 33, 143-160.

③ Luthans, F., Luthans, K., & Luthans, B. Positive psychological capital: Going beyond human and social capital. [J]. *Business Horizons*, 2004, 47 (1): 45-50.

化的结果可以体现在人力资本和社会资本的发展成效上。但是，心理资本的研究视角不同于人力资本和社会资本，人力资本关注“你知道什么”，强调个体应当具备的知识和技能，社会资本关注“你认识谁”，强调个体的关系网络和人脉，而心理资本则致力于挖掘人力资本和社会资本研究内容的主体特性，以发展性视阈关注“你是什么样的人或你将成为什么样的人”。心理资本的经济效益能充分显现在企业个体的工作绩效上。企业人通过积极的思维以及具体操作活动，与外在辅助系统相互作用，促成资金向知识转化和知识向效益与利润转化的过程，实质上就涵盖了其心理资本的内隐价值转化为外显价值的过程，反映出将其心理发展优势撰写在企业产品和企业生产业绩上的效果。

西方研究者关于心理资本的特征解读存在不同观点。以汉申（Hosen. R）等人为代表的研究者认为，心理资本是个体通过学习等途径获得的一种具有耐久性和相对稳定性的心理内在基础构架①，等同于个体的人格特质；以路桑斯等人为代表的研究者认为心理资本是那些有助于预测个体高绩效工作和快乐工作指数的积极心理状态的综合②，这种强调心理资本状态性特征的观念在当前西方心理资本的研究领域中占主流地位。这两种观点分别强化了主体心理面貌的状态和特质两个极端，却剥离了心理状态与心理特质之间不可分割的关联性。强调心理资本就是人格特质的观念显然承袭了传统心理学的研究思路，而强调心理资本是各种积极心理状态的观念则投射出后现代心理学的研究倾向。比较而言，心理状态具有即时性和灵活性，而心理特质具有稳定性。心理特质一般会使个体在不同情境下表现出具有共性的反应，使行为具有跨情境性和持久性。心理学研究观点认为特质与遗传密切相关，可塑性不强，而且

---

① Hosen, R, Solovey - Hosen, D, and Stern, L. Education and capital development: Capital as durable personal, social, economic and political influences on the happiness of individuals [J]. *Educati on*, 2003, 123 (3): 496 - 513.

② Avolio, B. J., Gardner, W. L., Walumbwa, F. O., Luthans, F., & May, D. R. Unlocking the mask: A look at the process by which authentic leaders impact follower attitudes and behaviors [J]. *Leadership Quarterly*, 2004, 15: 801 - 823.

后天可能塑造、教育并改变人的主要过程在个体成人以前，所以，单纯将人格特质界定为心理资本要素凸显了心理资本的不变性，这与研究心理资本的价值前提——心理资本具有延展性、可开发性并能被有效管理相偏离，弱化了企业运用学习、培训或其他方式改变员工的可能性。人的各种心理状态与人复杂的心理活动和行为反应同在一个系统内，人的心理状态不是完全独立的。某种情景的心理状态是由当前事物引起的认知判断与个体过去形成的个性心理以及从前的心理状态相结合的产物。心理状态是心理特质的反映，通过归纳多次行为模式和心理状态的反应可以辨析出人的心理特质。特质是人心理状态的积淀。心理特质是心理状态的基础，改变或控制人的心理状态根源还在于干预和塑造心理特质，因此，如果单纯强调心理资本就是某些积极心理状态，心理资本的开发和管理就可能犹如无根之草难以操控。人的各项心理活动都不会单独存在，人的心理活动过程和个性心理特征相互联系、相互作用，并且相互验证。通过比较和分析，说明全面理解和运用心理资本应把握其状态性维度和特质性维度两个向标，突出心理状态和心理特质的统一性。

心理资本构成要素的选择同样也应综合反映状态与特质不同向量的尺度指标。路桑斯等研究者从理论基础、导向的积极性、可测量性以及产生行为绩效等角度进行衡量、筛选、论证概括出效能、乐观、韧性和希望四要素是最具典型性的状态类心理资本要素。同样运用路桑斯等研究者的衡量尺度，兼顾心理特质与以上四种心理状态的相关性，并突出行为决定企业绩效的特征，可以甄选出显现心理资本效益的关键特质型要素包括认知、情感、动机和价值观等。认知心理的核心优势是较高的智力水平、流畅变通和灵活的思维能力；以主观幸福感和沉浸体验为标志的积极情绪是能够产生内部自主激励效应的心理资本要素，这种激励甚至可以将主体意识层对目标的持续追求深入转化为潜意识层无我的目标追求状态；动机和价值信念都是需要的表现形式，反映了人进行活动的基本动力，决定了人对现实的态度以及对认识活动的对象的趋向和选择，它们是支撑企业心理资本收益的社会伦理构架的内隐要素。综合以上的概念研究和要素选择分析我们可以将个体心理资本界定为是在先天因素和后天因素综合影响下形成的能够提升工作绩效的可测量、可开发的一种心理品质，具体包括具有稳定性特征的心理特质（认知、情感、动机、价值观等）和具有灵活性特征的心理状态（效能感、乐观归因、坚韧性、希望等）。心理资本构成的核心要素的主要表现为：

（一）自我效能

自我效能是个体对自己在特定的情境里能够激发动机，调动认知资源以及采取必要的行动来成功完成某项特定工作的信心。美国心理学家班杜拉将自我效能的表现分为两种，即结果预期和效能预期。结果预期是个体对自己某种行为可能导致的结果的预测；效能预期是个体对自己实施某种行为的能力的主观判断。积极的自我效能将产生主动、进取的工作态度。

（二）工作韧性

工作韧性是当个体承受具有挑战性的或消极事件的压力达到其能力临界值之外时，个体仍旧能从逆境、冲突和失败中，或者是从积极事件以及与日俱增的责任中快速恢复的能力和超越平凡的意志力。一定的工作韧性是现代企业为适应市场激烈竞争环境而对其员工提出的基本要求。企业员工拥有扭转逆境的韧性才可能有百折不挠持续创新的精神。

（三）乐观归因

乐观归因是一种将积极事件归因于自身的、持久的和普遍性的原因，而将消极事件归因于外部的、暂时性的及与情境有关的原因的倾向。这种倾向不是不切实际的自我膨胀，而是积累积极的权变计划和未雨绸缪经验的需求①。乐观归因者类似于美国心理学家罗特提出的控制点理论中的内控者，他们乐观的相信自己能发挥作用，即使面对失败也不怀疑未来会有所改善，面对困难情境而能加大工作投入。这是一种符合社会期待的态度与行为。

① ［美］路桑斯等著：《心理资本》，李超平译，中国轻工业出版社2008年版，第87页。

（四）个人愿景

个体对未来发展和成就所持有的意象，持之以恒的坚持追求目标，并能根据现状不断调整实现目标的方式和途径。个人愿景的力量源自于一个人对目标的深切关注。在企业组织中，个人愿景是促动个体积极工作的重要源泉，但对整个企业而言，个人愿景之间协谐、默契，彼此真诚分享，才能汇集成为企业整体愿景，激发出企业员工积极持续的工作热情。

（五）认知优势

认知是人脑对作用于人的感官的外界事物进行信息加工的过程，其实质是获得知识和应用知识的过程。企业人员通过学习和培训，不断的积累认知成果，以掌握系统广博及精深的专业知识和具备较强的思维加工和问题解决的能力体现出一定的认知优势。

（六）情绪智力

企业人员在识别和加工认知是人脑对作用于人的感官的外界事物进行信息加工的过程，其实质是获得知识和应用知识的过程。自己与他人的有关情绪状态的信息过程中，具有体验和管理有效的、新颖的和真实的情感经验的能力，能更充分利用积极情绪信息，更多体验到主观幸福。

（七）特质型动机

特质型动机表现为追求一系列特定目标的稳定倾向，包括合群动机（对卷入温暖、亲密的人际关系的偏好）、成就动机（对努力工作以达到最高标准的一种偏好）、权力动机（希望通过获得高的社会地位而对他人施加影响的偏好）、利他性（对增进他人福祉的偏好）等。

（八）价值观念

企业成员的价值观念代表了其对生活和工作的总体认识和理想追求，一方面反映出企业成员对自身以及组织发展方向和利益选择的追求、取舍、持有和可靠落实，另一方面表现为以组织整体利益为先的价值评判准则。

不难看出，路桑斯等研究者所强调的构成心理资本的核心要素衔接了前述构成企业人和谐人格的相应要素，体现了心理学研究和发展的延续性。

二、企业人和谐人格向心理资本转化的可能性

企业人和谐人格的各种心理资源优势以积极的认知、情感和行为模式外显于主体，并进一步通过主体的能动的工作实践活动将心理优势反映在其工作的经济效益中，这种心理与绩效联结的过程即显现为企业人和谐人格向心理资本的转化。它因得到积极心理学、神经系统科学、资本价值论的理论支持而具有合理性和潜在可能性，因企业人和谐人格个体特征的稳定性和可测性及其积极的行为结果和工作绩效而具有现实可行性。

（一）转化发展的理论支持

企业人和谐人格的研究主题当属积极心理学和积极组织行为学的研究范畴，这是和谐人格转化成为心理资本的基本前提。积极心理学倡导研究的主观幸福、希望乐观、积极自我和积极关系以及积极情绪和创造力等理念，推动企业转移了对员工心理关注的焦点方向，即企业更加关注员工的成就和积极力量而不是缺点和无助，更加关注员工的健康和活力而不是病态。针对和谐人格追求自我内外和睦发展以提升工作绩效的研究目标，昭示了和谐人格心理要素向心理资本转化的方向。积极心理学以帮助人们获得幸福和主观幸福感为目标，倾力于人的积极力量、善端和美德之研究，通过激发个体自身所固有的某些实际的或潜在的积极品质和积极力量，从而实现人生幸福的理想。围绕企业人和谐人格微生态系统所包括的动力人格、特性人格以及道德人格三个子系统的研究主题，如归属和尊重需要、创造性潜能、宽容、勇气、责任感、利他主义等，也同样都是积极心理学关注的课题。组织行为学是研究组织中人的心理和行为表现及其规律，提高管理人员的预测、引导和控制人行为的能力，以实现组织目标的一门学科。现代企业发展对先进科技的依赖程

度越来越高，掌握科技知识转化为经济效益主动权的员工就成为企业最重要的资源。研究如何最充分的开发企业人力资源是组织行为学研究者的重要任务。立足于企业现实境况和需求，组织理论研究转变过去过于专注员工倦怠、逃避、消极等行为表现及成因的研究方向，研究重心从如何控制消极因素移至如何引导、开发员工的积极行为和创造力，这种显著的演化趋势逐渐确立形成了当今积极组织行为学致力于主体积极面发展的研究主流。积极心理学和积极组织行为学的研究指向以及成果为研究和谐人格微生态系统发挥企业经济效益价值奠定了前期理论研究基础。

神经系统科学发展的丰富成果为支持论证企业人和谐人格的差异性、可控性以及一定方向的引导性提供了相应的生物依据。神经系统科学是对脑和神经系统进行深入探索的前沿学科，神经系统科学研究的细胞结构、基因作用以及脑内功能活动等丰富内容，不仅能使人们更深入、更细微地探测到影响人类心理活动的生物因素，而且还使运用内外手段干预个体心理活动的方向成为可能。由于正电子发射断层扫描（PET）等无创性成像技术能很好地描述出经过各种实践训练后个体大脑变化的形态，神经系统科学认为运用神经反馈脑电图描记器发挥的巨大作用，可以指导提高个体的各种积极心理状态，从而进一步影响个体的外部行为。企业人主体身上表现出来的和谐人格微生态结构中各种要素的差异可以通过 PET 观测到，同时还能发现这种差异的优势生物器官定位，通过电位刺激或功能针对化的实践活动训练就能促进形成某种心理优势或者避免某种心理劣势，进而培训、引导企业成员增加利于创新和提高绩效的积极行为模式。

资本价值论是阐证企业人和谐人格创造经济效益的立论根基。企业员工的智慧、技能、心理素质优势等都是企业的无形资产，但并不是所有的无形资产都能够成为企业资本。只有将这些无形资产通过实际投入市场经营与资本循环过程，形成增值效应后才能将其转换成资本。企业人和谐人格表现出来的积极动机、价值信念以及合作利他等心理不同于能进入现行会计核算指标体系的有形资本，但以一种广义的无形资本取义，和谐人格发挥出的动力作用投射在个体工作过程之中，提高了个体工作绩效及其工作创造力，显现出一定的经济效益，和谐人格通过这种间接作用即转换生成了一种直接的资产形态。企业通过多种渠道培养员工优良的和谐人格，实质上也是一种资本经营，借助这种经营可以强化和谐人格转换为资本的未来增值能力，促进企业实现良性的可持续经济收益。

（二）个体和谐人格特征的相对稳定

心理资本包含的因素类别中既有反映状态类的显性心理资本，还有反映特质类的隐性心理资本。相对而言，状态类显性心理资本具有显著的情境可调控性，而特质类心理资本则表现出一定的稳定性和持续塑造性。企业人和谐人格作为各种心理特性的总和，呈现为一个相对稳定的各种心理特性的微生态结构，在不同的时间和空间，它都影响着一个人的思想、情感和行为，使他具有区别于他人的、独特的心理品质。企业人和谐人格的三个子系统尽管各自具有不同侧面的表现，但在同一个主体身上反映出来的通常是具有统合性的连贯、稳定的特征。企业员工在充分认知个体与自然和谐相处的重要意义，并饱含尊重自然、敬畏生命的内在情感基础之上，选择个人价值追求的方向和方式上都将表现出生态文明时代主导的生态文化思想特征，兼顾个人利益与组织利益，向往人类社会与大自然协调发展、共生共赢；以责任为核心的员工道德人格更加关注自身行为对自己和他人的意义，从而促使个体自觉调节行为使之符合社会伦理观念，并在工作生活中表现出一贯的亲和、互助、利他、勇敢、坚毅等品性，以上诸种内外表现和特征最终整合展现在员工主体身上，人们能够看到的将是朝气蓬勃、富有创造力的积极向上的企业员工，他们将为企业创造更高的经济效益，同时展现出良好的社会形象。企业人和谐人格的特征吻合心理资本特质类要素的基本尺度，相对稳定的个体特征使企业能够将其作为投资活动的沉淀或者累计结果，以存量加以核算，客观评估和谐人格的经济价值。

（三）个体和谐人格特征可以测量

和谐人格作为人格的一种优化表现形式是可测量的。在人格心理学的研究中，人格测量数据是评价和预测个体行为的重要依据。运用科学的测量方法可得出和谐人格的描述性特征和数据指标，测量结果也可用于对比和谐人格干预前后的表现差异，为评估和谐人格干预措施提供依据。用数据或描述性语言表述和谐人格满足了资本选择以及资本评估量化的基本要求。常用的和谐人格测量方法包括：自陈量表、投射测量、评定测量、情境测验等方法。自陈量表测量是最常用的人格测量方法，是个体提供关于自己人格特征的报告。西方心理学研究者已开发出具有较高信度和效度的国际通用标准化心理测量表，如卡特尔的16PF、艾森克人格量表、明尼苏达人格量表等，在我国应用面较广的量表有由钱怡铭等人修订的艾森克人格问卷简式问卷中国量表等。这些量表可以直接用于企业员工的人格测量，也可修订后用于测量员工的和谐人格表现。自陈量表通常能够同时测量个体多侧面特质。投射测量通过向被测人呈现未经组织的刺激对象，让其在不受约束的背景下，自由表达他的反应，分析反应结果后推断出个体人格特征。投射测量的前提是认同个人的部分人格结构是处于潜意识之中的，不明确的刺激情境可以刺激个体反映出隐藏在潜意识中的需要、动机等内容。具体可操作的投射测量有联想法，如罗夏克墨迹测验；构造法，如主题统觉测验；表露法，如人像绘画测验等。评定测量（又称观察测量）是指，对被测人经过一定时期的观察后，而后给予其行为的评定。评定测量可以分为用数字表示行为倾向程度的数字评定、用文字表示行为特征的描述性评定以及用最恰当的形容词匹配方式评定个体特征的测量等多种形式。情境测验是通过观察、研究个体在特定情境下的反应，从而判断其人格类型及特征的过程。情境测验是一种能够比较真实的反映个体在没有社会监督的环境下内心想法的测量方式，比较常见于测量个体是否具有诚实、利他主义品格以及一定压力作用下的真实反应等内容。和谐人格不同层次的表现特征可以运用不同测量方式获得的数据加以说明，整合各种数据结果，从而概括出和谐人格的综合特征。

（四）积极的行为结果和工作绩效

企业人和谐人格的心理行为模式与其主体的认知水平、需求层次、动机强度、生态价值观念以及主体的情绪情感和道德方向选择是一致的。当主体心理内化并认同了尊重自然生命、优先组织整体利益、社会责任为先、公平竞争、积极合作等和谐发展发展观念，并外化为相应的行为方式时，主体表现出的将是积极、乐观、富有坚持力和创造力的学习、工作面貌，这种积极努力不懈怠的坚韧性以及精神状态不仅使主体表现出积极的行为方式，同时也推动个体产生良好的工作业绩。突出的工作绩效所创造出的经济效益反映出和谐人格转化成为心理资本，从而间接实现投资增值的结果。

三、企业人和谐人格向心理资本转化的必要性

企业人和谐人格转化成为心理资本，具备了理论上、特征要求上、数据评估以及工作绩效等方面的基本条件，使其转化具有可能性。从现实意义而言，企业人和谐人格转化成为心理资本具有其必要性。

（一）丰富企业可利用资本类型

企业要想获得现代市场竞争的优势，单纯依靠机器设备、金融资产、技术专利信息等传统资源的支持已经很难实现。人才被企业公认为最重要的资源，也是为企业提供可持续竞争优势的源泉。但在企业之间激烈进行的人才储备、人才引进以及人才培养的竞争中，企业不仅需要获得各类人才及其丰硕的工作成果，而且需要应对伴随内外竞争压力以及环境等因素的影响而出现在员工群体中的一些负面现象，如消极情绪、职业倦怠、心理枯竭等。运用物质性激励和一般性精神性鼓励并不能从根本上解决这些问题。企业员工一系列心理负面表现信息的出现，阻碍了主体发挥智慧技能资源优势，影响到企业将人力资源转化成为企业效益资本的进程和结果，也制约了企业获取远程竞争优势的步伐。企业采取

“灭火式”的心理矫正或疏导使企业总是处于一种被动应付的局面，难于掌握主动权。企业通过心理培养和训练，塑造员工和谐人格，并促其有效转化成为产生经济效益的心理资本，能够使企业有效预防由员工负面心理状态导致的不良行为结果，也使企业具有主动的操控权。当代企业的发展依靠单一的资本类型很难在市场中立足，企业的物质资本、人力资本，知识资本都是企业逐渐重视发展的资本类型，心理资本进一步丰富了企业可利用资本的类型。企业在培训、教育等方面开发企业人和谐人格积极心理资源的投入通常不会立竿见影，但企业在承担较长时间和周期的成本增加过程后，企业人和谐人格转化成为心理资本的累计效应最终能使企业获取竞争优势和利益。

（二）驱动企业社会资本和人力资本发挥效用

人力资本、社会资本以及有形资本、金融资本等是共同推动企业成功发展的要素。心理资本是对人力资本和社会资本这两种典型的无形资本的溯源性探讨。和谐人格转化成为心理资本的过程与人力资本以及社会资本的现状和水平有着密切的联系。和谐人格的积极心理因素的影响力渗透在人力资本和社会资本发展和变化模式的过程之中，积极心理状态和心理特质能有效影响个体积累社会资本和人力资本过程中的选择模式、认知方向以及行为结果。

和谐人格转化成为心理资本能够拓展个体常规的思维和行为模式，增加个体人脉网络系统的结点和覆盖面，进而为个体和团体创造更多的可持续资源，产生个体和团体不断成长以及潜能不断发挥的螺旋式上升发展趋势，提高社会资本的市场效用和经济效益。个人及团体形成良好的社会资本发展态势之后又会反过来促进积极心理资本作用的发挥，形成良性互动的循环链条。

和谐人格转化成为心理资本有助于打破个体特定的自我防御行为方式，促动个体和团体在不断累积、更新知识过程中产生创新思路，实现个体和团体健康、充分的自我发展趋势，提高人力资本的经济效益，实现智力和技能的累积和突变效应。同时个体和团体进入人力资源良性发展轨道之后也会反过来推进积极心理资本作用的发挥，形成积极的作用链关系。

（三）契合当代企业建设中对个性化、不可复制性元素投资开发的需求方向

中西方的历史实践都证明了创新人才及创新团队对企业发展作出的卓越贡献。优秀创新人才及团队的培养和建设方法以及管理策略则成为市场竞相模仿的对象。因为行业领袖的影响力以及市场模仿的盛行，一些非常著名的企业教育模式、团队发展模型或是团队培训模式，已经成为一些产业的规范。一些企业以高成本创建的优秀人才和创新团队发展方案和模型，结果却被竞争对手利用网络或管理咨询师的肢解和重组以极低的成本转换成为替代型的模仿方案，而且一些培训内容和团队建设策略受到“管理时尚”、“政治因素”的影响较大时，很容易被快速发展的时代步伐所淘汰。所以，现代企业在培训员工及建设创新团队的过程中，不仅需要一体化的团队管理模式的便捷，更加需要开发企业发展依赖的主体所具有的个性化内隐要素，运用有别于过去的思考框架，去投资开发一些具有不可复制性的企业建设的方法和途径。开发和谐人格诸要素促其转化成为心理资本的理念，契合了当代企业以创新求发展的需求方向，反映了目前企业建设过程中诸多竞争者站在高度相当的发展平台之上，热切寻求新的企业建设优势增长点的现状。企业统筹创新人才发展的环境、资源和各种薪酬激励形式，着力开发新型心理干预方式，运用系统的积极心理培育模式，从维护企业个体的心理健康到打造和谐互动的团队心理状态，再到发挥各种积极心理要素的累加或协同优势，形成从低到高的完整的企业人才心理资本开发过程和心理培育成果，将为企业带来显著的市场竞争优势。

四、企业人和谐人格向心理资本的现实转化

比较分析和谐人格结构层次的构成和特征以及心理资本组成的核心

成分，我们可以发现和谐人格与心理资本之间存在广阔的共通之处，可实现和谐人格向心理资本的现实转化。

企业人和谐人格内部各子系统要素良性运行，才能整体上展现出个体和谐人格动力面、特性面以及道德面协调、适宜的生态化发展。企业成员和谐人格的动力人格系统中，反映主体从事某项工作并坚信能取得好的成就的心理表现出来的是个体的兴趣、理想、信念等。个体不断切近目标，以主动追求工作乐趣替代了被动完成工作任务，对获得工作成就的坚定感增强，这样的人格表现即转化为不断增强的自我效能感，成为企业心理资本的一部分。动力人格系统中的动机因素，既有灵活的状态性表现，如情欲、希望等，又有稳定的特质类表现，如归属、尊重、成就、权力等。与个人成长及进步紧密关联的特质类动机推动个体不断发展成熟，这些特质类动机成为左右个体经济行为重要因子时，这些动机就成为企业成员心理资本的一部分。决定动力人格发展方向的企业成员的价值追求和价值判断趋于企业整体利益，追求在企业进步过程中实现个人价值理念，这样的价值取向形成稳定的态度和行为，它就已经转化成为主体的心理资本。

企业人和谐人格中的特性人格系统是在一定的认知、情绪情感基础上反映出人的差异性，企业成员表现个体工作绩效差异的心理前提就是认知和情绪情感。当企业成员表现出善于吸收和加工处理信息，思维灵活敏捷、想象空间开阔，能够把握规律、驾驭规律并勇于创新的认知能力，这种认知优势就是能够显现行为绩效的心理资本。每个人理解、控制、利用情绪的能力是有差异的，企业成员如能够妥善管理自己的情绪，客观理解情绪成因，摆脱负面情绪，有效利用人际情绪良性互动的作用，促使主体体验更多的积极协调的情绪，体现出较高的情绪智力，那么主体的情绪体验就成为一种积极的心理资本。对个人成败的归因倾向也是和谐人格的特性表现之一。个体对现在或未来事业的发展缺乏信心时，常对自己难以预期的未来悲观想像，而对自己的将来充满信心的个体则会对一系列的未知保持乐观的态度，即使遭遇挫折也不会磨灭他内心的希望。这种充满希望的乐观归因的倾向就转化成状态类的一种心理资本类型。

企业人和谐人格中道德人格系统的诸多要素都具有较强的社会属性，其中，反映个体为实现预定目标，坚持努力克服困难，不气馁不言败的意志品质精神转化成为心理资本就是人们能够在逆境中保持良好工作状态的工作韧性。企业成员道德人格的利他、助人、宽容等意识和行为在企业成员身上综合反映出的是一种奉献精神，拥有奉献精神的企业成员更加关注企业未来发展方向，并且自觉将个人发展愿景融入企业发展愿景之中，道德人格达到个人与整体融洽发展的目标，主体心理资源就成为企业和谐发展所要依赖的重要心理资本。

以上着重论证了和谐人格系统三个子系统中核心因素向心理资本的现实转化，随着理论研究的深入和实践的检验，和谐人格还将可能有更多潜在因素能够转化成为心理资本，进一步丰富心理资本的内容和种类。

第三节　培育企业心理资本的路径选择

以心理资本为代表的企业无形资本具有稀缺性和不可替代性。在当今超竞争的环境中，企业激励员工，调动员工的积极性并有效发挥其工作的创造力应避免进入以短期利益与危机管理模式为特征的负面导向发展视界。企业应在协同开发人力资本、社会资本、知识资本等各类资本，保障企业获取可持续的竞争优势的过程之中，投资、开发和管理那些与特定情境相关的、可积累的、可更新的、难以被模仿的心理资本，发挥企业成员心理所有权的组织归属效应，即个体觉得对特定的组织或团体目标负有责任，体验到或享受于关心组织或团体目标发展的充实感觉，将组织或团体发展完全融入犹如自己发展的意识状态和行为结果当中。针对我国本土企业目前在企业员工心理服务发展方面的需求现状，企业应当将挖掘员工积极心理力量和预防其消极心理状态统筹纳入企业员工心理资本管理优化系统之中，实现对企业员工心理服务从低到高的持续维护和培养。培育企业员工心理资本应以目标为导向，自下而上、层叠递进。目标导向型的企业员工心理资本开发过程除了借鉴美、日等国家成功实施的EAP员工帮助项目经验之外，还要重点突出中国企业依托民族文化的背景优势，熟知企业员工的共性和个性特征，致用传统心理学与积极心理学协进相济的心理发展途径，进而构筑出具有本土特色的企业员工心理资本层叠式开发模式。

心理资本层叠式开发模式把个体的心理发展水平分为低、中、高三个层次，每个层次都有适合该层次员工心理资本开发的目标和任务。企业成员的心理健康水平和心理协调程度存在着现实差距，层叠式心理资本开发模式尊重人的心理发展的客观规律。在激烈的竞争压力下，个体心理很难始终处于和谐发展、优势皆显的状态，个体心理富有较明显的动态变化性，层叠式开发模式覆盖不同层次及其层次过渡特征，帮助企业针对不同对象的不同现状，选择适宜的应对策略和开发路径。

一、低层开发路径

低层次心理资本开发目标为预防企业员工的心理疾病，矫正企业员工存在的心理障碍。尽管西方研究者已经意识到并开始调整社会资源在矫正心理问题和开发积极心理能力之间的分配不均现象，但我国企业关注员工心理健康问题的工作却才处于萌芽生长阶段，研究者强调积极心理学是对传统心理学研究的补充，而不是替代。将尚未发展成熟的关注企业员工心理问题的企业工作环节与开发企业员工积极心理资本工作环节相衔接，而有效改变企业在应对员工出现压力超限、职业倦怠、应激反应失调，甚至心理疾患等导致员工工作绩效下降，创造力流失的危害性心理问题时被动救助的局面，将企业员工积极心理力量的开发和预防消极心理状态统筹进企业完善的员工心理资本管理系统之中，在学理探究和操作模式构建方面都适应于我国企业目前的发展现状。预防企业员工出现心理危机，奠定健康的企业员工心理发展基础的主要路径为：

第一，企业通过集体宣讲，部门交流，印发知识手册等方式，组织指导企业员工及其主要家庭成员学习掌握科学的心理卫生知识，摒弃心理陋习。

第二，建立企业员工心理健康测查档案，包括企业员工主要家庭成员心理健康水平信息，及时跟踪、更新员工承接完成不同任务过程中员工心理状况的变化特征信息。建立心理档案应划分出需要特别关注和一般关注的不同对象级别。针对不同对象采取缓急有别的措施，并做好干预前后效果的评估工作。

第三，采取个体心理辅导或家庭治疗形式矫正或转变企业员工出现的心理问题以及亚健康状态。个体辅导适合于心理问题较严重的对象或者是涉及问题较特殊的个案；家庭辅导形式通过介入企业员工家庭生活之中，发现影响员工心理发展的因素，引导员工整体家庭成员共同解决问题，为企业员工提供情感和社会支持。

第四，训练企业员工掌握自助式的缓解压力、调节情绪等心理调控技巧，如深呼吸放松训练、目标转移法、体育锻炼法、角色换位法、幽默解压法等。

二、中层开发路径

中间层次心理资本开发目标为培育企业员工和谐的心理状态。企业员工心理和谐反映在三个层面上，一是心物和谐，即企业员工内部心理感受与外部环境协调相宜；二是心心和谐，即企业员工人际网络关系协调畅通，实现组织内部或团队成员之间恭谨协和的默契；三是心身和谐，即企业员工的心理与身体健康状态表里相济、桴鼓相应的协调发展。培育企业员工心理谐睦发展的主要路径有：

（一）运用激励性薪酬政策，增强薪酬分配的公平性

企业依据效益逐年提高员工的基本收入是应该和必须的。但企业仅

仅调整、提高员工的薪酬水平，并不能一定使员工获得体面和尊严的感觉，人的尊严与体面很多时候是在社会交往中对公平的感知与体悟，所以企业应当采取一定措施提高员工在比较感觉中的薪酬公平性。我们认为，首先，企业应该制定科学的绩效考评体系和薪资等级标准，并对执行管理人员进行相关培训，提高他们对下级绩效评估的准确性；其次，企业应该提供员工直接参与政策制定、具体考核的机会，最大限度地体现全体员工，特别是普通员工的意志；再次，允许员工对不公平的薪酬分配过程与结果进行申诉；最后，在与员工的交流过程中，管理人员应关心员工、尊重员工，尽力创造一种公开、互动的氛围，及时、准确地为员工传递绩效评估、薪酬分配的相关信息。

（二）以各种人际沟通形式及适宜的制度和政策发挥积极情绪对主体提高工作绩效需求的始动作用和指引功能，调整员工的工作压力以及创新压力强度，提升企业员工的职业兴趣水平

耶克斯—道德逊定律揭示了在生理和心理唤醒水平与行为绩效间的倒U曲线关系中，随着压力刺激唤醒水平的提高，复杂工作的绩效降低，而简单工作的绩效则随着压力唤醒的提高而提高。因此，依循规律调节压力产生的变量、改变个体潜意识的自败认知、建立对压力刺激的知觉控制是保障企业成员产生高工作绩效的必要条件，更是避免企业员工特别是知识型员工心理枯竭的重要措施。职业兴趣是企业员工经常趋于认识、掌握客观事物，力求参与组织或团队工作任务并富有积极情绪色彩的一种心理和行为倾向。兴趣既是积极创新的来源又是创新成就衍生的结果，皮亚杰指出："……所有智力方面的工作都要依赖于兴趣。"① 职业兴趣的发展具有层次性，当企业员工不仅对创新性的解决工作问题承担工作任务饶有兴趣，并且通过体验成功和回应社会积极评价强化学习、改革进步的理念时，主体对事物的需求水平就由最初的有趣逐渐提升到享受乐在创新中的乐趣心理水平，当组织发展目标内化为个体信念和意

① 皮亚杰著：《教育科学与儿童心理学》，傅统先译，文化教育出版社1981年版，第161页。

志努力方向且个体自觉、坚持投入全部身心为组织成功承担责任时，乐趣的创新需求心理水平即提升为以品性和理想为表征的致力于创新的志趣心理水平。职业兴趣由直观的有趣层次发展为职业乐趣乃至职业志趣时，企业员工的积极工作动机就由自在层次逐渐上升为自觉层次。

（三）依据技术美学设计原理，遵循环境与心理感应互通规律

即运用中国民族风俗、艺术传统等文化因素引发的情感联觉以及环境境联效应，通过改善和再设计工作硬环境，提升员工在一定工作环境中的价值体现感或优越满足感，增强员工对组织的归属感和自豪感，从而调动企业员工的工作热情，并营造出激发企业员工追求创新的热烈氛围。

三、高层开发路径

高层次心理资本开发目标为发挥主体各种心理能力的累加或协同优势，增强主体积极创新能力。这是心理资本开发的最高目标。将心理资本理解为是一种心理能力而不仅仅是一种资源，原因是资源终究会在竞争中被淘汰、耗尽或丧失，而心理资本要素却是可更新的、互补的，并且能产生协同效应的①。发挥企业员工心理资本构成要素的协同作用，实现整体心理资本作用大于心理资本各组成要素作用之和能极大拓展企业员工主动创新的空间。发挥心理资本要素协同优势，提升企业员工工作绩效和劳动创造力的主要路径：

（一）增强企业员工的自我效能感和集体效能感，实现企业员工对组织愿景的目标认同

自我效能是个体对自身完成任务能力的一种判断和信任，而集体效能则是组织或团队成员对组织通过某种活动形式，能够达到一定水平，取得特定成绩能力的一种信念。企业员工心理优势的开发不是能够独立

① Hobfoll, S. Social and psychological resources and adaptation [J]. *Review of General Sychology*, 2002, 6: 307 - 324.

完成的，在企业人际网络互动中，在团队或组织中的合作有利于员工心理资本要素多方位的开发。企业员工心理资本的整体开发主要通过学习、培训以及后续的实践指导来实现。企业树立学习风尚，使自觉学习和主动学习成为企业成员的意识行为习惯，个体通过学习恰当改变认知和问题解决方式，把握社会发展信息调整个人期望和目标，减少行为偏差与组织发展保持一致。在培训中通过设立弹性目标、分解大目标为多个小目标使个体频繁体验小成功逐渐提高其自信心；在企业员工的工作实践中引导他们运用观察性体验、想像性体验的共情效果实现替代学习和自我管理。营造积极投入的组织文化同时运用满足个人利益所必需的奖励和激励措施将个人效能引导和同化为集体效能。

（二）激发企业员工的成就、利他性等特质型动机，培养积极乐观的归因方式

通过设计一系列的团体主题培训活动，如“成功沉浸体验”、“动机潜意识发现”、“归因激励”、“自我意识省察”等，并且经常性的组织员工参加社会公益活动，使企业员工在团体互动和利他行为中不断探察自我，激励自我，增强道德亲和力，保持良好的团队合作心境状态。健康愉悦的心境是贯通企业员工的工作空间与非工作空间的一种重要情绪状态，心境的弥散性特征可以持续长时间的影响主体对事物的态度的体验，个体积极乐观的心境状态扩散烘托为组织或团体良好的情绪氛围将成为企业员工各类心理资本要素集优发展的粘合剂。归因是个体根据有关信息、线索对行为原因进行推测与判断的过程，乐观归因敦促主体“在成功的动因（指向目标的能量水平）与途径（实现目标的计划）交叉产生的体验基础之上形成一种积极的动机状态”①，进而有效提升企业员工寄予组织发展的远程希望。

（三）打造开放、畅通的学习培训渠道，保障团队拥有认知优势

心理学研究者弗里居克森（Fredrickson）提出并证实了拓延—建构

---

① Snyder, C. R. Conceptualizing, measuring, and nurturing hope. *Journal of Counseling and Development*, 1995, 73: 355-360.

理论，强调通过拓宽人们的思维—行动技能可以延展个人的兴趣和注意力，并开拓个人解决问题的创新能力。企业建立内部的专业学习平台，或者利用社会及高校的学习交流平台为企业员工创造紧跟时代步伐的学习条件，组织员工参加问题解决的思维训练活动，保障员工经常参加学术和技术交流活动，塑造学习型组织。

（四）强化社会责任第一的价值导向

价值导向决定了人们处理利益关系及义务责任关系的方向，它是决定企业员工能否推动企业发展获取未来竞争优势的命脉。树立社会责任第一的价值理念需要在企业的工作和生活环节中以硬性制度和软性道德风尚等形式广泛渗透强化，道德能将个人的行为和价值体系相贯通，指导人们的判断，形成自己的处世原则，提升利他性，增强个体超越困境的韧性。同时，通过运用多重趋避冲突价值选择主题的团体辩论活动及相应的生活体验，促使个体思辨人性的意义以及社会网络中人的非独立性等特征，引导员工将个人与团队、团队与企业、企业与社会的关系用责任加以链接，发挥以重义轻利、集体为先等价值观念为核心的中国传统文化对组织文化可能产生的溢出效应。

第九章
组织协调：企业知识资本的增值

当今世界，生态化与知识化的时代特征在社会经济的各个领域日益凸显，并且呈现出现实的合流趋势。生态文明时代、知识经济时代这两种不同的提法作为对社会经济生态化、知识化发展现状与趋势的反映，其内容所指实质上是一致的，只不过各有侧重而已。就此而言，生态文明时代的企业管理也就是知识经济时代的企业管理。当代企业发展生态化与知识化所呈现出的合流趋势，引发了人们对企业知识资本的理论研究和实践关切。知识资本已成为生态文明时代企业管理不可或缺的要素，生态文明时代的企业和谐管理不仅要关注企业的心理资本及其微生态特征，通过和谐人格的塑造实现人自身的心态和谐和企业心理资本的增值，而且要关注企业的知识资本及其组织生态特征，通过组织协调实现企业人际和谐和知识资本的增值。

第一节 企业知识资本的组织生态特征

与心理资本类似，知识资本是继舒尔茨的人力资本之后问世的又一资本概念，它延伸到企业管理中就是企业知识资本。如果说企业心理资本所强调的是企业人个体微观层面的心态和谐所带来的企业绩效的提升，那么企业的知识资本所侧重的则是企业内部知识管理组织中观层面的人际协调所带来的知识增值及其价值增值。

一、企业知识资本的含义与构成

知识资本是在知识经济时代产生的。经济合作与发展组织（OECD）在其发表的《1996年科学、技术和产业展望》的报告中，全面、系统地阐述了知识经济（The Knowledge - based Economy）的概念，并作了明确定义，认为知识经济是建立在知识和信息的生产、分配和使用之上的经济。与传统工业经济的发展有别，知识经济的发展主要依靠的不是原料、机器、厂房等有形资本，而是全新的资本形态——知识资本。企业知识资本是传统的会计体系反映不了的带来价值企业增值的无形资产价值。迄今为止，对于知识资本的含义和构成的探讨，可谓观点纷呈，尚未形成一个统一的概念。

美国《幸福》杂志认为："知识资本是你摸不着但能使你致富的某种东西"①。斯堪地亚财团的AFS公司将知识资本定义为"知识、实用经验、组织技术、顾客关系和专业技能的拥有，这使公司在市场上有竞争优势。"② 知识资本的价值由公司将无形资产转化为财务收入的程度来决定。公司领导的任务是使公司拥有的知识很快体现为有形资产，用以为公司创造尽可能大的竞争优势。AFS用如下公式定义知识资本：人力资本+结构资本=知识资本，而领导的关键作用是将人力资本转化为结构资本。我国学者申明在其编著的《知识资本运营论》中，为知识资本下

① 王兴元、成冰：《企业知识资本内涵及其评价研究》，《科学学与科学技术管理》2003年第9期。

② 王兴元、成冰：《企业知识资本内涵及其评价研究》，《科学学与科学技术管理》2003年第9期。

的定义是“企业所有无形资产的总和，是公司维持正常运转不可或缺的因素。”①

虽然中外学者对知识资本概念的表述有所不同，但可以从中概括出共性的内涵：知识资本（Knowledge Capital）是企业所拥有的以员工和组织的技能知识为基础的、能够给企业带来价值增值的、可规范化的智力资源。知识资本概念的提出，将企业的组织知识、顾客满意、产品创新、员工道德水平、专利和商标等被传统管理理论忽视的非直接性资产直接揭示出来，并与企业的组织结构、企业的生产能力、技术创新能力、市场开拓能力以及企业的财务状况有机关联，共同构成企业核心能力和经营资产。因此，知识资本概念是对物质资本与非物质资本概念的拓展，体现了无形资产和有形资产的整合。

具体而言，知识资本是以企业人的知识为基础所表现出来的资产净值，是知识转换过程的最终结果或转化为知识产权和智力资产的知识与技能本身，其关键在于它能够转化为市场价值，能够为企业带来未来收益，是企业的市场价值与账面价值之间的差额。它既以诸如出版物、数据库等显性知识形式存在，也以诸如员工的经验、技能等隐性知识形式存在；它一方面源于企业内部的实践积累，另一方面来自企业外部知识的学习与吸收②。

关于知识资本的构成，西方学者的看法主要有四种：一是埃德文森和沙利文的H－S结构，即将人力资源（human resource）和结构性资本（structural capital）认作为企业的知识资本的两大要素；二是斯图尔特的H－S－C结构，认为企业的知识资本由三部分构成，即人力资本（human resource）、结构资本（structural capital）和顾客资本（customer capital）；三是斯维比的E－I－E结构，即企业的知识资本由雇员能力（employee capability）、内部结构（inter structure）和外部结构（extra structure）构成；四是安妮·布鲁金的M－K－H－O结构，即把企业的知识

① 申明：《知识资本运营论》，企业管理出版社1998年版，第6页。

② 李涛：《现代企业知识资本管理模式探讨》，《商业经济》2004年第12期。

资本划分为四类：市场资产、知识产权资产、人才资产、基础结构资产[①]。

我国学者范徵在综合西方学者观点的基础上，认为企业知识资本的构成要素概括为五个方面[②]：一是人力知识资本，即对人力资源进行开发性投资所形成的可以带来财富增值的资本形式。人力资本的核心是知识与技能，包括管理者与员工的竞争力及其能力，具体体现为核心员工的洞察与执行力。二是技术知识资本，即一组在生产、工艺和支持领域内可再生产的能力，它对产品或服务有直接支持作用。技术资本的物化是一种"创新资本"，其直接表现形式是"知识产权"这种受法律保护的财产形式，当然还包括专有技术的隐含成分，涉及操作实践等。三是组织知识资本，即由组织协调引起的资本化支出而以组织资产存在的生产要素或价值。它体现了企业知道自己如何协调经营活动，具体体现为组织的"结构资本"与"理念资本"。四是客户知识资本，即企业与顾客关系的价值，包括组织以外的与顾客的联系，如客户忠诚、商誉、营销渠道等。五是社会知识资本，即进入经营过程，对企业价值发生影响的社会资源。社会资源本身并不是社会知识资本，企业获取社会资源的能力才是社会知识资本。企业社会知识资本的功能在于将社会结构、文化的价值作为社会资源提供给行为人用来获取收益。

综上可见，企业知识资本的表现形式多种多样，分析角度不同，其资本构成与分类也不一致。但总的来说，我们可以认为企业知识资本主要包括人力知识资本、结构知识资本、技术知识资本、和市场知识资本等四部分，其中，人力知识资本是结构知识资本、技术知识资本与市场知识资本的源泉；而结构知识资本是人力知识资本、技术知识资本和市场知识资本联系和作用的纽带；技术知识资本是人力知识资本、结构知识资本和市场知识资本的强度指标，是企业的立足之本；市场知识资本

---

① 赵杰：《企业知识资本经营模式探索》，《商场现代化》2009 年第 1 期。

② 范徵：《核心竞争力——基于知识资本的核心能力》，上海交通大学出版社 2002 年版，第 13 页。

是企业利润的直接来源，是人力知识资本、技术知识资本和结构知识资本扩张的基础。企业的各种知识资本形式，既相互独立，又不可分割、相互联系，相互影响、相互制约，形成一个有机的整体。

二、企业知识资本的组织

企业知识资本的组织是一种企业赖以进行知识管理的组织体系，它涉及对人力知识资本、结构知识资本、技术知识资本和市场知识资本的运营，包括企业的人财物、技术、文化、外部关系等在内的资源利用与资本增值。这不是企业任何一个传统的部门能够承担的职能，需要建立一个能覆盖企业所有职能部门、更高层次的管理知识资本的组织。首先，企业可以通过设立知识主管（CKO，Chief Knowledge Officer）或者专门的职能部门即企业知识资本的组织，以行使企业组织学习、知识共享、知识积累与开发的职责。其次，建立企业内部的知识平台，为每一位员工平等获取自己想要的知识和信息，充分发挥自己的知识和才能提供便利条件，同时使企业依托这些平台进行沟通和联络，将组织机构中的各部门有机联系起来，形成一个知识化的组织机构。

进而言之，设立知识资本的组织并设知识主管，可以推动企业知识资本的积累、开发、回报、增值。首先，企业可以通过设置和建立必要的技术手段和程序培育新知识，扩大知识增量，保护和使用已经取得的知识，维持和运营知识存量；第二，企业可以将其知本管理的目标与其资源的具体需求结合起来，并渗透到其他经营活动中去；第三，企业可以通过合作与客户共享知识，共同培育知识资本，增强竞争优势；第四，企业通过有效管理可以防止知识资本不适当的流失。这四个方面的内容超越了企业任何一个传统部门的职责范围，必须由专门的知识管理职能部门和知识主管（可由首席执行官兼任）予以承担。知识主管的主要工作职责是：负责企业内部知识资本的开发，创设相应的管理机制，组织知识资本管理的实施；负责外部知识资本市场与企业的衔接，组织外部资源的输入与管理对外的知识资本投资；配合专业公司整理和发表企业的知识资本报表。知识主管最重要的成功因素是得到首席执行官的支持，而知识主管本身也必须通过工作的成效取得首席执行官和其他部门（信息主管 CIO 和人力资源经理等）的信任①。

三、企业知识资本组织的生态特征

企业知识资本的组织是一个开放的系统，它必须不停地与外部环境进行物质、能量、信息的交换才能维持自身的生存与发展。企业知识资本的组织可以定义为企业知识资本的组织与环境形成的相互作用、相互影响的整体。其存在与发展呈现出与自然生态系统类似的生态特征，故可称之为企业知识资本的组织生态特征。这些特征主要包括：

（一）开放性

企业知识资本的组织是一个开放系统，它包括企业知识资本组织内部的各因素之间的开放以及企业知识资本组织与外部的物质、能量、信息和人力等资源之间的开放。20 世纪 80 年代中期起步，90 年代发展起来的互联网已从根本上改变了时间和空间对企业的束缚，企业竞争的范围“无限”扩大，进入了一个全球化、无“疆界”的竞争时代。企业与企业知识资本的组织所面临的环境由区域性、国家性向全球性转变，在这场地域宽广的竞争中，任何企业知识资本组织单独行动，都无法长期生存与发展。企业知识资本组织应全面对外开放，与外部环境进行互动与交流，从社会与市场中不断获得知识、信息，并在知识、信息的享有和循环中进行创新、获得收益。在这种全面开放的国际环境中，企业知识资本的组织应始终保持积极的开放状态，能动地适应外部环境的变化。

（二）动态性

企业知识资本的组织是动态的，处于不断的演化过程中，具有自适

① 李涛：《现代企业知识资本管理模式探讨》，《商业经济》2004 年第 12 期。

应和进化的能力。在企业知识资本组织的动态演化过程中，伴随着知识流、信息流、人才流、物流与资金流的不停运作，企业知识资本的组织从环境中吸取多种资源，通过内部传递、加工、转换，使知识资源转变为知识资本，并使其不断增值。企业知识资本的组织与自然生态系统一样具有生存与发展的趋向，处于不断演进之中，以适应外部环境的变化，为此，企业知识资本的组织要充分考虑系统的动态性，及时调整经营策略，根据外部环境的变化重新在企业知识资本的组织内分配和使用内外部的资源和能力，能动地适应市场、社会与科技发展的变化。

（三）多样性

多样性是自然生态系统内在的重要特征。企业知识资本的组织与自然生态系统一样是一个复杂的系统，是由大量相互作用的不同层次、不同类型的人才、知识等因素构成的，因素的多样性以及因素之间广泛的联系是造成系统复杂性的根源，系统中每一个因素的变化都会受到其他因素的影响，同时也影响其他因素的变化。企业知识资本的组织所涵盖的范围很广，既包括与企业内部的机构及部门相关联，同时又包括与其他企业、政府部门、高校、科研机构等相联系，还涉及其赖以生存的政治、经济、文化、科技等环境要素。

（四）非线性和凸显

企业知识资本的组织和自然生态系统一样，其内部组分之间的相互作用是非线性的，组分之间的非线性相互作用会使许多新的特性凸显出来，彼此之间既竞争又合作，使系统在整体上产生非加和性，亦即整体大于部分之和。对于一个复杂的企业知识资本组织，系统内初始条件的微小变化将引起惊人的放大作用，某一内外的随机涨落一旦发生长程相干，引起共振，便可能席卷整个系统，将系统引向一种新的结构。这意味着，企业知识资本对于内外的随机涨落即个体和个别事件的作用是不可忽视的。

企业知识资本组织是社会系统中一个相对独立的子系统，它有着自身的结构与功能，并制约着企业的发展。在知识经济时代，知识、信息资源的开发利用提高了企业及其知本组织的环境承载力，拓展了企业发展与企业知本组织的生态空间，信息技术提高了企业知本组织内部管理的效率，但是，人才、知识与信息的流通性和企业知本组织环境的复杂性与动态性，使得企业知本组织必须时刻关注内外环境的变化，适时调整和优化自身的结构和功能。

第二节　企业对知识资本增值的追求

在知识资本理论中，为了实现企业利润最优化，必须有效地实现企业知识资本的积累、增值和运营。“资本的原始属性就是要追求利润，资本的活力就在于到处奔忙，不断地扩张。资本是投入到市场中追求自身增值的剩余价值，是市场中支配生产要素的社会关系力量。”① 企业知识资本同样如此，它不但要充实、发展，更重要的是，既是资本就要实现增值。在知识经济时代，知识资本已经成为企业核心竞争力的重要来源，但企业拥有知识资本并不是说其已经拥有核心竞争力了，还必须对知识资本进行有效的管理和应用，不断增值，才能形成和提升企业的竞争力。因此，企业必须不断追求知识资本的增值，来增强企业的竞争优势。

一、企业知识资本增值的实质

企业知识资本增值是一个动态的概念。知识资本只有也能够在循环流动中为企业创造价值，从而实现自身价值的不断增长。与物质资本相比，企业知识资本存在的一个显著差别是其收益的递增性。物质资本普遍存在着投资的收益递减现象。但对于企业某一特定知识资本的投资来

① 赵杰：《企业知识资本经营模式探索》，《经营管理》2009 年第 1 期。

说，随着投资的持续增加，收益不但不会减少，反而会逐渐增加，类似于“马太效应”的情形，直至被另外一种全新的知识资本替代为止①。此外，知识资本是可以不断积累的，企业可以采取措施促进能为企业带来竞争优势的知识资本的增加。

企业知识资本增值是对知识资本管理运营的过程。从这个意义上说，企业知识资本增值是指：在企业知识资本发展战略的指导下，企业根据自身的具体情况，建立持续改进的知识资本过程管理体系，寻找解决知识资本管理问题的最佳方案，并以最适合的方式管理其知识资本的创造和固化，最大限度地实现知识资本商业价值的过程。这也就是说，企业可以把知识和具有知识创新能力的人力资本作为主要经营要素，通过对知识的生产、使用（消费）、分配和投资等资本化运作过程，促使企业各要素资源合理组合，实现知识资本的增值和企业价值的最优化。

二、企业追求知识资本增值的策略

企业知识资本增值的魅力促使人们对企业发展的策略进行反思和创新。越来越多的企业尤其是高新技术企业领悟到，企业发展策略的视野必须扩展到企业知识资本的增值上来。在知识经济时代亦即生态文明时代，企业欲求又好又快的发展，在其策略上必须转变观念，“以人为本”、“以能为本”与“以知为本”相结合，加强企业知识资本的管理，注重企业知识资本的积累与创造，创建结构性资本，实施创新管理。

转变观念是企业知识资本增值的前提，是企业追求知识资本增值的基本策略。企业知识资本的增值首先必须转变传统的经营理念，从偏好自然资源、物质资本的管理观转向注重知识资源、知识资本的管理观，谋划和践行全体企业人参与的、以知识积累、生产、获取、共享、利用和创新为核心的企业战略。要充分认识到：人力资本是企业知识资本的

① 赵杰：《企业知识资本经营模式探索》，《经营管理》2009年第1期。

直接基础，“以人为本”、“以能为本”和“以知为本”的管理是知识资本增值的内在要求。“以人为本”的管理就是在全过程的管理中突出企业人的重要性，高度重视企业员工的合理需求以及积极性与创造性的发挥，尊重员工的人格与自我实现的需要，从而最大限度地发挥人力资本的价值。“以能为本”的管理是人本管理的核心内容，侧重于人力资本中的智力才能和技术创新等人的能力因素，通过行之有效的管理机制和措施，合理发掘并彰显企业员工的能力，从而实现员工能力价值的最优化，把能力这种最重要的资源作为企业发展的推动力量，实现企业知识资本的不断增值，推动企业的发展与创新。“以知为本”的管理是针对一切有利于企业发展的知识（有形的与无形的）所进行的全面管理，旨在形成一种使员工能持续贡献知识、智慧和才能的良好运行机制。

加强对企业知识资本的管理是企业知识资本增值的保障，是企业追求知识资本增值的核心策略。由于知识资本在企业的生存和发展中扮演的角色越来越重要，知识资本的管理也就成为企业管理的最重要内容。知识资本的管理是一种综合性管理，它涉及人力资本、结构资本、技术资本、市场资本等诸多方面。人力资本管理的核心内容是对人力资本的投资、开发、积累与增值的管理，旨在提高人的竞争力与能力，为企业创造最核心的竞争优势。结构资本管理的重点是组织协调，旨在针对市场变化和企业的发展及时调整组织结构，协调组织资源与经营活动，以提高知识资本的运行效率。技术资本管理的中心内容是对生产工艺过程以及技术与信息的管理，如技术创新、知识产权保护等。市场资本管理主要是营销过程的管理，旨在通过多种营销策略与公共关系建立，来创立品牌与塑造企业形象，赢得客户、信誉与市场。概括起来说，企业知识资本管理的目的在于提供新的技术、方法和环境，以协调、支持劳动者对知识的创造、分配利用，最终达到企业知识资本的增值，并提高企业的核心竞争能力。

在知识经济时代，对于企业真正有价值的东西是知识资本，因而企业的经营管理目标就是将企业的基本活动整合在企业的知识资本运作之中，实现企业知识资本的积累和增值。伴随企业资产的无形化发展，一些企业尤其是高新技术企业加强了对知识资本的管理力度，专门设有知识资本管理部门和知识资本管理经理或主管，同时开始重视对知识资本的评估和知识资本报告的编制以及对知识资本的会计和审计工作。这就是说，这些企业已经从对物质资本管理的重视转向对知识资本管理的关注，已经将加强对企业知识资本的管理作为企业知识资本增值和企业发展的策略。

企业追求知识资本增值的另一重要策略是知识资本的积累与创造。在知识经济时代亦即生态文明时代，唯有不断积累与创造知识资本，才能促进知识资本增值，维持和提升企业的竞争优势。企业知识资本的积累与创造是通过员工的吸纳和培训，知识的获取、转移、应用、整合、生产与创新等方式来实现的。具体主要有以下三种方式：（1）从外部环境获取知识资本。这是企业知识资本积累最直接的方式。首先，企业应根据自身发展或竞争的需要评估自身的知识资本，找出自身内部的知识缺口，预测未来发展的知识所需，然后通过招聘人才、购买专利、与高校的合作等途径，从外部市场引入人才、科技与信息等知识资本。特别应善于从各方面、各环节为外部人才加盟企业的管理经营活动提供便利，广开“才”路，多渠道地实现企业知识资本的积累，使企业知识资本在短时间得到迅速提高。(2）对企业内部知识资本进行整合。这需要企业对自身现有的知识存量和知识资本进行发掘、筛选、分类与编码、评价，提高对其管理与维护的效用。企业应善于发现各类人才的特长与闪光点，为其提供创造和发展的舞台，做到“人尽其才、才尽其用”。(3）通过教育与培训维护与更新人力资本。知识资本理论提出企业应以形成人力资本为前提和出发点，重视人力资源的开发、增进人力资本的积累。教育培训是企业提高人力资本质量，实现知识资本增值的有效途径，企业可以根据企业及员工的需求，运用员工终身教育培训体系，将社会上的知识资源予以汇集，并向企业内部有效转移，推动员工个人和企业知识的补充与更新，完善其知识结构，开发其创造力，从而实现企业人力资源向人力资本的转化与知识资本的增值。企业要有多种层次、多种任务、多种目标、多种形式的培训，以提高培训的针对性、实效性和吸引力。

创建结构性资本，保障人力资本实现其市场价值，是企业追求知识资本增值的又一策略。知识资本理论认为，对企业来说，拥有人力资本仅仅是成功的第一步。要实现企业的市场价值，还必须重视结构性资本的培植与创建。从企业资产的管理角度看，人力资本的所有权属于企业，员工个人的知识和技能的存在形式是潜含的、未编码的，人力资本的使用权虽然可以让渡，但必须尊重所有者的所有权，如果其产权受到损害，人力资本的市场价值则难以实现，其资产也立即贬值或荡然无存，因而需要建立一套科学的管理制度来保护和激励人力资本。因此，在企业的战略管理中，既要以形成人力资本为前提和出发点，同时要以结构性资本为保障和支持，促成员工知识的创造、鼓励员工将未编码的知识转化为企业的编码知识，即知识资产，并对其中重要的知识资产进行法律保护，将其作为知识产权而保证企业开发这类知识的收益。这启示我们当代企业尤其是高新技术企业，不仅应具备一定的人力资本优势，更要拥有相应的产品优势和市场优势，也就是说，人力资本优势必须转化为企业现实的持续竞争优势。企业应摒弃仅仅采用"高工资"、"高福利"、"高报酬"等方式集聚高水平的人才的思维与策略，转而建立有利于员工职业发展与价值实现的组织制度、组织设施和组织文化，在员工中牢固树立人力资本是企业价值增值的关键因素的价值观，体现对人的信任及对人的独特性和知识的尊重。因此，企业要保证其结构资本与人力资本的匹配与协调，将人力资源与企业的其他资源整合起来，通过制度建设、组织创新以及培育知识导向性的组织文化来促进人力资本的积累及其结构性资本的有效互动，把人力资本转化为产品服务，进而实现其市场价值。

实施创新管理也是企业追求知识资本增值必须采取的策略。创新是人类赖以生存与发展的重要手段之一，是一个民族发展的灵魂，是一个国家兴旺发达的不竭动力。延伸到企业，创新管理的实施，可以为知识资本增值提供动力。人的创新能力是先天潜质与后天培育相互作用而形成的一种潜能，这种潜能的实现往往要以个人的独特的求新、求美、求和谐、求正义、求高尚的社会伦理意识为必要条件使之转化为造福社会的能力。个人创造意识实现与发挥得越充分，其创新潜能也就能得到越充分的实现。创新意识越是被束缚，其创新的潜能也就越难以实现。因此，企业不仅要在员工知识创新获得成功时予以激励，更应在员工知识创新遭到失败时给予宽容，以保护他们的创新意识。对一个具体的创新项目而言可能成功，也可能失败。常言道："失败是成功之母"。只有企业管理者对失败的高度容忍，员工才能从失败中奋起。这种宽容的态度，既是对他们倾心创新的一种赞扬，也是给失败者心灵的一种慰藉，更是鼓励他们东山再起的一种精神力量。员工在知识创新中是否畏惧失败，在很大程度上取决于管理者对失败的容忍程度，而企业员工的知识创新是企业内部知识资本增值最具有成效的活动，是企业发展的力量之源①。

在企业知识创新过程中，应特别注意分配制度的创新，因为企业分配机制的公平、合理与创新，能够激发员工的工作热情、创造意识和创造力。在知识经济时代，社会的生产是以大量的知识积累、创新与应用为特征的，谁能积累更多的知识，并不断地创新知识，在生产经营中应用知识，谁就将获得财富；知识资本是当代企业的第一生产要素，知识的价值在企业的生产过程中发挥的作用越来越大。在这种情况下，社会财富的分配必须相应以知识的占有、创新与应用为依据，工资报酬的高低应与员工的知识和技能及其生产率相匹配，允许能者、知识生产率高者多得。知识资本理论的出现改写了传统的企业分配理论，传统的按物质生产要素进行分配的"职务工资制"，已与知识资本在企业中的地位和作用很不相称，于是，这种"职务工资制"就应转化为"能力工资制"。"能力工资制"的特点通常有三个方面，一是保持企业核心竞争力的知识型员工与其他人员的报酬有显著的差距，而知识水平的差异成为

① 韦文辉、黄继征：《企业知识资本的管理策略》，《情报科学》2003年第10期。

报酬差异的直接原因；二是按个人能力而不是按职务付酬；三是个人按知识、技术占有的多少，参与股权的分配，并直接占有企业盈利，分享企业的剩余价值。事实上，相当多的企业尤其是高新技术企业为适应知识经济的时代要求，业已施行“能力工资制”，企业初次分配的天平已向知识资本所有者倾斜。1992 年，在《福布斯》杂志列出的当年美国 25 个最富有的个人和家族中，以知识获得财富的已占将近一半。1995 年，这些人中的微软公司总裁比尔·盖茨等人和他们的家族不仅占据了最富有者名单的前名，而且他们的财产总和已大大超过了杜邦、洛克菲勒等老牌资本家族，他们正是知识资本所有者。

对人力知识资本、结构知识资本、技术知识资本与市场知识资本等知识资本构成要素进行有机整合，也必须纳入企业追求知识资本增值的策略体系。人力知识资本是知识资本的基础，因而也就是企业实现价值和价值增值的基础，在企业知识资本的管理与增值过程中起着主导作用；结构知识资本是企业知识资本管理与增值的平台；技术知识资本是知识资本增值的前提与动力；市场知识资本是知识资本增值的保证，在企业知识资本的管理与增值过程中起着桥梁和催化作用。人力知识资本、结构知识资本、技术知识资本与市场知识资本虽然在企业知识资本结构体系中的地位与作用不同，但是，他们的基本属性是一致的，在知识经济时代，企业应善于将它们有机地整合在一起，发挥各自的优势，共同促进企业知识资本增值。知识资本作为一种新的资本形态，在其复制和使用的过程中，不仅自身的价值会增值，而且还会通过其能动作用使物质资本有着更大的增值。但是，知识资本也必须以物质资本为载体，因此，企业还要善于把知识资本和物质资本有机结合起来，并加以综合经营，生出 $1+1>2$ 的传奇。

三、企业对知识资本增值的追求路径

企业对知识资本增值的追求路径是以知识资本的培育、创造、固化、评估、增值为主线的不断循环上升的动态管理链条，如图 9－1 所示。

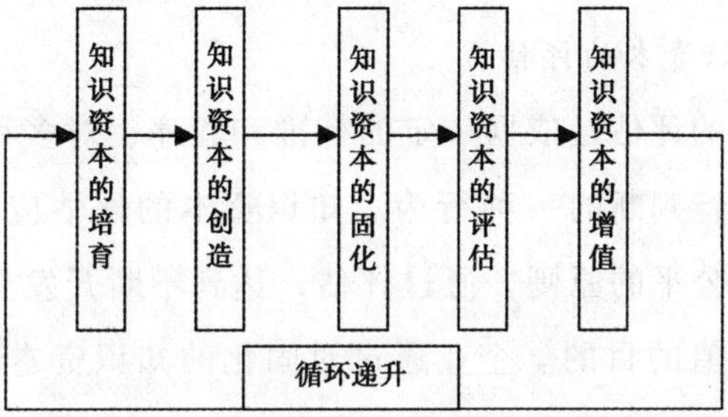

图 9－1　知识资本增值的追求路径

（一）知识资本的培育

这是企业追求知识资本增值的战略起点。为此，企业应以开放的理念与姿态，广纳为企业发展能作出贡献的人才，学习先进的企业管理经验与方法，以超前的眼光与意识注视现代科学技术与管理的发展趋势，建立企业人才库，谋划适合企业人才开发与培育战略与规划。

（二）知识资本的创造

知识资本的创造贯穿知识的获取、传播、生产与应用得整个过程，它通过追求新发现、探索新规律、积累新知识，达到创造知识的附加值，谋求企业竞争优势的目的。为此，企业可利用各种管理措施与手段，运用信息技术与网络技术，对各种来源的知识进行筛选、提炼、分类、归纳和总结，激发知识的产生、交流、共享、创造及应用，企业应加大培训的力度，鼓励员工积极学习，扩充知识，完善知识结构，并建立有利于员工持续贡献知识，促进知识资本的创造的制度和激励措施，为企业知识资本的不断增值提供力量源泉。

（三）知识资本的固化

知识资本的固化过程，是系统地归纳、提炼、规范知识并努力使知识编码化的过程，也是知识创新成果的积淀过程，涉及技术、管理、营销等诸多知识层面。企业既要持续不断地创新知识，谋取企业的知识增量，又要及时把创新的知识进行固化，扩展企业的知识存量，为企业人通过人际交流尤其是人机对话实现知识共享提供便利，从而为企业知识资本的增值提供支持。唯有如此，企业知识资本才具有现实性。

（四）知识资本的评估

知识资本的评估是依据一定的标准和程序，对多种知识的价值、作用、效益、进行判断的一种行为。知识资本的评估应遵循科学、全面、客观、公正、公平的原则，通过评估，达到不断开发企业知识资本，促进知识资本增值的目的。企业通过对固化的知识资本进行检验与评价，既可以明确企业知识资本的存量与质量，也可满足企业内外部管理的需要，并且能筛选出与企业的价值增值密切相关及对提升企业竞争力贡献较大的知识资本，为知识资本创造与增值过程提供方向性指导。

（五）知识资本的增值

知识资本的增值过程是指知识资本的价值得以实现并不断增加的过程，主要体现在以下几个方面：第一，促进企业的知识成果成为企业资产的重要组成，并受到法律保护；第二，实现专利、商标、版权、品牌、专有技术等知识资本的市场化与商业化，以获取经济利益；第三，通过对知识资本的经营管理，培植知识资本成为企业的核心竞争力。知识资本的增值不仅能给企业不断带来实际的经济利益，而且提升了企业的价值与竞争优势。人力知识资本管理是知识资本管理的基础，人力知识资本增值是知识资本增值的重点，因此，要充分调动广大员工的积极性与创造性，以促进员工进行知识资本的创造，实现知识资本的增值。

企业对知识资本增值的追求路径是一个动态的管理链条，是以上各个环节按一定时序，相互作用，相互影响，螺旋上升的过程。然而知识资本的增值与管理是一个复杂的系统，成功的关键还取决于良好的组织环境：如企业高层领导的观念、意志、决心及参与，建立合理的知识管理组织结构，员工之间有效的团队协作，知识共享的环境的形成，现代化开放的网络平台建设和员工培训必需的基础技术条件等等，只有基于良好的企业内、外部环境，知识资本才能不断增值，才能最大限度地提升企业的竞争力，实现企业的持续发展。

第三节　企业知识资本增值的组织协调

知识资本管理不是企业任何一个传统的部门能够承担的职能，需要各个部门之间的协同才能完成。因此，需要建立一个覆盖企业所有职能部门的知识管理系统和更高层次的协调机制。这种协调功能必须有其结构载体，前述企业所设立的专门的职能部门（企业知识资本的组织）及知识主管（Chief Knowledge Officer，CKO）就是这种结构载体。它承担着企业内外部知识资本管理的重任，被赋予协调企业内生和外生知识资本增值的职能。

一、企业知识资本增值的内部协调

企业知识资本增值，可以源自企业内部，也可能源自企业外部，故而它涉及企业知识资本的内部管理和外部管理。知识资本的内部管理包括在企业内部生成、交流、创造、固化、评估和应用知识资本等环节，其主旨在于实现企业内部知识资本的组织协调，促进内生知识资本的增值。具体包括以下四个方面的要求。

（一）形成并保持人力知识资本与结构知识资本的匹配及员工之间的关系协调

结构知识资本为激励人力知识资本创造知识，发挥知识增值的作用提供环境支持，因此，企业要通过组织协调形成并保持人力知识资本与结构知识资本的匹配，使知识资本转化为商品，从而实现知识资产的价值增值，同时使企业人尤其是知识型员工的思维方式和行为习惯相容共生，建立起知识交流、共享与创新的宽松环境，从而运用团队的智慧、集体的力量提高企业应变和创新能力，提高企业知识资本增值的速率和效率。

（二）实行知识资本增值的全过程管理

首先企业应制定近期与长远规划，实施全员参与，以知识获取、共享、积累、生产、创新和利用为核心的企业战略。再就是对知识（隐性和显性）进行分类，按知识资本增值的流程，加强对知识密集型业务的管理，重视知识资本的保护，防止知识资本的外溢流失。还要从管理机制和技术手段等方面制定出相应措施与对策，促进人力资源、知识资源与经营活动紧密结合，使其不断转化为知识资本，通过积累、开发和创新，使企业的知识资本不断增值。

（三）建立企业内部支撑知识资本增值的信息平台

在企业内部建设包括企业的图书馆、知识数据库、人力资源网络、企业内部通信网络系统、技术研究开发中心和知识培育组织体系等信息平台。通过知识管理信息平台的建设，构成员工之间、员工与部门之间、部门之间的各种交流、沟通渠道和沙龙场景，以激励和支持员工在企业内进行知识的积累、共享、交流、碰撞与创新以及技术发明。

（四）将知识资本增值管理融合到企业各项管理工作之中

将知识的识别、获取、开发、存储、使用和交流融入企业项目管理、企业技术开发管理、市场营销管理、生产工艺流程管理、人力资源管理等各项工作中，使员工在工作的同时，有目的地、创造性地把知识、经验与智慧融入企业知识资本管理系统中，让知识积累、知识创新、知识开发与应用成为一种常规的工作方式，使员工的隐性知识在各项工作过程中得以自觉地转换和释放出来，同时有效地集成在企业的知识管理系统中形成具体的显性知识，通过企业内各个子系统的关联和协同运作，使知识为企业发展不断循环利用，使知识管理系统成为企业生产与文化的一种有效载体，促成生产与文化的良性互动，营造企业人与组织和谐发展的企业生态环境。

二、企业知识资本增值的外部协调

企业知识资本增值的外部协调因应于其产生的外缘性，依托于企业知识资本组织的外部管理职能。其主旨是通过企业组织职能的发挥，实现企业之间，企业与高校、科研院所的交流合作，使其他企业、高校和科研院所甚至竞争者成为企业知识的外部供应者，使企业自身在与企业之外进行有效的知识交流与共享的过程中积累更多的知识资本，获得更大的经济利益。具体包括外部知识资源输入与整合，知识资本输出与外部投资增值两个层面。

（一）外部知识资源的输入与整合

从输入层面来看，企业知识资本管理组织应具有类似知识资本顾问管理公司的职能，这包括：根据企业发展需要整合国内外知识资本资源；对专业系统平台软件进行引入和评价；联系国外专业咨询机构，尝试对企业出具知识资本报表；组织策划企业的学习活动以及各种专题培训等。依托企业知识管理组织这种类似于知识资本顾问管理公司的职能的发挥，能够更有效地评估企业需要，及时调控企业对知识资源的输入，并将其融入企业知识资本体系，以促进企业知识资本的增值。

（二）知识资本输出与外部投资增值

从输出层面来看，企业知识管理组织应推行企业知识资本的对外投资，建构知识资本的投资机制，即以企业现有的知识资本优势为依托，以产权为纽带，通过企业并购、收购、托管经营、参控股、知识联盟与战略联盟以及与高校、科研院所之间的产学研合作等实现知识资本与产业资本的融合，实现企业知识资本的最优化增值，并对企业内部知识资本的积累与开发产生拉升和扩充作用。在推行企业知识资本的对外投资过程中，主要关注合作成功率的提高和风险的降低，在合作的方向选择和目标确定上，关键考查双方的优势资源，尤其是知识资源的互补性，在产学研方面，注重考查产业的相关性、技术应用前景、知识含量等①。

此外，建立与客户、供应商、合作伙伴的和谐关系也是企业知识管理组织在外部协调中所要关注的。这包括市场营销渠道、营销网络、企

① 李涛：《现代企业知识资本管理模式探讨》，《商业经济》2004年第12期。

业商誉及客户评价等经营性的市场知识资本。于此，企业知识管理组织应注重考察企业市场占有率、顾客忠诚度、商誉价值、市场开拓能力的提升等主要方面，以形成良好的知识资本增值的市场环境。

总之，合理有效的企业组织协调是企业知识资本培育、转化、创新、共享、增值的保障，是促使知识资本转化为竞争优势的前提。企业应从企业内外部知识管理入手，进行企业知识资本增值的组织协调，保持人力知识资本、结构知识资本、技术知识资本和市场知识资本之间的相互匹配，使人力知识资本与技术知识资本转化为商品优势，商品优势转化为市场优势，最终实现知识资本增值与企业整体经营优势的提升。

第十章
伦理规范：企业社会资本的优化

“科学发展和社会和谐是内在统一的。没有科学发展就没有社会和谐，没有社会和谐也难以实现科学发展。”① 在企业，生态时代的和谐管理不仅要通过技术集成实现企业物质系统以及人与自然的和谐，通过和谐人格的塑造实现人自身的和谐和企业心理资本的增值，通过组织协调实现企业人际和谐和知识资本的增值，而且要通过伦理规范构建和调适能给企业带来效益的内外社会关系网络，实现企业内外人与人的和谐，积累和优化企业的社会资本。因此，将广义的生态和谐理念贯彻到企业内外的人与人关系的处理之中，必须究诘四个问题：企业社会资本的实质及其特征是什么？优化企业社会资本与企业社会关系网络的和谐、企业利润的追求、企业竞争优势的形成具有什么样的关系？伦理规范何以成为企业社会资本优化的重要因素？优化企业社会资本的伦理道德机制到底如何形成？

① 胡锦涛：《高举中国特色社会主义伟大旗帜，为夺取全面建设小康社会新胜利而奋斗》，人民出版社2007年版，第17页。

第一节 企业社会资本及其宏生态特征

社会资本这一概念最早是作为经济学术语出现的，它和物质资本、人力资本并列成为促进经济发展的动力。近年来，社会资本理论已成为社会学、经济学和政治学等诸多学科理论分析的重要视角。本节在考察社会资本理论来源及几种代表性定义的基础上，探讨了社会资本的本质内涵，并对企业的社会资本做出具体的研究。

一、社会资本的提出与学理论争

“社会资本”概念最初是由经济学的“资本”演变而来的，在古典经济学那里，资本和土地、劳动并称为三大生产要素，但对非物质因素在经济生活中的积极作用也早就发现，如斯密在《道德情操论》中提出市场需要某种道德情操。20 世纪 60 年代，舒尔茨（T. W. Schultz）等人把人力资本引入经济学分析之中，认为社会拥有的受过教育和训练的健康工人决定了古典生产要素的利用率。舒氏等人提出的人力资本概念的贡献在于：使“资本”首次超越了具体的物质形态而向广义的、抽象的层次扩展，成为可以带来价值增值的所有物质与非物质资源的代名词，从而为社会资本理论的提出奠定了基础。一般认为，真正的社会资本理论肇始于布尔迪厄等人的研究，他们最早将“社会资本”概念引入社会学研究领域，而科尔曼则是从理论上对社会资本给予全面而具体界定和分析的第一位社会学家。在科尔曼以后，经由普特南等人的发展，社会资本理论才成为具有重要的跨学科影响的思潮之一[①]。

不同学者从各自研究领域和研究对象出发，对社会资本给出了不同定义。其中下述四种定义比较具有代表性[②]：

（一）关系（网络）资源说

皮埃尔·布尔迪厄（P. Bourdieu，1980）是其重要代表。皮埃尔·布迪厄指出："社会资本是实际的或潜在的资源的集合体，那些资源是同对某种持久的网络占有密不可分的"[③]，这种网络由相互默认或承认的、或多或少制度化的关系组成。这一定义表明，社会资本包括两个相互关联的组成部分：首先是社会关系本身，它可以使个人猎取被集体拥有的资源；再就是这些资源的数量和质量。布迪厄从个体微观视角定义社会资本，认为社会关系及其网络是个体可以利用的、用于实现个体目标的资源；社会关系及其网络不是自然赋予的，往往要通过投资于群体关系的制度化战略来建构，其回报是个体利益的获得。

（二）社会结构要素说

詹姆斯·科尔曼（James Coleman，1990）是社会结构要素说的代表。他认为："社会资本是根据它们的功能来定义的。它不是某种单独的实体，而是具有各种形式的不同实体。其共同特征有两个：它们由构成社会结构的各个要素所组成，它们为结构内部的个人行动提供便利。和其他形式的资本一样，社会资本是生产性的，是否拥有社会资本，决定了人们是否可能实现某些既定目标。与物质资本和人力资本一样，社会资本并非可以完全替代，只是对某些特殊的活动而言，它可以被替代，为某种行动提供便利条件的特定社会资本，对其他行动可能无用，甚至有害。"[④] 在科尔曼看来，社会资本作为个人拥有的并表现为社会结构资

---

① 田凯：《科尔曼的社会资本理论及其局限》，《社会科学研究》2001年第1期。

② 聂飞：《资本研究的新领域：社会资本研究综述》，《前沿》2009年第4期。

③ 包亚明：《布尔迪厄访谈录：文化资本和社会炼金术》，上海人民出版社1997年版，第202页。

④ 詹姆斯·科尔曼著：《社会理论的基础》（上册），邓方译，社会科学文献出版社1999年版，第345页。

源的资本财产，是由那些主要存在于人际关系和结构之中的社会结构要素所组成，其作用在于为结构内部的行动提供便利。科尔曼从社会结构的中观角度对社会资本进行了更为宽泛的解析，在认同社会资本是增加个人利益的手段的同时，强调社会资本在解决集体行动问题中的资源性作用。

（三）组织特征说

罗伯特·D. 普特南（Robert D. Putnam，1993）将社会资本这一概念引入政治发展、民主治理与公共政策领域，认为："社会资本指的是社会组织的特征，如信任、规范，它们能够通过推动协调的行动来提高社会的效率。"① 他将社会资本从微观层面、中观层面拓展到宏观层面，从自愿群体的参与程度的视角来研究社会资本。在普特南看来，社会资本与有着"第一生产力"之称的"科学技术"类似，它一经渗透到社会和政治秩序的内在结构要素中去，必然能推动社会和政治的有序运行，它最重要的影响力是在社会和政治生活中。首先，社会资本是由公民对于信任、互惠和合作的一系列态度和价值观构成的，关键是使人们倾向于相互合作、协调行动；其次，社会资本的主要特征体现在将朋友、家庭、社区、工作以及公私生活联系起来的网络；最后，社会资本作为有助于推动社会行动实现行动目标和促进共同利益的社会结构和社会关系，可以为结构内的行动者提供诸如信任、规范和参与网络等便利资源。因此，社会资本在普特南这里被赋予了更为广泛的含义，因此而获得了较为普遍的认同。

（四）文化价值说

日裔美国学者弗朗西斯·福山从文化角度对社会资本进行了定义。他在 1999 年出版的《大分裂：人类本性与社会秩序的重建》一书中认为，社会资本是"一个群体成员中共有的一套非正式的、允许他们之间进行合作的价值观或准则。如果说群体的成员开始期望其他成员的举止

---

① Robert Putenam. *Making Democracy* Work. Princeton：Princeton University Press，1993. 167.

行为将是正当可靠的，那么他们就会相互信任，信任恰如润滑剂，它能使任何一个群体或组织的运转变得更有效率。”在其发表的《公民社会与发展》一文中，他又给出了社会资本的定义，提出社会资本是“一个或多个个体之间进行合作、可用实例说明的非正式规范”。在福山看来，“规范”在社会资本中处于核心地位，具有核心作用，这种规范外延非常广泛，不仅包括微观的朋友之间的信任与互惠性规范，而且包括宏观的宗教教条、社会伦理等规范，并认为社会资本最终彰显为信任，而信任又以文化为基础，因此文化乃是社会资本深层的决定性条件。福山与大多数社会资本的研究范式截然不同，尽管具有文化决定论的倾向和局限，但他关于社会资本的见解是不乏启迪和借鉴意义的。

此外还有能力说。亚历山德罗·波茨（Alejandro Portes，1995）关于社会资本的定义可以认为是能力说的代表。波茨认为：“社会资本指处在网络或更广泛的社会结构中的个人动员稀有资源的能力。”①

二、企业社会资本的实质

对上述相关定义进行综合概括，我们不难发现，社会资本是一种能够给拥有主体带来利益的无形资源，其本质是一种和谐的社会关系网络。从主体上看，社会资本的拥有主体可以是个人、组织（如企业、事业单位）、社会甚至一个国家，不同层次的主体拥有不同的社会资本。从效用上看，社会资本拥有者可以通过社会关系网络获取社会资源，以降低社会交往和交换的成本，提高自身运行效率而获得收益，并最终实现自己的目标。从属性上看，社会资本作为一种无形的资源，它与一般意义上的社会资源不同，其内涵要小于社会资源。社会资源是一种社会化、符号化的资源，它不专属任何个体却可以为任何具体的个人或组织所占有、

① Alejandro Portes. The Economic Sociology of Immigration: A Conceptual Overview. in Portes (ed.) *The Economic Sociology of Immigration: Essays on Networks*, Ethnicity and Entrepreneurship, New York: Russell Sage Foundation, 1995. 12.

分享。从形式上看，社会资源包括社会化的自然物质资源（如财富、器物等）和符号化的意义体系（如教育程度、权力、声望、社会地位、信息、文化规范等）[①]。可见，社会资本作为一种无形资源，应属于一种超越物质资本和人力资本等经济学资本，但又可能带来经济利益的社会资源中符号化的意义体系。

美国芝加哥大学教授罗纳德·博特（Ronald Burt）是最早涉足企业社会资本概念的学者。他在1992年就撰文指出，社会资本是“朋友、同事和更普遍的联系，通过它们你得到了使用（其他形式）资本的机会……企业内部和企业间的关系是社会资本……；它是竞争成功最后的决定者。”[②] 他认为社会资本是社会行为者从社会关系网络中所获得的一种资源，企业作为有目的的社会行为者，社会资本的逻辑不可避免地会扩展到企业层次。企业内部和企业之间的关系就是社会资本，它是竞争成功的最终决定者。一个企业的成败往往与经营者是否拥有广泛的社会交往和联系紧密相关。与此同时，企业经营绩效也与企业内部成员之间的关系是否和谐融洽休戚与共。企业作为经营活动的主体，同样是在各种各样的内外联系中运行的。企业的社会资本是指企业内外部和谐的社会关系网络。企业利用外部关系网络获取社会资源，运用内部关系网络使获取的社会资源产生效益，并协调企业内外两方面的社会关系网络，使其产生整合效益，最终使企业在激烈的市场竞争中实现自己的目标，立于不败之地。企业的内外部关系网络是由各自的三个维度的联系构成的，即纵向联系、横向联系和社会联系。

首先看企业外部的三维关系网络。在中国，企业的外部纵向联系是指企业与上级领导机关、当地政府部门的联系，拥有这种纵向联系，就可以从“上边”获取稀缺资源。此外，企业外部纵向联系也包括政府部门依法对企业的适度干预。就法律地位而言，企业外部纵向联系的主体

① 张海东、杨隽：《转型期的社会关系资本化倾向》，《吉林大学社会科学学报》2000年第1期。

② Ronald Burt. *Structural Holes*. Cambridge：Harvard University Press，1992. 9.

地位往往是不平等的。在资本主义市场经济里，企业与政府也存在纵向联系，但较为松散和间接。在中国，国有企业和城市集体企业仍隶属于某级政府部门，虽然政府部门对所属企业的控制力正在削弱，但正式和非正式的影响力尚且存在，其政策的制定和执行有时会对企业的生存和发展产生严重影响。企业外部的横向联系指的是企业与其他企业以及客户之间的联系。这种联系是多方面的，如可以是业务关系、协作关系、借贷关系、控（参）股关系等等。就法律地位而言，企业外部横向联系的主体地位是平等的，因此这种联系遵循自愿原则。在中国，企业作为独立的财政核算单位，其横向联系多样而广泛，涵盖生产、销售等诸多环节。它使其获得更多的有效信息和资源，选择和决策的余地明显扩大，从而能得以超前发展。企业外部的社会联系指的是企业及其经营决策者与社区、亲朋好友之间的联系。在经济领域内运行的企业及其经营决策者生存在广阔的社会空间之中。企业经营决策者代表企业行使对外的社会交往和联系，不仅增进了自身的资本，更为企业积累了重要的经营财富，因为企业经营决策者非经济的社会交往和联系往往是企业与外界沟通信息的桥梁和与其他企业建立信任的通道，是为本企业猎取稀缺资源和争取项目的非正式机制①。概言之，由企业外部三维联系构成的和谐的关系网络是企业重要的社会资本，企业可以利用这些社会资本猎取许多稀缺的社会资源。

再看企业内部的三维关系网络。企业内部的纵向联系指的是按照企业的组织设计和职能划分所形成的涉及下属企业、部门的一种层级垂直联系。这种纵向联系是双向可逆的，既有自上而下的联系，如上传下达，又有自下而上的联系，如生产任务执行情况的信息反馈。这种双向层级的纵向联系渠道的畅通至关重要，任何一个层面的环节发生问题，都有可能导致信息传递不畅、失真变质，以致时效流逝、偏误频发，影响整个企业的生产经营状况，企业通过外部关系网络猎取的社会资源也会效

① 边燕杰、丘海雄：《企业的社会资本及其功效》，《中国社会科学》2000年第2期。

用低微，甚或付之流水。企业内部的横向联系主要指企业同级层次的员工相互间的沟通和交往，这种沟通和交往可以加深同一车间或班组员工间的了解，减少内耗、提高工作效率。有时企业内部由于正式组织在权力安排、信息传递、社会交往、成就感和安全感等方面的不完全性，会产生非正式组织。非正式组织具有心理相容性、较强的凝聚力，容易产生非正式领导、广泛的渗透性以及快速的信息传递，但有时具有片面性、失真性等文化特征①，因此企业的经营决策者应充分利用企业内部非正式组织的积极一面，化解其消极影响，协调企业内部成员的横向联系，并将企业内部的纵向联系与横向联系结合起来，使企业领导与员工、员工与员工、正式组织成员与非正式组织成员关系融洽、协调一致。至于企业内部的社会联系，是指企业内部普通员工与企业外部（社会）的联系，这种联系有时可能与企业外部的社会联系存有交叉或重叠，如企业经营决策者与企业普通员工通过朋友、姻缘因素而共有的社会关系网络。企业普通员工拥有的关系网络（主要指与社会的联系），意味着企业可以通过员工与更多的人或组织发生联系，如果企业经营决策者充分利用和挖掘普通员工的社会交往和联系，可能给企业带来意想不到的社会资源，如信息、知识、机会等。所以，由企业内部三个层面的联系构成的关系网络也是企业重要的社会资本。

综上所述，企业的社会资本包括内、外两大方面的关系网络，它们均由纵向、横向以及社会三个维度的联系构成（当然这种分法只有相对的意义）。企业外部的三维关系网络是企业获取社会稀缺资源的载体和手段，但是，企业还需利用其内部的社会资本即内部三维关系网络来充分发挥已获取的社会资源的效用，调动企业全体员工的工作热情，协调内部各种关系，减少甚至化解内耗，提高企业的生产经营效率，实现企业利润的最优化，同时保证企业与外部环境（政府、社会及竞争对手等）协调共进，可持续地健康发展。而且，企业内、外关系网络的三个维度

---

① 李爱国、彭长征：《社会大转型时期的非正式组织再造》，《经济管理》2002年第6期。

之间也是交相影响、互为支撑的，它们的综合效应决定着企业社会资本的优劣，制约着企业竞争力的强弱。

三、企业社会资本的宏生态特征

企业社会资本作为作为一种社会关系网络使其与政府、他企业、他群体、他人有机关联，形成企业的社会生态，彰显出生态特征：循环性和生态位。相对于国家和整个社会经济而言，企业只是一种微观的细胞，但相对于企业人个体、企业内组织而言则属于宏观层次，在这个意义上，我们可以将企业社会资本视为一种宏生态，将企业社会资本的生态特征称作宏生态特征。

企业社会资本具有循环性。企业通过社会关系网络获取社会资源的前提条件是企业为了形成和维护社会关系网络的投入。没有前期投入，企业是难以与政府、他企业、他群体、他人形成关系网络，并从中得到社会资源的分配和收益的。这种投入与收益之间往往存在着正相关的关系，投入越多，收益往往也越多。收益越多，企业又可能进行更多的投入。因此，企业社会资本不仅表现出“投桃报李”式的循环，而且表现出投入与收益在增量上的循环。其结果具有“双刃剑”特征，一方面可促使企业履行更多的社会责任，另一方面也使相关主体把更多的精力投入到康芒斯所说的“非生产性努力”（如“寻租行为”等）中去，从而使社会处于低效状态。显然，前一种结果是我们所希求的，后一种结果是我们所要规避的。

企业社会资本具有生态位。在自然生态系统和群落中，每个生物物种在长期的生存竞争中都拥有一个最适合自身生存的特定时间位置、空间位置和功能地位，即生态位，而且一个生态位一般只能有一个物种。同一生态位出现两个物种，必然会发生激烈的种间竞争。如果物种形成并拥有适合自身生存和发展的生态位，就可以弱化和其他物种的恶性竞争，确保生物群落和生物圈的有序和稳定。与自然生态系统相类似，一个企业在营造社会关系网络的过程中，也确立着与其他企业相关联的特定时间位置、地理位置和功能地位，即企业生态位。社会资源的有限性决定了企业生态位也具有排他性，同一生态位上不能由众多企业同时占有，否则就可能发生恶性竞争。为避免恶性竞争，企业在营造社会关系网络过程中，聪明的总会自觉或不自觉地找准自己的生态位，做到量能自存，保持自己在社会关系网络中的独特地位，与其他企业形成互利共存关系。计划经济条件下的企业的生态位是政府“先验”给予的，因为没有竞争，所以每个企业都“自得其乐”。市场经济条件下的企业离开了这种“先验”性，所以需要审时度势，首先确立自己生存的基本生态位，即根据社会资源状况、市场份额和社会交换规则确定“我要干什么？我能干什么？”这种基本生态位的准确定位，构筑成企业未来运作与活动的圆点和支点。企业一般的做法首先是拓展生态位。即以社会和市场的需要为导向，在更大范围内探索尚未被发现和占据的潜在生态位，通过社会关系网络使潜在价值变为现实。企业生态位的拓展不是在现有的市场份额中抢滩他人的阵地，而主要来源于主体的创新思维和前瞻目光，所以通过拓展能够实现企业群体整体经济能量的扩张。其次是实施“错位”生产与发展。由于市场力量的介入，企业间不可避免地存在竞争，尽管各自有各自的阵地和领域，但市场的开放性会促使企业生态位出现“泛化”倾向，即为了发展扩大生态位，向他人领域渗透，这样就会形成生态位的部分重叠。开始往往市场容量极大，大家基本能相安无事，然而随着市场需求相对饱和，竞争就会日趋激烈。根据生态位原理，动物界特别是凶猛动物之间，为了避免因争夺食物而造成不必要的伤亡，其寻食时间和区域总是错开的，即生态位错位。即使因生态位的部分重叠而发生竞争，竞争也总是遵循这样一条原则：只要有可能，就要避开竞争对手的制约，避免对双方都无益的较量。为了避免“两败俱伤”的竞争，各企业应当尽量实施错位发展战略。错位发展实际上是指企业依据自身的特质与优势，选择与其他企业不同的社会关系方向和内容，突出差异性，这样既可以摆脱过度竞争带来的无谓“牺牲”，也可以避免因社会资源重复配置而带来的国家人力、物力和财力的浪费。

第二节　企业社会资本的优化与竞争优势

既然企业社会资本是一种能够给企业带来利益的和谐社会关系网络，那么如何通过企业社会资本的优化使其获得更多的收益就成为企业的努力方向。从结构角度看，企业社会资本优化的着力点在于企业社会关系网络和谐程度的提高，从企业目标角度考察，企业社会资本优化的标志就是从利润最大化转向利润最优化，从功能角度分析，就是企业竞争优势的彰显。

一、结构优化：企业社会关系网络和谐程度的提高

企业社会资本的结构优化实即企业社会关系网络和谐程度的提高。

（一）展现为企业利益与国家利益和企业人利益的高度和谐

企业作为一种法人实体，是变化着的政治、经济、文化，社会环境的行为主体，也是而且应该是企业内、外相关者的利益共同体和道德共同体。由于政府作为社会公共管理机构扮演着现代社会公共利益代表的角色，因此，企业组织与社会整体利益或社会公共利益的关系，亦即企业组织与政府的关系。企业在处理与政府的关系上，应当遵循的伦理准则是秩序。企业既要遵守经济秩序准则，又要遵守社会分工的秩序准则。这意味着企业应当依法经营，遵守国家有关法规，依法纳税，接受国家的宏观调控，这样不仅有利于企业自身的长远利益，而且有利于国家和社会的整体利益。与此同时，企业在日常的交往和经济交换过程中，始终遵循生命第一原则、诚实守信原则、公平竞争原则等普适性伦理规范，在实现自身的经济效益、社会效益和生态效益的基础上，实现企业人自身的人性提升和道德进步。

在经济领域中，企业广泛的社会交往和联系对企业的发展至关重要，这些交往和联系是企业的一种社会资本。市场作为一只“看不见的手”在资源配置中起基础性作用。古典经济学之父亚当·斯密在谈及市场这只“看不见的手”的作用时这样描述到：“在这场合，像在其他许多场合一样，他受着一只看不见的手的指导，去尽力达到一个并非他本意想要达到的目的。……他追求自己的利益，往往使他能比在真正出于本意的情况下更有效地促进社会的利益。”① 在自由市场经济时期，资产阶级国家奉行不干预经济原则。但是市场调节并非万能，例如存在危机和失业问题。对此，凯恩斯在《就业、利息和货币通论》一书中指出：“现在主要听任于私人主动性支配的某些事物应加以集中控制……对于消费倾向，国家将要部分通过赋税制度，部分通过利息率的涨落和部分通过其他手段来施加引导的作用。……我感觉到，某种程度的全面投资的社会化将要成为大致取得充分就业的唯一手段；当然，这并不排除一切形式的折衷方案，而通过这种方案，国家当局可以和私人的主动性结合起来。”② 他主张国家应该对市场经济进行必要的干预，政府应扮演着“看得见的手”的角色，对整个社会经济的运行进行宏观调控。企业无论何时都会与政府发生着千丝万缕的关系。边燕杰教授认为，企业通过纵向联系、横向联系和社会联系获取稀缺资源的能力是一种社会资本。其理论假设是，一个企业社会资本量的大小，受经济结构和企业家能动性两大要素影响，社会资本对企业的经营能力和经济效益有直接的提升作用③。因此，企业在遵守正常的市场经济秩序、社会分工秩序和社会法律秩序的前提下，可以发挥其广泛的社会关系网络的功能，尽力拓宽信息渠道，把握市场机遇，在与政府的高度和谐中赢得与竞争对手的比较优势。反过来说，政府也应该尽可能地为包括企业在内的所有市场经济的

① ［英］亚当·斯密著：《国民财富的性质和原因的研究》（下卷），郭大力、王亚南译，商务印书馆1974年版，第27页。

② ［英］约翰·梅纳德·凯恩斯：《就业、利息和货币通论》，商务印书馆1999年版，第391页。

③ 边燕杰、丘海雄：《企业的社会资本及其功效》，《中国社会科学》2000年第2期。

参与主体创造或提供一个充分发挥其知识、智能、信息等聪明才智和公平竞争的制度舞台或环境。

在当代社会中，与企业相比，广大的消费者在资金、信息等方面处于弱势地位，因此消费者的利益往往得不到充分保护，这也使得企业的美誉度不高。当代经营实践表明：顾客、消费者就是上帝，谁赢得了顾客和消费者，谁就具有生存力。管理大师彼德·德鲁克给企业组织目标下的定义便是——创造顾客。顾客是企业赖以生存的基础，没有顾客，企业就无法生存下去。因此，服务必然成为企业与顾客之间的伦理准则。服务社会公众，让顾客满意即以顾客为导向成为企业的中心目标，是企业在激烈的市场竞争中求生存求发展的明智选择。当代市场营销推崇“顾客满意”（Customer Satisfaction，CS）理论，强调市场营销就是一切，“消费就是一切”，“顾客就是上帝”。CS 理论的基本理念是：企业的整个营销活动都要以顾客满意度为导向，要从顾客的角度，用顾客的观点而非企业自身的观点来分析和把握消费者的需求。这里有三个关键因素影响顾客的满意度，即质量、功能和价格。具体说来，企业欲求最大限度地提高顾客满意度，就得从四个方面入手：（1）坚持质量第一的原则，产品的质量关系到顾客和消费者的切身利益。企业不得生产可能危及人们健康及安全的产品，要保证产品的质量，不能粗制滥造、以次充好甚至以伪乱真。（2）要讲究“实用”，即要符合顾客对产品实际功能的需要。尤其在产品宣传中，介绍有关产品的质量性能应名副其实，不做虚假广告。（3）价格适当。销售定价要合理，遵循等价交换原则，即确定产品及服务的价格应该与凝结在产品及服务上的价值量基本相符，不用各种变相手法欺诈消费者。（4）服务至上。产品售后服务是当代企业经营管理的重要环节，注重产品质量内在地要求注重产品售后服务质量。优质的产品售后服务能给社会公众带来更多的方便和利益，同时也是树立企业形象和维护企业信誉的有力保证①。德国最大的汽车制造公司

① 戴木才：《管理的伦理法则》，江西人民出版社 2001 年版，第 274—278 页。

戴姆勒—奔驰公司，以其优秀的品质管理和品质文化著称于世。该公司的广告用语是："如果有人发现奔驰牌汽车发生故障被修理车拖走，我们将赠您1万美金。"奔驰公司如此宣传，正因为有卓越的品质作其后盾，这正是企业注重产品质量的典型范例①。

近年来，商家日益意识到更好地了解顾客的重要性。电子商务和平台商务正在通过改善顾客关系管理（CRM）将销售努力聚集于同顾客建立长久的关系上。不论是CRM还是相互影响营销目标都是从顾客投资的视点提高企业的利润率。因此，4Cs（顾客的需要和欲求，在顾客身上投入的成本，便利和沟通）已成为当代企业营销的要旨②。

（二）企业社会资本的结构优化展现为企业组织间协作与竞争关系的高度和谐

协作和竞争是企业组织间共存的基本关系。随着社会化大生产和市场经济的发展及当代科技的进步，社会分工日益细化，企业之间的联系日益广泛和密切，协作不仅成为必要而且显得越来越重要。同时，企业间竞争也是市场经济和社会化大生产发展的必然结果，更是企业发展和社会进步的动力所在。竞争和协作都是企业生存和发展的策略，企业如何正确选择竞争和协作的发展策略，最终使平等的市场主体和社会都能获益，必然涉及伦理问题。合法的竞争才能为企业提供更多的机会，守约地协作才能为企业长远发展打好基础。企业之间应当谨守公平竞争的伦理原则，以谋求自身的利益。企业之间的恶性竞争与彼此相互排挤，尤其是不顾行业整体的发展而削价倾销，或通过非法窃取对手的经济情报，皆属不道德的行为，应予反对和取缔。企业间的公平竞争应该是符合国家法规的竞争行为，因为法律标准是最具有技术的可操作性、伦理的规范性和价值的评介性的。在构建和谐的市场经济环境过程中，竞争

---

① 刘光明：《中外企业文化案例》，经济管理出版社2000年版，第319—337页。

② Kannan P K, Raghav Rao H. Introduction to the Special Issue: Decision Support Issues in Customer Relationship Management and Interactive Marketing for E - Commerce [J]. *Decision Support Systems*, 2001 (32): 83 - 84.

是市场经济的灵魂，市场正是通过竞争机制发挥其资源基础配置的作用，但是这种市场竞争必须是自由竞争、公平竞争，而不能是限制竞争（垄断）与恶性竞争。市场经济是法治经济，因此市场经济国家都高度重视竞争法的地位，并通过竞争法来规制竞争，例如在英美法系的美国，1890年通过了参议员约翰·谢尔曼提出的《保护贸易和商业不受非法限制和垄断侵害法案》（简称《谢尔曼法》），该法被认为是现代反垄断法之母，是“自由竞争大宪章”；在大陆法系的德国，《反限制竞争法》被称为规范德国市场经济的“基本法”；我国也制定了《中华人民共和国反不正当竞争法》和《中华人民共和国反垄断法》，它们分别旨在营造良性竞争和自由竞争的和谐市场环境。企业之间存在竞争的同时，也会为了谋求共同利益相互协作，并订立契约（合同）。契约的作用就是规定双方相互之间的义务和权利，它必须是双方真实意愿的反映。市场经济的一个重要特点即它的契约性。只有双方共同遵守契约，重合同、讲信用，诚守信诺，协作才能持续和加强。因此，守约和讲求信用是企业协作的基本伦理规范。按照这些伦理规范进行企业运作，可以提高企业之间的和谐程度，使企业获得独特的生态位。

（三）企业社会资本的结构优化展现为企业内部管理者与被管理者之间的高度和谐

在企业经营管理活动中，有效的管理需要同时发挥管理者和被管理者的能动作用。在管理的运行过程中，管理者一般都拥有一定的权力，包括法定权、强制权、奖励权、专长权和个人影响权等五种成分，其中，前三项来自组织结构的管理要求，后两项主要是由个人的品质和能力决定的，管理者拥有权力是为了实现他的指挥管理职能[①]。然而，管理者如果仅凭权力的指挥棒去指挥被管理者，未必能令对方真正心服口服，充分调动对方的主动性、积极性。因此，作为一个管理者，还必须运用非权力的方法。情感因素是构成管理者非权力影响力的主要因素，也是影

① 苏勇：《管理伦理学》，东方出版中心1998年版，第152—153页。

响被管理者主动性和工作效率的重要因素，要发挥情感在管理中的效能，以情动人，充分开发被管理者的潜能，激发其内在动力。可以说，管理者在具体的管理活动中应该遵循信任人、尊重人、关心人的内在伦理规范原则。威廉·大内曾指出，Z 理论的第一课就是信任。管理者若能善于运用信任这一情感因素的激励作用，则可激发被管理者积极进取、努力作为的主体心态，使他们产生高度负责和自我控制的责任意识，显现蓬勃向上的工作热情。尊重被管理者，就是对被管理者的价值、才能的充分肯定。任何人都有自尊心，都希望得到别人的尊重和理解。一个具有很强自尊心的人，就会对工作具有强烈的责任感。因而，管理者如果尊重被管理者的人格和主体地位，尊重被管理者的感情、兴趣、爱好及其劳动成果等，则必然能够赢得被管理者的大力支持和理解。管理者尊重公司职工有助于维护和提升心态和谐。在公司内部，管理者要关心每位职工的生理健康与心理健康，使职工心态和谐。另外，随着物质生活水平的提高，当代企业的职工已经不完全是亚当·斯密所假设的“经济人”了，对此企业在管理中应该“以人为本”，尊重企业职工，例如根据《中华人民共和国公司法》，公司工会代表职工就职工的劳动报酬、工作时间、福利、保险和劳动安全卫生等事项依法与公司签订集体合同；公司通过职工代表大会或者其他形式，实行民主管理；公司研究决定重大问题时，应当听取公司工会的意见，并通过职工代表大会或者其他形式听取职工的意见和建议。人总是为实现含有社会和集体价值因子的自身需求而行动，是在为集体贡献的过程中，满足自身的需求。关心人就得了解和提升人的需求，并帮助其满足自身的需求。如果企业管理者关心、理解、热爱被管理者，被管理者就会关心、热爱企业组织，具有归属感，他们自然心情舒畅，处于高度的心态和谐状态，这也必将激发他们的工作积极性，从而推动公司事业发达。在企业内部，管理者与被管理者形成了和谐共生的生命共同体，企业也就成为所有企业人的人格共同体。企业作为一个社会机体，它的有机性、创造性源自包括管理者和被管理者在内的所有企业人的和谐共生。

与此同时，企业组织是由管理者与被管理者组成的整体，必然内在地包含着管理集体与个体成员的关系，权利平等、公平与民主原则等外在的管理伦理原则被企业内化后，便成为处理管理集体与个体成员关系的基本准则。权利平等原则，就是要求企业组织对待员工一视同仁，而非亲疏迥异、差等分明；公平原则，主要是指企业应当充分考虑员工的平等性，给员工提供均等的机会，使员工产生公平感，从而以良好的心态专注于工作；民主作为调适企业组织内部人际关系的重要原则，其实质在于让企业员工有机会参与管理，对全体员工提供一种满足自我实现需要的平台，由此促使他们努力工作，并将工作的作用点聚焦于企业组织目标。只有当人们感受到自己确实在从事被自己认可的事务时，才能真正激发起对企业组织的归属感、使命感、责任感，从而为企业的生存和发展尽心尽力。在如何处理管理者与被管理者的关系问题上，有许多生动的案例值得我们深思。王安电脑公司由成功走向失败，成为一颗耀眼的彗星，究其原由就是暮年的王安陷入家族式管理脉脉温情的误区，不能善于调动和发挥属下员工的创业激情，错失市场良机，注定逃脱不了失败的命运①。而柯达公司在创业初期便设立了“建议箱”制度，公司里任何人都可以对公司的某一方面或者是全局性的问题提出改进的意见，公司虽然为采纳这些意见付出400 万美元，但这些意见使公司因此而获利 2000 多万美元②。所以说，企业的管理者应该信任、尊重和关心员工，正确地处理集权与分权及领导和员工的责、权、利之间的关系，合理分配员工的个人利益与企业的集体利益，这不仅是管理的内在伦理规范，更是激发员工的归属感、使命感和责任感，从而成为企业创造巨大财富的不竭动力和资源。

二、目标追求：从利润最大化转向利润最优化

企业社会资本的优化在企业目标追求上的标志是从利润最大化转向

---

① 刘光明：《中外企业文化案例》，经济管理出版社 2000 年版，第 396—410 页。

② 苏勇：《管理伦理学》，东方出版中心 1998 年版，第 189 页。

利润最优化。作为一个经济实体，企业必须追求利润。但是21世纪的企业发展理念已不是传统市场经济下的“利润最大化”，而是基于社会责任履行的“利润最优化”。生态时代的企业已不是单纯的经济实体，其作为伦理实体的地位已不容忽视。企业在追求利润价值的同时，还要追求品牌价值、文化价值、社会价值和生态价值。从本质上看，追求“利润最优化”，就是要求企业实现追求利润和履行社会责任的良性互动。企业的社会责任，应该包括四个方面：即经济责任、法律责任、道德责任和自愿责任（指企业出于自愿，主动承担社会义务）。其中，前两项责任是社会对企业的基本要求，后两项是社会对企业的期望要求。社会责任作为一个整体，表现为企业追求利润与履行其他部分责任的同步性，一个负起社会责任的企业乃是追求利润与遵纪守法、富有道德、关心公益、声誉良好的社会组织。众所周知，在华人企业家中，像邵逸夫、包玉刚、李嘉诚、霍英东等许多爱国华商，受到中国文化传统中“义以天下”的思想影响，他们在事业发达之后，热心公益、乐善好施、兴办教育、回报祖国。他们在艰苦的创业历程中，饱尝了人生的艰辛和磨难，深切感悟到个人和企业的生存离不开社会的支持和发展，他们用回报社会的实际行动为正确处理企业与社会的关系做出了榜样，通过伦理规范的操守调适了企业与社会的关系，提高了企业与社会的和谐程度，优化了社会资本，同时也使自己的企业兴旺发达。

事实上，企业社会责任作为当代企业管理研究领域中的一个重要概念，就是在对“实现利润最大化”这一西方传统经济理论中有关企业目的假设的反思中逐渐发展起来的。

霍华德·R. 鲍恩（Howard R. Bowen）1953年在《商人的社会责任》一书中最早明确提出了企业社会责任概念。他把“商人的社会责任”定义为“商人具有按照社会的目标和价值观去确定政策、做出决策和采取行动的义务。”① 现在一般认为，企业社会责任是指企业对社会和

① Howard R. Bowen，1953，*Sosial Responsibilities of the Businessman*，New York：Harper & Row，p. 6.

公众应负的责任和义务。一个企业应以一种有利于社会和公众的方式进行经营和管理，不唯纯粹的企业自身发展目标，而是勇于承担高于企业自己目标的社会义务，追求对社会有利的长期目标。具体地讲，企业社会责任就是企业在谋求股东利益最大化之外所承担的维护和增进企业其他利益相关者利益的义务。包括企业对雇员、消费者、债权人、竞争者、企业所在社区、政府及环境等诸方面利益相关者的责任。与此相关，理论界曾经历了若干次的大论战。

第一次是哈佛大学法学教授多德（Dodd）和哥伦比亚大学法学教授伯利（Berle）关于管理者受托责任的论战。他们讨论的本质问题是现代企业在社会中的作用，即企业是追逐利润最大化的私人企业还是一个社会组织？企业管理者是受托于股东还是受托于整个公司？伯利坚持认为股东的利益是在其他对公司有要求权的人的利益之上；多德则强调法律之所以允许和鼓励经济活动不是因为它是所有者利润的来源，而是因为它能服务于社会。两人的争论最后表现为互相的接纳和“妥协”，特别是伯利，后来更是在多个场合谈及企业的社会责任，他在《现代社会中的公司》一书的序言中说道：“现代管理者不仅仅是为了利润最大化经营企业，事实上并且法律也确认，他们是一种社会制度的管理者。”[①]

第二次论战是伯利与先后在多所大学任教的法学教授曼尼（Manne）之间关于现代公司作用的争论，伯利认为现代企业应当是负有社会责任的社会组织，因为亚当·斯密的古典自由市场理论已经不再适合于现代公司；曼尼则站在截然相反的立场上坚持自由经济，“如果公司要在一个高度竞争的市场上出售产品，他就不可能从事大量的非利润最大化的活动，如果他一定要这样做，那么很可能就无法生存”[②]。他认为公司只是一种经济组织，强调公司社会责任会危及自由市场。

---

① Mason, Edward, S. (ed), *The Corporation in Modern Society*, Cambridge: Harvard University Press, p. xii.

② Manne, Henry G., 1962, The "Higher Criticism" of the Modern Corporation, *Columbia Law Review*, 62 (3), p. 416.

在论战中比较有影响力的是1976年诺贝尔经济学奖得主弗里德曼（Friedman）对公司社会责任思想的批判。他没有确定的论战者，只是以他的观点论战所有坚持企业社会责任的观点，捍卫自由经济的思想，他认为公司社会责任思想是对自由经济“根本上有颠覆性的学说”。公司如果“确实有实实在在的社会责任，那就是在遵守法律和适当的道德标准的前提下，尽可能地挣更多的钱。”① 值得说明的是，弗里德曼反对公司社会责任并不意味着他的立场是扬恶抑善的，是主张人性自私的，事实上他认为，市场机制能够把客观上公司的自利行为转化为社会福利的整体提高。由此可见，以弗里德曼为代表的自由经济主义者与公司社会责任思想在终极意义上并不矛盾，都认为企业要服务社会和公众，不过在实现的手段上存在分歧而已。

20世纪80年代，以德鲁克（Drucker）为代表的管理学界也介入了经济学界对于社会责任的纷争。他们的观点既与公司社会责任思想的支持者不同，也与公司社会责任思想的反对者有别。他们认为“利润”、“社会责任”都应该是企业的需要，但两者的关系是“赚钱行善”而不是“行善赚钱”。德鲁克说：“目前大部分对‘公司社会责任’的讨论都假定和隐含赚取利润在本质上是违背‘社会责任’的，或者至少是与社会责任无关的。……现今，社会责任的赞同者，很少考虑‘赚钱行善’，也就是将社会的需要和问题转化为公司的赢利机会，即使那些否定公司负有社会责任的人（例如弗里德曼）也很少这样看。”② 德鲁克不仅以企业管理学的视野对社会责任提出了一个具有现实意义的新解释——“赚钱行善”，而且他还进一步梳理明确了自由经济主义思想与社会责任思想的区别是由表面“量”的不同而趋结果“质”的不同，自由经济主义者主张“利润最大化”，而社会责任思想者不是不要利润，而是追求“利

---

① Johnson, Willa, 1989, Freeman and Philanthropy: An Interview with Milton Friedman, *Business and Society Review*, Vol. 71, p. 14.

② Drucker, Peter F., 1984, The New Meaning of Corporate Social Responsibility, *California Management*, Vol. 26 (2), p. 59.

润最优化”。

在关于企业社会责任的论战中，以弗里德曼为代表的反对者的主要理由是，企业管理者没有权力将所有者的钱花费在对企业无利可图的目标和利益上，企业社会责任对企业来说是纯粹的无效付出。为此，一些学者开始致力于企业社会责任与经济业绩的关系分析，借以说明企业社会责任并非“无利可图”，社会责任与经济利益存在一致性，至少企业社会责任对企业是无害的。其中以社会影响假说最具代表性。

建立在相关利益者理论基础上的社会影响假说，其基本观点认为履行社会责任越好（差）的公司，其财务业绩也越好（差）。即企业社会责任与企业财务业绩之间存在着因果关系，而且是正相关关系。一般说来，公司对社会有积极影响的行动会提高自身经营的效率，起码从长期来看是这样。例如，与员工的良好关系会增加员工的满意度而刺激工作效率，并能招募到更好的员工；与顾客良好的关系能够形成并固定市场份额，抵御可能的市场风险等等。这些都能带来公司更好的经济效益。从企业运作和发展的理论看，可将公司社会责任看做一组各种要素投入者和最终产出购买者之间相互联系的契约。股东和债权人，还有各种利益相关者都是公司的“索偿者”，他们对企业资源的索取权可以是诸如工资合同和产品保证等一般由法律保证的显性索取权，也可以是诸如服务状态或工作保障等更多依赖管理者的道德自觉的隐性索取权。但企业的价值不但取决于显性索取权的成本，而且取决于隐性索取权的成本。隐性索取权中的很大部分是以企业社会责任为指向的。如果公司采取对社会不负责任的态度和行为，那么拥有隐性索取权的利益相关者就可能将这些隐性契约转化为显性契约，这种显性契约可能要企业付出更高的成本。例如，一个公司不兑现在环境方面对政府和社会的承诺，那么政府和社会就会对该企业实行更严格的监管和经济规范，甚至付诸法律，迫使该公司履行环境责任。同时，公司对社会不负责任的态度和行为还会从心理上溯及企业的利益相关者，促使他们采取一些提高企业交易成本的行为。总之，社会责任履行良好的公司的隐性契约成本要比履行不好的公司低，所以有更好的经济效益，而且，不履行社会责任的公司会形成相关人群对他们的信心不足，甚至恐惧，相应的公司的风险溢酬就会提高，最终导致成本上升而陷于市场被动。[①]

“社会影响假说”今天正在被越来越多的企业实践所证实。由美国学者珊德拉·瓦道克和沙缪尔·B. 格雷夫斯进行了一项关于“企业的社会表现与财务绩效的联系”的研究，他们考察了美国多个行业的465家企业的社会责任表现和财务绩效之间的关系，结果发现：良好的社会责任表现与企业资产回报率高度相关，良好的社会责任表现和销售报酬率高度相关。同样，由学者斯蒂芬·J. 盖伦所进行的实证研究也得出了相似的结论，即企业一般不会仅仅为了取得迅速的经济收益才投资于社会公共项目，但是他们的投资确实取得了良好的“间接”回报，如企业形象指数提升了99%，员工对公司的信任感指数提高了98%，人才吸纳指数提高了93%，特殊目标和计划社会支持指数提高87%，企业纳新能力指数提高了85%等等。[②] 另一学者拉夫与他的合作者2001年从一些机构的数据库中获得公司在产品责任、社区关系、环境保护、妇女以及小群体、员工关系、核能、军事合约和南非事务等八个方面的表现数据，然后通过问卷调查确定这八个方面的重要程度，最后用加权平均的方法得出公司社会责任的表现指标。在财务业绩指标上，他们选用了净资产报酬率、销售报酬率以及销售增长率等会计指标。他们通过相关分析和动态分析发现，公司社会责任的变动不但与当期的财务业绩变动正相关，而且与后期的财务业绩同样正相关。这一结果表明，公司社会责任的提高不仅能提高短期的财务业绩，还有利于长期的财务业绩[③]。

在实践层面，企业践行社会责任的过程中有两种截然不同的做法。

---

① 沈烘涛、沈艺峰：《公司社会责任思想起源与演变》，上海人民出版社2007年版，第120—121页。

② 数据引自陈湘舸、陈艳婷：《企业社会责任与企业效率关系辨正》，《理论探索》2008年第2期。

③ 沈烘涛、沈艺峰：《公司社会责任思想起源与演变》，上海人民出版社2007年版，第121—122页。

一种是“行善赚钱”，另一种是“赚钱行善”，客观表象上两者具有同样的社会责任行为，但却遵循着不同的甚至是对立的价值观。“赚钱行善”将社会责任视为企业的应然行为，“善行”已经内化为企业生命意义的一部分，“善行”是目的，赚钱是手段，因为承担社会责任需要增加公司的支出，所以必须通过赚钱形成足够的资源，美国钢铁大王卡内基的名言就是“做富人的唯一目的是为了行善，上帝要我们赚钱是为了让我们行善”。而“行善赚钱”将社会责任视为企业的外在强制，“善行”不是企业的伦理需要，而是企业的经济需要；“善行”是策略，赚钱是目的。他们将“行善”作为改善企业公共关系的广告，追求高于企业“行善”支出的利润回报，所以这些企业的“善行”具有或然性，他们在做之前要进行严格的经济判断和利润回报核算。

企业社会责任作为企业发展的一种“策略”行为，在现实社会中普遍存在。这些策略行为，游走于伦理行为与工具行为之间，它们在主观上可能并不是出于伦理的动机，而是个人或企业的运营策略，其价值指向是广告效应和社会资本积累，但客观上具有伦理效果。东南大学的樊浩先生在对此进行了研究后认为，在经济伦理中，策略行为不能归类为伦理的价值行为或目的行为，在相当多的情境中，它可能连伦理的“形式”都不健全；但也不能完全归类于工具行为或经济行为，因为它确实导致伦理后果或具有伦理的“形式”，工具行为很可能造成伦理上恶的后果，至少会造成一切伦理学所深恶痛绝的“伪善”，而策略行为和伪善还有明显距离；比较折中的做法，是将它归类为“价值中立行为”。但应当看到，策略行为具有浓厚的工具行为的本性，大多数的策略行为最终甚至很快会与工具行为合流，它不应该属于真正的伦理行为。那么究竟什么是真正的伦理行为？黑格尔说：一个人做了这样或那样一件合乎伦理的事，还不能就说他是有德的；只有当这种行为方式成为他性格中的固定要素时，他才可能说是有德的。德毋宁应该说是一种伦理上的造诣[①]。

---

① 樊浩：《道德形而上学体系的精神哲学基础》，中国社会科学出版社 2006 年版，第 153—154 页。

市场经济发展过程中确实存在一种矛盾和尴尬，伦理作为“最好的动力”，却动力不强，而经济作为“最强的动力”却不是最好的动力。解决这种矛盾和尴尬的办法，应该是建立一个“过程”的思想，一个由外而内的动态思维观。许多企业为“得”而“善”，这种“善”客观上至少不是对社会环境的“污染”，可能的情况是，这是实现纯粹的真正“善”的一条路径。即在外在经济压迫之下实施“善”，客观上有利人和利社会的倾向，更重要的是，企业长期在这种弥漫“善”的环境中生活，以心理的“惯性”作用，“善”最终会由外在的强迫渐趋内在的“自觉”。

企业社会责任的履行使得企业的利润成为阳光下的利润。履企业社会责任内在的“善”引导着企业的经营管理活动的基本方向，调适着企业与社会、自然环境、政府、竞争对手、消费者、企业员工等之间的关系，使企业在利润和伦理的良性互动中真正获得经济效益、社会效益和生态效益的统一，从而昭示出企业社会资本的优化。

三、功能表现：企业竞争优势的彰显

企业社会关系网络和谐程度的提高，企业从追求利润最大化转向追求利润最优化，是企业社会资本优化的两个重要向标。这在功能上彰显出来，就是企业竞争优势的形成。这种竞争优势主要表现在以下几个方面[①]：

（一）企业经营风险的降低

随着市场竞争的日益加剧，企业所处的经营环境也变得更加微妙。如果企业遭遇到一些突发性的事件或是企业在经营中稍有不慎，就有可能造成无法挽回的后果，这无疑加大了企业的经营风险。而企业社会资本的优化，在一定程度上可以起到降低企业经营风险的作用。如果企业能够和银行、供货商等利益相关者保持高度和谐的关系，银行允许企业延期支付债务、供货商也同意企业推迟支付货款，企业就有可能在非常

① 付泳：《企业社会资本的若干思考》，《经济研究导刊》2009年11期。

时期获得宝贵的喘息之机，避免由此引发的经营风险。

（二）企业创新能力的增强

美国经济学家简·弗泰恩和罗伯特·阿特金森在《创新、社会资本与新经济》中指出，创新是企业发展的原动力，在传统经济条件下，创新通常是在研究、开发与生产方面采取一系列分散的步骤实现的。以我国为例，在很长一段时间，研究者、开发者和生产者各自为政，“老死不相往来”，具有浓厚的“自我本位”情结。其结果是各主体间既缺乏共享、联结，也缺乏竞争，导致整个经济生命体的活性大大下降。在信息经济时代，创新更多是通过一种借助动态的生产关系或合作创造价值的网络实现的。科研院所、高等院校、企业应当准确定位自己在创新链中的基本生态位，即从社会和政府分配中取得的“先验”阵地，以避免人力、财力的重复和浪费。一般来说，科研院所承担着科学知识的创新，特别是基础知识创新的艰巨任务；高等院校承担着知识生产、技术生产和知识传播三合一功能，是产学研三者联结的枢纽；而企业是技术创新的主体，是知识创新的延续和归宿，扮演着将科技由潜在生产力转化为现实生产力的重任。由于企业是创新链的最终段，故而在整个“合作”创新过程中起着重要的“胶合剂”作用，此时，企业的社会资本能够使合作网络运行顺畅，真正形成一种创新“合力”。

（三）企业机会利益的增加

机会利益是指在不对称信息条件下企业利用相对信息优势所提供的各种优先机会而获得的经济收益。市场经济的一个显著特征是信息不对称，按照博特的提法是存在着“结构洞”（Structure Hole，指三人或以上构成的封闭关系网络中，其中任何两个关系发生中断，则第三者就处于绝对控制信息的有利位置，即“结构洞”位置，它可以带来信息利益与控制的利益），而企业竞争在很大程度上取决于其对信息的占有状态。我国学者边燕杰、丘海雄对广州 188 家企业作了实证调查，结果发现企业的社会关系状态与其经营状况呈正相关。企业通过各种纵向、横向和其他社会联系，可以使之“获得价值连城的信息，捕捉令企业起死回生的机遇，摄取稀缺资源，争取风险小获利大的生产项目，从而在愈来愈激烈的竞争中避短扬长，立于不败之地"[①]。可见，未来企业的竞争已不仅仅是生产技术能力的竞争，还有信息获取能力的竞争，提高企业信息需求满足率正日益成长为企业增强竞争力的一个关键，因为在不对称信息条件下，良好的、合理的社会关系、人际关系往往能够提供一种信任机制，使经济交易融入一些情感因素，为"关系网"内成员间的合作、获取更大的机会利益奠定基础。从这一点而言，企业应当也必须有意识地投资，建立广泛的社会关系网络，为企业获取机会利益提供有利条件。

（四）企业"隐性契约"的形成

企业社会资本的积累有助于企业与利益各方形成"隐性契约"，增强企业获取经济利益的稳定性。这里隐性契约主要是指企业与各利益群体之间在一定的经济背景、制度背景和文化背景下，建立起来的一种双方心照不宣，但却有一定约束力的非正式契约。企业在与其他利益主体合作的过程中，即便是在签订正式契约的情况下，也具有很大的不确定性，"合同"只能就事论事，不可能涵盖双方合作的一切事宜。而在长期"关系"积累中形成的靠情感和诚信来运行和调整的隐性契约，能够弥补这种不稳定，维系企业运作的相对稳态。日本一位汽车业人士曾说，他们和一些供应商的业务是那样的长期、稳定，以至于和他们签订详细、明确的契约已成多余。还有，企业社会关系网络中不同主体间的信任与合作，使企业在网络成员中树立了良好的声誉，并能通过网络向社会传递，这无疑有利于"隐性契约"的形成。

（五）企业交易成本的降低

在市场交易的过程中，由于信息不对称、机会主义行为等原因的存在，不可避免地存在着交易费用。这些交易成本的存在对企业来讲无疑是一种负担，而企业社会资本可以有效地降低交易成本。首先，企业的社会网络建立在信任与合作基础上的，网络间的成员已经培育起良好的

① 边燕杰、丘海雄：《企业的社会资本及其功效》，《中国社会科学》2000年第2期。

伙伴关系。发生在网络间的交易相对来说信息不对称的状况较低，机会主义行为发生的概率也较小，因此，企业间社会网络产生的社会资本有效地阻止了上述情况的发生，自然也就相应降低了由此带来的交易成本。其次，由于企业社会资本可以培育企业良好的市场声誉，有利于减少交易时的信息不对称的程度。同时，企业社会资本还有助于企业获取更多的市场信息，增加企业的市场机遇，可以减少企业的搜寻成本。

（六）企业组织效率的提高

从企业内部看，高度和谐的社会关系网络，可以减少正式组织内耗和管理成本，提高正式组织效率，可以使非正式组织与正式组织的协同耦合。这不仅推动着个人积极性与创造性的合理尽性的发挥，而且促进着个人积极性、创造性的有效整合，个人目标与企业目标的协调一致。

总之，企业社会资本的优化，可以提升企业实力，激发企业活力，能够使企业在激烈的市场竞争中占领先机，获取丰厚的经济效益和社会效益，从而提高企业的综合效益，形成企业的竞争优势。

第三节　优化企业社会资本的伦理道德机制

前已提及，企业社会资本是一把“双刃剑”。企业在不断受益于社会资本的同时，也出现了一些不容忽视的负面影响和作用，企业在营造社会关系网络和使用社会资本的过程中存在着伦理的边界，如何运用伦理道德机制避害趋利，优化企业的社会资本就成为一个必须解决的现实的难题。

一、企业社会资本的负面影响

由各种人脉关系组成的企业具有不同先赋的关系资本，即社会资本状况不同，如果过度使用，甚或通过破坏他人之间的关系，挖掘“结构洞”并加以操控，必然造成强势企业在已经获得大量社会资本的基础上进一步形成“通吃”，而弱势企业却因缺乏固有的社会资本进一步被边缘化。“损不足而奉有余”的马太效应是违背社会发展规律的逆向态势，其结果是将不公正、不平等推向极致，最终形成不利于社会进步的垄断企业阶层。

从经济学的角度来看，市场经济建立在公平竞争的基础上，它所带来的是资源的充分利用，而社会资本过度使用容易使资源利用表现出明显的封闭性，降低社会资源的总体效益。社会资本的核心是“关系资本”，它需要在从原创到再创造的动态变换中保持和提升价值。社会资本的不当使用易于形成一个所谓的“关系圈”，这个“关系圈”带有封闭性，会自动形成对圈外成员的天然排斥，而圈内成员也很容易因为隐性的圈内约束规则获得社会稀缺资源。当特定的稀缺资源被资本化为圈外人难以摄取的社会资本时，就必定相应增加了圈外人摄取稀缺资源的成本，此时由于被迫承担了高额的圈外人成本，最终使个别企业的交易总成本以及相应的群体间交易成本大幅增加，而降低整个社会经济的活性。

社会资本的不当使用，另外一个消极的副产品是引发政府官员的权力寻租和社会上受贿腐败行为的频发。公正地说，社会资本不能等同于寻租行为和腐败行为，寻租行为的发生关键是政府职能部门对企业经济事务不恰当地介入和不合理地管理，使得某些政府官员有机会与空隙与一些受到“庇荫”的企业分享由此产生的“政策性利润”。企业社会资本也不是企业的私有财产，不能随意转让；但如果被过度使用，就能通过不对称的义务与期望、独占的信息交流、扭曲的规范与惩罚、失效的权威关系等要素将社会资本由公共物品转化为私人物品，从而贻害企业竞争的公平性与公正性。社会资本过度使用所致的腐败问题的最根本的动因在于职能权力介入企业的正常运作。当权力介入企业社会资本的积累过程中后，就能够使企业社会资本的量能出现超常规快速扩张与膨胀，权力拥有者通过权力的滥用或者交换更加努力和积极地介入企业社会资本中来，如果不加遏制，新的权力与人际关系资源会源源不断地进入企业"寻租"。

社会资本的不当使用的另一消极后果是，企业内部上下级及员工之间可能由于利益问题造成不和，使企业生产效率降低，内耗加大，直接影响企业的经营绩效，最终导致恶性循环，既不利于企业自身发展，又不利于社会财富的积累。

企业社会资本所存在的负面影响，必然要求加强企业内外部社会资本的管理。除了运用法律、制度等强制性规范约束企业的行为之外，还应充分发挥管理伦理的软约束效力，通过企业伦理道德机制来引导和约束企业的内外部行为，调适企业的内外关系，实现企业社会关系网络的高度和谐，从而优化企业的社会资本，放大其正面价值，消弭其负面影响。

二、伦理规范对社会资本的管理优化功能

人类从诞生之日起就开始了对自我行为的限制和规范，伦理正是这种规制和引导，它以评价的方式为人们提供具有约束性的行为规范体系和等级次序的价值观念体系。伦理的存在缘于伦理的功能所提供的价值，伦理的价值正是指向社会秩序的需要和人的自我完善与实现的需要的满足。因此，伦理本质上是人类对自我的一种内在管理活动。作为人类精神实践把握世界的活动方式，伦理活动是主体有意识积极地扬弃自身的规约活动，是人类追求自身的自由解放和全面发展的精神规约活动。伦理活动不仅具有评价性和选择性，而且具有目的性、创造性和自觉性。这些属性从不同侧面反映了伦理价值的深层内涵，即人类对自我的内在管理，是人类为了自己的全面发展而自由自觉的创造。伦理作为人类的自我发展在个人欲望的满足与社会秩序的和谐之间的一种平衡机制，既是人类自我实现的方式，也是社会矛盾的调节方式和社会关系的调节手段，是人类对自我的一种特殊的社会管理方式。伦理作为一种非制度化

的管理职能，与政治或法律等强制性或制度化管理不同，它具有规约的非强制性、渗透的广泛性、义务的本位性和对象的灵活性等特点。伦理管理功能的发挥是以凝聚、导向、操作、整合及激励等方式体现出来的。

管理与伦理相结合，还在于管理内在的道德性。人类的管理活动内在地包含着规律性和价值性两个方面，一方面，管理遵循主体合乎客体方面的规律性，另一方面，管理又遵循客体合乎主体方面的目的性和价值性。通过价值性把握规律性，在规律性的基础上实现价值性，这是坚持管理“两性”的有机统一的科学方法。管理在本质上是对人的管理，管理中包含着对人的道德价值目标的追求，内在地具有自己的道德性。由于伦理自身就具有管理职能，是一种特殊的社会管理方式，因此管理与伦理具有内在的统一性，把管理与伦理结合统一起来，是“伦理的管理性质”和“管理的价值和伦理性质”的内在一致性和相关性的必然要求。管理和伦理具有同质性、相容性，同时也具有不可替代的异质性。同质性和相容性使两者相互体现、相互渗透、相辅相成，异质性使它们相互补充、相互依赖、相互推动，共同成为两者结合的内在基础①。

如前所述，企业的社会资本乃企业内外和谐的社会关系网络，企业社会资本的优化就是企业内外社会关系网络和谐程度的提高，以及企业所追求的目标从“利润最大化”转向“利润最优化”（“利润最优化”体现了经济、社会、生态三大效益的统一）。企业内外关系网络和谐程度的提高意味着企业社会关系网络向具有系统有机性的生生和谐和具有环境适应性的协变和谐的切近，企业对“利润最优化”而非“利润最大化”的追求标志着企业向具有价值合理性的臻善和谐的切近。按照我们对广义的生态和谐理念的界定，这实质上就是企业社会关系网络向生态和谐的切近。相应的企业社会资本优化就是企业社会关系网络向生态和谐的切近。“伦理的管理性质”和“管理的价值和伦理性质”决定了伦理规范对人与人之间关系的调节功能。这种调节功能在不同的历史时期，

① 戴木才：《管理的伦理法则》，江西人民出版社2001年版，第30页。

不同的人群范围具有不同的指向。对生态时代的企业人群而言，这种调节功能理当指向于促使经济、社会、生态三大效益相统一的企业社会关系网络和谐程度的提高，亦即指向于企业社会资本的优化。如果特定的伦理规范能够提高给企业带来最优化利润的企业社会关系网络的和谐程度，那就标志着这种伦理规范对企业社会资本具有管理优化功能。

总之，伦理规范作为一种特殊的管理方式，从一开始就具有调节人与人之间关系的功能。伴随着伦理规范的发展和完善，这种调节功能愈益显现出优化功能，引导与规约着生态时代的企业社会关系网络趋于生态和谐。企业运用伦理规范对其内外关系网络进行伦理评价和应然性协调，可以使企业社会资本得以优化。

三、企业管理伦理规范与道德资本的转化链接

伦理规范对企业社会资本的优化是通过其与企业道德资本的转化链接实现的，两者的转化链接共同构成优化企业社会资本的伦理道德机制。

从缘由上看，企业管理的伦理规范包括外在和内在两个层面。所谓企业管理的外在伦理规范，是指企业管理作为人类社会实践活动的一种高级组织方式，“总是处于一定的人类文化和社会伦理背景中，必须体现普遍意义上的伦理原则和道德追求”①，也就是说企业管理要合乎伦理性和道德性，它是人们把既定的管理概念的本质规定和运作框架放在社会文化和社会伦理道德的背景中引申出的伦理原则和道德要求。因此，企业管理的外在伦理规范就具体表现为一些普遍的伦理原则的特化，具有普适性的社会伦理规范渗入企业，被企业人所接受，并根据企业相对于其他实践领域的特殊性加以改造和遵守，就变成了企业伦理规范。这种伦理规范是从企业外部引入的，从缘由上考虑，可以称之为企业的外在伦理规范。诸如公正原则、人道原则、效率原则、民主原则等在一定的

---

① 戴木才：《管理的伦理法则》，江西人民出版社2001年版，第28页。

人类文化和社会背景中提炼出来的伦理原则业已引入当代企业，成为当代企业管理实践中协调人与人之间关系，优化社会资本的主要的外在伦理规范。

（一）公正原则

公正，也即公平、正义。从认识论和价值论角度理解，公正反映的是以社会利益关系为客体的价值关系，其本质内涵是社会利益关系的合理性。不同的评价主体因其在生活中所受到的各方面的制约因素不同，而对社会利益关系的合理性作出不同的判断，形成迥然相异的公正观，表现出公正观的具体性、历史性。从管理伦理的视角看，还可以把“公正”理解为一种人、社会和组织相互关系的合理状态，它所反映的是个人和组织在社会中的地位和利益关系，这种关系有两个方面的表现：一是在人际关系方面，公正反映权利—义务关系，即对个体基本权利（如企业人的人身权利等）的正当占有和维护以及对他人基本权利的承诺；二是在个人与社会（包括企业、政府和各种社会群体、集团等）的关系方面，公正代表各社会成员对其所在社会的合理利益分配和正当秩序安排的期求，并且反映了社会实施的公平的利益分配尺度，包括基本权利和义务的分配尺度。这两个方面作为公正原则的基本内容，在管理伦理的建立中都是不可或缺的。在管理活动中坚持公正原则，就是要求坚持人的基本权利与基本义务的统一，坚持反映合理公平的利益分配尺度以及体现公益原则①。除此之外，企业在经营管理过程中还应该站在可持续发展的高度，关注和践行生态公正和代际公正。

厉以宁先生曾在中国企业文化建设交流研讨会上提出，对公平的经济学解释一般有三种：平均分配之公平，机会均等之公平，收入的合理差异之公平。这三种解释都有道理，但又不同程度地存在着一定的局限性。他认为，应该有第四种解释，即认同之公平。这里强调了认同的作用，不管利益关系如何复杂，只要利益相关者有了认同感，就会产生一

① 戴木才：《管理的伦理法则》，江西人民出版社2001年版，第213页。

种公平感。其实，在任何企业都不可能做到绝对的公平，但是认同感的培育却可以使其员工产生一种公平感。

就企业与政府的关系而言，政府对企业应奉行服务式管理，在给企业提供“政策性资源”以及分配其他社会资源时恪守公正的伦理规范，消解“寻租”行为：维护企业权利的平等，对所有企业公开披露“政策性资源”以及其他社会资源的信息，公平实施资源分配；维护企业机会的平等，使每个企业在市场经济大潮中都有平等选择的机会；引领企业紧扣时代脉搏，认同国家政策指向，培育企业在发展生态经济、建设生态文明上的公平感。解决问题的关键是国家应当将公正的伦理规范制度化，重新布局政府与企业的关系，当职能权力之于企业不具有生死攸关性时，它的“租金”自然也就难以寻到了。企业在寻求政府资源时，应奉行生态位原则，与其他企业公平竞争，而不是机会主义地挖掘和操控“结构洞”，引发企业之间的恶性竞争。

在内部管理过程中，企业可以从三个方面作出努力。首先，维护员工权利的平等，它体现在许多方面：如在知情权上提高员工对企业信息的了解程度，在选择权上提高员工在企业内部的自由程度，在决策权上提高员工对企业工作的参与程度。当然，这里必须考虑由于工作性质不同或职务不同而应该具有的差别。其次，维护员工机会的平等。机会平等是指把一切机会面向全体员工予以透明与公开。尽管企业运行过程的复杂和偶然，可能会造成事实上机会对某些成员一时的封闭，但企业管理者应该尽可能做到将机会公诸于全体成员，使每个员工都有平等选择的机会。最后，维护员工分配中的平等。这可能是公平范畴内最为敏感，同时也是最难处理的问题[①]。从理论上讲这是完全应该做到的，但在实践中几乎不可能有绝对的分配平等。解决这一理论与实践的矛盾问题，是培育员工认同感、公平感的关键。维护员工分配中的平等，重要的是根据特定的时间、地点及企业内外诸多因素制定并坚持合理的利益分配尺

① 苏勇：《管理伦理学》，东方出版中心1998年版，第147页。

度。尽管制定利益分配尺度较为困难，但若企业管理者能够综合企业实际情况和听取员工合理建议，则仍然可以形成让绝大多数员工感到公平的利益分配尺度，从而使企业组织内的关系网络日趋和谐，并藉此使企业获取的社会资源产生效益。

（二）人道原则

人道，体现了人性的至善一面，也是人对于同类高尚性行为的价值肯定。追求人道的根本目的在于实现人的本质，使人在社会中按人的本质生活，成为一个真正的人。人道原则可以分为广义和狭义两种意义，广义的是视人本身为最高价值从而主张尊重人的思想，狭义的是视人本身的自我实现为最高价值从而把使人成为人奉为道德原则的思想①。因为，只有成为一个人，一个真正的人，才能尊重他人为人；反之亦然。

管理在本质上是通过人对人和物的管理，管理的这一特性决定了人道原则在管理活动中的地位。人道原则作为管理活动的一般伦理原则，应该包括下面几个相互关联的要求：（1）要求在管理中肯定人的价值，将人视为一切管理活动的中心目的，但不是惟一目的。人道原则认为，作为管理活动中的道德主体的人，不仅要关注自身及同类的生存与发展，还应关爱周围世界的生命体（如动植物）和无生命体（如土地、机器等基础设施），使之与人类和谐共存。（2）要求坚持“为了人而管理”的管理目标。当代企业文化理论注重将企业管理与伦理相结合，重视人、相信人，以人为中心的柔性管理方法。而人道原则更加强化了管理活动中的这种柔性管理思维，这样将会推进管理向更高层次发展。（3）要求树立“发展人”的管理理念。管理活动中的管理目标包括物和人两重目标。关于物的目标就是追求效益最优化，关于人的目标则是追求人的全面发展。效益最大化要靠人的不断发展作为其实现的智力和精神资源，人的全面发展也要依赖效益作为其物质基础和支持，两者相辅相成，互为目的和手段。相对而言，人的目标属于更加终极意义上的目标，因而

① 王海明：《公正、平等、人道》，北京大学出版社2000年版，第126—130页。

“发展人”管理理念的践行就显得更加重要。

上述表明，人道原则具体落实到企业管理便要求努力追求以人为本的管理目标和管理理念。这种人本管理理念的具体做法表现为：职工作为企业中的一员应受到社会的颂扬和称赞，员工由此产生以所在企业为荣的感受；强调本企业的产品或服务对于社会的贡献和价值意义；关注员工的能力和素质的提高，组建学习型组织，让全体员工在集体中不断学习成长；让顾客满意本企业的产品或服务；关心职工的需求，将每个职工看做有价值的人；尊重社会（包括各种群体、集团）的要求，并为满足其需求而努力等等。总之，这种人本管理理念为企业管理处理各种关系提供了根本原则和基本尺度，从而为企业管理建构伦理准则，进行理论精神塑造指明了根本的价值导向。实践已经并必将继续证明，那些关心他们的顾客的企业日子将比那些被认为不关心他们的顾客的企业好过，这不仅仅是因为有顾客的忠诚度和重复购买的明显理由，还因为这样一家公司从本质上说是与它的顾客一起成长发展的，他们变它也变，互相修正行为，共存共荣；那些履行社会责任、“赚钱行善”的企业比那些坑蒙拐骗、造假卖劣、自私自利的企业更能获得社会的回报和持续的发展。

（三）民主原则

民主的本意是指一种国家制度，对于管理伦理而言，民主指向的是一种平等待人的观念和态度。民主的原动力缘自这样一种愿望，即作为活动主体的人要求主宰自己的命运，因而，民主的目标就是要实现人类社会和个体的自我管理。这种自我管理中所表达的人文精神和人文关怀，即对人自身命题和价值的关注及对人尊严与权利的维护，便构成了民主原则的主要特征和内涵。

民主原则对管理活动具有特殊的意义。从观念上看，民主观念为人们追求现实幸福和改善经济状态的努力提供了精神动力和可资利用的深厚的思想和人文资源；从制度上看，民主制度为参与管理活动提供了激励和保障环境，赋予人们自主选择与活动的权力，肯定了人们对正当利益追求的合法性；从道德方面看，由于民主的本质是如何看待人，因而是一个伦理问题、善恶问题，所以民主原则对于管理活动而言，也就具有伦理的意义；从方法上看，民主原则作为一种管理认识方法、一种制度安排，越来越影响管理理论的推进，对于选择一种合理地运用管理科学知识的文化氛围具有不可替代的作用①。

在管理领域中，对于民主原则的把握就是如何更好地集权与分权。政府和企业、企业的管理者与被管理者出于自己的需要对集权与民主（或分权）各执一词。在现实企业管理活动中，如何解决好这一矛盾，不仅影响政府与企业、企业领导与员工的协调程度，更要影响企业生产经营的效益。在民主与集权的问题上，日本企业和其他组织的决策方式可以给我们一些启示：日本企业组织中，一般采用先自上而下、再自下而上的“U”字形的决策方式。这种决策方式的特点和效能是：决策时间一般较长，执行决策很快，对决策的责任承担是集体而非个人，强调在决策过程中集中全员智慧。这种“U”字形决策方式的好处在于，尽管决策过程用时较长，不利于迅速作出决策，但决策时能广泛听取各种意见，可以集中组织中几乎每个人的智慧。这种决策是由局部意见整合而成的，并且依赖于人们在理解基础上建立的信任感。这样，员工的参与意识就得到了充分的激发，而管理者在实施管理中也较易获得被管理者的合作②。在我国，根据《中华人民共和国公司法》，公司通过职工代表大会或者其他形式，实行民主管理；公司研究决定重大问题时，应当听取公司工会的意见，并通过职工代表大会或者其他形式听取职工的意见和建议。需要承认的是，实践中，《中华人民共和国公司法》的规定在有些公司只是形式。为了改变这种情况，公司工会在维护职工权益方面有着不可替代的作用，公司工会不能成为公司董事会的“俘虏”。在企业管理中遵循民主原则关键要将“个人决策”和“集体决策”的优势结合起来。企业管理中体现“集体决策”精神、充分尊重员工的参与意

① 戴木才：《管理的伦理法则》，江西人民出版社2001年版，第230—233页。

② 苏勇：《管理伦理学》，东方出版中心1998年版，第142—144页。

识和“存在价值”固然重要，但企业管理决策者在特殊情况下（如遇到突发或时效性强的事件）应能够当机立断，敢于负责，敢于“拍板”，敢于承担领导责任，否则就会贻误商机，不利于企业应付激烈的市场竞争。可以说，这是一个需要根据客观事实正确处理好民主与集权的决策问题。政府的决策也是如此。如果企业参与了决策过程，就易于产生认同感和信任感，易于实现企业与政府的合作。

与企业管理的外在伦理规范相对应，还有缘于管理的交互主体性的内在伦理规范。管理活动是管理主体与管理客体相互作用的过程，在这个活动过程中，管理的主客体交替转换而体现出一种互动式的交互主体性。在社会生活中，人总是从属于一定的管理系统，因为现实生活中既不存在不参与管理的人，也不存在不接受管理的人（非正常人除外）。这是管理普遍性的重要表现，是管理实践中的一种主客体相互关系。这种关系具有可逆性，在一个确定的管理系统中，管理者与被管理者主客体关系可以交替转换，体现出一种互动式的交互主体性。管理的交互主体性是指一个管理主体与另一个作为“客体”的对象是相互作用、互为主体的（当然在特定的时点管理的主客体是相对明确的）。管理的交互主体性强调的是要求把对方看做是与自己有着同样的主体性，同样的“人格”而予以尊重，从而相互承认，相互协作，以达到互利互惠，实现各自的管理目标。

管理的交互主体性要求管理活动应是结成一定的管理关系的主体的共同活动。管理活动的主体是一个复合系统，既包括组织内部的管理者与被管理者，又包括与管理活动相关的社会、公众、政府、顾客和其他组织群体等外部的利益相关者，以及它们之间所形成的诸多相互作用关系。它们平等、自主地横向或纵向交往，共同结成管理的交互主体网络。管理实践中所结成的社会关系的交互主体性体现在，这种关系既是为“我”的，又是为“他”的，每个主体既为自身又为“他人”而存在。而且，这种关系是互为主体之间的相互生成和规定，各种主体在管理过程及其结果中，也在与其他主体的关系中实现和体现自身。换言之，不同主体之间互为手段与目的。管理活动中结成的社会伦理关系是人类活动特有的本质联系，它根源于管理的交互主体性并通过彼此间的相互作用关系而获得现实的存在形式。可以说，没有管理主体的交互性，就不可能产生管理的社会伦理关系。因此，管理的交互主体性所内蕴的社会伦理性和管理活动一起，构成了管理的内在伦理的根源和根据①。

从管理的交互主体性出发，所谓企业管理的内在伦理规范，是指从企业管理本身的结构和内涵推演出来的道德性要求，即伦理规定和道德要求作为一种特殊的内在意义上的管理秩序，自然地成为调整企业管理行为的规则体系，以实现企业管理模式的伦理价值诉求，从而有效地达到企业管理所要实现的目的。企业管理的内在伦理规范要求管理的交互主体之间遵循着诸如尊重、信任、关心、公平、民主、权利、责任、服务、秩序、协作、和谐、合法、守约、信用等伦理准则。管理交互主体性的内在伦理规范要求必然体现在管理的交互主体的实践活动中。作为市场经济主体的当代企业，是管理伦理研究的主要对象，当代企业管理所关怀或处理的实体性伦理关系可以概括为“两面六体”，即对内和对外两大方面，企业内部以及企业与社会、政府、消费者、其他企业以及自然环境等六种实体性伦理关系。正确处理企业的外部并使之协调和谐，对于树立良好的企业形象，形成良好的企业生存环境，增强企业市场竞争力，具有十分重要的意义；正确处理企业内部管理者与被管理者之间的民主与集权及各自的责、权、利诸多问题，对于企业内部关系和谐，减少内耗，增强企业凝聚力，同样具有十分重要的意义。管理交互主体性的内在伦理规范要求主要体现在这六种相互关系中。

企业管理的外在伦理规范表明，企业管理总是处在一定的人类文化和社会伦理背景中，必须体现普遍意义上的伦理原则和道德要求，或者说，企业管理必须合伦理性和合道德性。而企业管理的内在伦理规范，无论是责任、权力、利益，还是信任、秩序、和谐，抑或是公平、民主、

① 戴木才：《管理的伦理法则》，江西人民出版社2001年版，第238—242页。

竞争、协作、合法、守约、信用等，都缘于伦理规定和道德要求而作为一种特殊的内在意义上的管理秩序，自然地成为调整管理行为的规则体系，以建立和实现伦理化的管理模式，从而有效地达到企业管理所要实现的目的。企业管理的外在伦理规范作为一种具有伦理约束力的文化机制，渗透于社会生活和实践的各个领域，对管理起着一定的伦理评价的功能。管理的内在伦理规范是其本身的结构和内涵提出的一定秩序或规则性要求，而不是将外在于管理的相对抽象的伦理规定和道德强加于管理活动。因此，管理的内在伦理规则往往是以规章、制度作为载体的，对组织的对内、对外行为起着规约和引导作用。

企业管理的内在伦理规范与外在伦理规范的具体内容绝不是泾渭分明的，它们之间有交叉重叠之处（如公平与民主等）。这是因为，企业管理的外在伦理规范乃是“伦理的管理性质”使然，内在伦理规范乃是“管理的价值和伦理性质”所致。“伦理的管理性质”与“管理的价值和伦理性质”的内在一致性和相关性决定了企业管理内、外伦理规范交叉重叠的可能性。从作用机制上看，企业管理的内在伦理规范与外在伦理规范不是孤立地对企业的社会资本进行优化，而是通过交叉作用的“合力”对企业的社会资本进行优化。在这里，我们不能作形式逻辑的理解。

当企业管理的内在伦理规范与外在伦理规范内化为企业人的道德自觉时，它就成为心理资本微生态系统中的道德人格。道德人格外显为道德行为，便彰显出企业人的德行。企业人德行的复合及其累积效应，塑造着企业的道德形象，吸引着社会的信任和资源，增殖着企业的财富，最终是企业利润的最优化和竞争优势的形成。于是，企业管理的内在伦理规范与外在伦理规范就具有资本的性质，转化成了一种道德资本。就此而言，企业管理的内在和外在伦理规范对企业社会资本的优化是以道德资本作为中介实现的，这种伦理与道德的转化链接共同形成企业社会资本优化的伦理道德机制，成为企业获取社会资源和最优化利润的重要方法和途径。因此，企业必须关注伦理规范向无形的道德资本的转化，而不能局限于有形资本的创造。金钱和位次并不是企业惟一和永恒的价值标准，企业管理者如何通过其日常行为、习惯和个人品质与企业员工一起去塑造企业的道德资本，具有重大的现实意义。比智商和情商更为重要的是“德商”。在经历了智勇双全、精于运作的风云人物一个个落马之后，中国商界到了认真思考如何提高企业和企业家“德商”的时候了。企业管理者的德行在很大程度上决定着企业的道德资本，甚或决定着企业的兴衰成败。一个卓越的企业领导者除了要承担重大的经济责任和政治责任外，还要承担相应的社会责任和环境责任，而不应该以违反法律和伦理道德为代价去牟取私利。生态文明时代的市场经济不仅是依据市场规则运行的法制经济，而且是依靠人们道德境界和道德行为运行的道德经济。建立和完善伦理道德机制，是生态文明时代市场经济对企业的现实要求，也是生态文明时代企业和谐管理的应有之义，且是资源节约型和环境友好型社会建设的关键所在。

第十一章
制度设计：合规律性与合价值性有机统一的制度体系

前文已经分别探讨了人与自然之生态和谐（狭义）、人与人之人态和谐、人自身之心态和谐与企业管理的内在关联、实现机制和价值功能。前已述及，三态和谐是相互依存、相互制约的整体，因此我们要进一步追问三态和谐是如何作为一个整体并同企业管理产生关联的？如何在此过程中体现它们的价值以及实现的路径是什么？回答这些追问的钥匙就是企业管理的核心要素——制度。

在政治学、社会学中，"制度"（institution）既包括"机构"的含义，也表示规范化、定型化了的行为方式，而且这两个方面往往交织在一起[①]。在法学中，制度也有"机构"的含义（尤其是指具有公共特性的机构），但是更主要被认为是基本的规章、原则或者实践[②]。在经济学中，制度被理解为灌输、支配人们的经济交往活动的一套行为规则、程序[③]。在制度经济学家那里，制度则被理解和定义为由人制定的规则，即人类相互交往的规则，它抑制着可能出现的机会主义的、乖僻的个人行

① 《布莱克维尔政治学百科全书》，中国政法大学出版社1992年版，第359页。
② Bryan A. Garner, Black' Law Dictionary, Seventh Edition, West Group, 1999, p. 801.
③ ［美］诺思：《经济史中的结构与变迁》，上海三联书店1997年版，第225页。

为，使人们的行为更可预见并由此促进着劳动分工和财富创造①。如从哲学层面进行综合概括，我们可以把制度规定为支配和引导人的心理行为与实践活动的各种规范、规则、程序及文化形式。它既可以激励和规约人对自然的心理行为和实践活动，也可以激励和规约个人与个人、个人与组织、组织与组织的交往活动以及人自身的心理行为。在广义上，它既含蕴了西方科学管理传统所强调的刚性制度，也含蕴了中国人文管理所侧重的柔性规范。

从本质上看，生态文明时代的和谐管理制度应当也必须既深藏合乎规律的科学基础，又内隐生发三态和谐的价值追求，达成合规律性与合价值性的有机统一。通过这种企业制度的有效整合，可以实现自然、社会、组织、人格的贯通，使企业生产技术、伦理规范、组织协调、心理行为诸管理要素耦合为一个整体，凸显企业价值的整体增值。

第一节　管理制度的规约与激励功能

在近代科学技术产生之前的农业经济时代，人类的生产和生活完全依赖于土地，无论是人口的规模还是人类的需求总量，与自然环境提供给人类的物质资源和能量相比始终处在供大于求的买方市场，资源的稀缺性还没有暴露出来，人类生产的核心竞争力只是土地。因此，在这个时代，人类的一切生产和生活的管理制度都是围绕着土地而进行的，人类的矛盾也就局限于对土地的占有以及在此基础上产生的一系列社会矛盾，人们的社会地位或社会分层完全取决于拥有土地的多寡。英国工业革命以来，在科学技术的推动下，人类社会的生产能力得到了前所未有的发展，人口规模日益扩大，资源的稀缺性矛盾日益突出，为了解决人

① 柯武刚、史漫飞著：《制度经济学——社会秩序与公共政策》，韩朝华译，商务印书馆2002年版，第32—35页。

与自然、人与人和人自身的矛盾，管理制度应运而生，并不断充实完善。从泰勒的科学管理到行为科学理论再到“管理理论丛林”，经过100多年的发展，管理制度所涉及的范围不断拓宽，体系日益健全，其激励和规约功能更为优异①。现代管理制度的基本目标是在急剧变化的现代社会面前，建立起一个充满活力和创造力的自适应系统。它规约和激励着企业（人）正确处理人与自然、人与人、人自身的关系，不断创新、追求效率与效果的统一。进入生态文明时代之后，伴随可持续发展理论和战略的提出及其在实践中的贯彻，中西管理制度发生了激烈的碰撞和融合，呼唤并衍生出刚柔相济的当代企业管理制度体系，规约和激励着企业追求基于自然、社会、人格整体和谐的效益最大化、效果最优化。

一、制度规约

从微观层面考察，制度具有预测、指引、教育、评价、强制等功能。作为客观化了的且具有一定规约力的行为方式与交往关系结构的制度体系，是对社会成员权利—义务关系的一种客观性安排。在企业活动中，一个人事实上能够或应该做什么，不能够或不应该做什么，拥有什么样的权利，承担什么样的义务或责任，做了某件事会受到相应的什么样的评价、奖励或惩罚，会得到什么或失去什么，都是由它（他）生活于其中的那个制度体系所事先规定了的，对此企业（人）完全可以依据制度规定预测自己的行为后果，并可以按照制度指引积极从事制度所肯定的活动。因此，企业（人）事实上只能享受这个制度体系所赋予的权利，必须履行这个制度体系所规定的义务，即制度本身不仅仅是社会的一种规约整合机制，同时还是一个社会的一种行为激励引导机制②。生态文明时代的企业管理制度理当规约和激励人们正确处理人与自然的关系、人与人的关系、人与自身的关系，合理尽情地规范企业（人）在这三方面

① 戴淑芬：《管理学教程》，北京大学出版社2000年版，第32—62页。

② 高兆明：《制度公正论》，上海文艺出版社2001年版，第28—29页。

的权利—义务关系，必须依据自然发展规律、社会发展规律和人格发展规律，设计和安排基于自然、社会、人格整体和谐的效益最优化的利益分配、权利保障。企业管理制度规定了主体义务，随之而来必然要规定违反该义务的法律责任，否则主体的义务就是一纸空文，将不会被遵守。企业管理制度规定的法律责任包括民事责任、行政责任和刑事责任。

（一）戒免企业（人）对自然价值与生命价值的漠视和践踏

人类的实践活动，无论是源流还是其归宿，都与自然界休戚相关，都依赖于自然生态系统。可是，自工业革命以来，由于人对自然的主宰征服观对人类实践活动的主宰，结果在人类物质文明加速度发展的同时，威胁人类自身生存与健康的环境问题也日益凸显。1990 年，联合国环境规划署指出了 8 个关键性的全球环境问题：臭氧层空洞，全球变暖，固体和有害废物，海洋环境保护，淡水质量和数量，森林资源管理，土壤退化，生物多样性。除此之外，还有诸如空气污染、能源利用效率不高等。这些环境问题除了自然本身的演化规律的原因外，人为的因素更具有毁灭性①。为了保护脆弱的生态系统，为了保护濒临灭绝的物种，为了节约有限的不可再生资源和合理开发、利用新能源新材料，正确地看待和使用人类的科学技术研究成果，各国都制定了诸如环境保护法、草原法、森林法、海洋法、土地使用法等比较科学完善的法律法规体系，国际上则制定了 ISO14000 环境认证体系和绿色设计、绿色生产、绿色包装、绿色消费等绿色认证体系。企业作为生产经营组织，既是世界资源和能源的主要“消费者”，也是废弃物的主要“生产者”，因此，它理当也必须站在环境和生态保护的最前沿，严格遵守国家的有关法律法规，严格执行国际国内环境和绿色标准，强化环境保护意识，将“绿色生产”意识贯穿在生产和服务的全过程，这也是它的社会责任②。为了防

① 戴木才：《管理的伦理法则》，江西人民出版社 2001 年，第 282 页。

② 企业社会责任内容丰富，但是无异议的都认为企业社会责任包含企业的环境责任。现代企业的典型形式是公司。2005 年修订的《中华人民共和国公司法》第五条也明确规定：“公司从事经营活动，必须遵守法律、行政法规，遵守社会公德、商业道德，诚实守信，接受政府和社会公众的监督，承担社会责任。”

止企业（人）因一时一己的私利，滥用科学技术、违背自然规律，采取机会主义行为，对自然生态环境和生命系统造成极大破坏，除了强有力的法律法规规约外，更要通过教育，提高企业（人）的环境意识、生态意识，树立与自然环境共生共荣的合作关系，以人道主义的态度戒免对自然价值与生命价值的漠视和践踏，走向对自然价值与生命价值的保护和尊重。

（二）规定个人的自主自由领域

企业管理制度作为对企业（人）权利—义务关系的规范，旨在规约企业（人）正确处理个人与个人之间、个人与组织之间、组织与组织之间的权利—义务关系，最终是为了保护每一个社会或组织成员的基本价值或权利，满足人的需求，实现人的价值。这些人类的基本价值包括自由、平等、安全、劳动、福利、爱与归属、生命等。企业管理制度既为企业（人）明确了追求的价值目标，同时也明确了实现这些基本的价值目标的条件或情景。就拿自由来说，每个人都平等地享有自由的权利，但是，都必须遵循唯一的基本条件，即以不影响他人同样平等的享有自由的权利为条件。制度就是纪律、就是规范，告诉我们应如何或不应如何，能怎样或不能怎样，与没有离开自由的纪律一样也没有离开纪律的自由。纪律和自由是孪生姐妹。除了保护和尊重人的基本价值外，制度还保护和尊重人的自主的领域，如劳动权、不被无故辞退的权利、知情权、选举权与被选举权、隐私权等①。

（三）防止和化解人际矛盾和人格冲突

企业中人与人之间之所以会产生这样或那样的矛盾和冲突（例如个人与个人之间、个人与组织之间、组织与组织之间的相互不信任，主观与客观上的心理距离），其根本原因在于企业（人）对知识和信息的拥有、对资源和财富的占有、对社会利益分配的多寡不同所形成的人与人之间经济地位高低的不同以及建立在此基础上的社会地位的不同。制度

① Viscusi W. K . The Value of Risks to Life and Health [J]. *Journal of Economic Literature*, 1993, 31 (4): 191 –276.

的产生就是为了尽可能合理地分配有限的资源和社会财富，保证知识和信息拥有的相对合理，防止因为知识和信息的不合理占有而出现的机会主义行为以及相对应的不平等待遇。人与人之间的矛盾与冲突都是建立在实然的或人为的“想当然”的不平等基础上的。由于缺乏必要的、合理的、畅通的沟通渠道，人与人之间相互猜忌，必然会导致不信任。企业管理制度理当也必须保证信息的开放、渠道的畅通，保证资源和信息的平等享有，最终在个人与个人之间、组织与组织之间、个人与组织之间建立起一种以诚信原则为基础的信用机制。这里有一个最基本的条件，那就是制度本身的公正问题①。

（四）降低和避免机会主义行为的发生

所有的人际交往都需要一定程度的可预见性。当人们受到规则或制度的规约时，其行为才具有较好的可预见性。经济交易不可能在真空中进行并发挥作用。个人间或企业间为了减少彼此发生不必要的摩擦和不确定的交易活动，都希望对方的行为具有一定程度的可预见性。人类的相互交往，包括企业活动中的相互交往，都依赖于某种信任。信任是以秩序为基础的。而要维护正常秩序，就要依靠各种禁止不可预见的行为和机会主义行为的规则或制度。在一家银行里，我们对其储备和管理几乎一无所知，却将辛辛苦苦挣来的钱交给出纳员，并可能在数秒钟内将他的面孔忘得一干二净。在我们以前从未进过的医院里，我们却答应医院中素未谋面的医生给我们做手术。这是因为大量的成文或不成文的规则制度对各种机会主义的动机和行为施加限制和惩罚。因此，制度在协调人的行为上发挥着关键的作用，制度构成了关键的社会资本②。然而我们面临的问题是现存的规则或制度本身就存有缺憾或漏洞，或者得不到普遍遵守，我们良好生活赖以维系的大量人际交往活动和经济交易活动

---

① Bush P. The Theory of Institutional Change [J]. *Journal of Economic Issues*, 1987, 21: 1075-1116.

② Vanberg V J. Organizations as Constitutional System [J]. *Constitutional Political Economy*, 1992, 3 (2): 223-253.

难以有序展开，个人与个人之间、个人与组织之间、组织与组织之间缺乏最起码的信任，企业的经营效率和企业人的生活水平和生活质量得不到应有的保障，甚至衰减、下降，需要我们在制度设计和执行效果上进一步努力。

二、制度激励

管理制度对社会或组织的整合功能的最终实现主要不是来自于制度的强有力的惩罚和规约，而是来自于制度对社会或组织成员的激励和引导。相应地，企业制度整合功能的最终实现主要在于它对企业（人）潜能的激发，行为的引导以及对员工全面发展的促进。“激励”含有激发动机、鼓励行为以形成动力之意。制度激励（motivation of institution）就是按照设定的标准与程序将社会资源分配给社会成员或社会集团，以引导社会成员或集团的行为方式与价值观念定向发展、合理显现。

制度性安排本身就是一种有效的激励。制度是一种权力（权利）—义务关系的安排，它本身就体现并决定不同个体或集团在一定组织或社会机构中的地位、权利、权力和责任。如果个体或集团的行为在事实上指向的价值目标、价值体系，与制度设定者（这里包括组织的管理者和被管理者，即管理的主体）的价值目标、价值体系相一致，就会得到肯定性评价，并获得相应的利益和成就感，因此制度激励着个体或集团在其框架内积极而又创造性地工作。就此而言，“我们需要的与其说是好的人，还不如说是好的制度。”① 如果这种制度安排不当，则会适得其反，会导致激励不当或激励失灵②。生态文明时代的企业管理制度是规范企业（人）追求基于自然、社会、人格整体和谐的效益最大化和效果最优化的权力（权利）—义务关系安排。这样的企业管理制度可以激励企业

---

① K. 波普尔著：《猜想与反驳——科学知识的增长》，傅季重主译，上海译文出版社 1986 年版，第 491 页。

② 高兆明：《制度公正论》，上海文艺出版社 2001 年版，第 107—137 页。

（人）的行为指向人与自然、人与人、人自身三大和谐的价值目标、价值体系。

制度不仅规约权力（权利）—义务关系，而且体现或表达组织及其成员的愿望和要求，将组织及其成员的奋斗目标和价值追求由成文的或不成文的形式规定下来，并为之实现设定了科学的切实可行的途径，因此，它可以激发人们的共同愿景。鉴此，企业领导者必须“与时俱进”，把握时代的脉搏，捕捉市场的每一个信息和商机，始终站在潮头，展望组织的远景目标，并即时地用制度的形式确定下来，从而激励员工为实现这一远景目标勇往直前。成功的领导者或企业家能够及时巧妙地运用制度来规划共同的愿景目标，激发员工的创造潜能。制度从本质上讲，是使人们在认识和运用规律上找到自信，在展望和追求价值上激发冲动。

从行为导向看，管理制度的规约功能乃是一种反向激励。因为制度在对某种行为进行规约时所采用的惩罚行动本身就意味着相反的可取的行为，惩罚性规约让被惩罚者及其共同体的其他成员看到了行为的积极性的一面①。制度对企业（人）漠视和践踏自然价值与生命价值的行为的规约，实即企业（人）保护和尊重自然价值与生命价值的行为的激励。同理，制度规约个人的自主自由领域，实即保护和尊重个人的自主自由领域，它使个人有了安全感、归属感，使人们看到了希望和未来。制度对人际矛盾和人格冲突的规约，实即对人际和谐行为和人格和谐趋向的激励。人与人之间的矛盾与冲突会使企业内耗增大，效率降低，人格危机意味着企业人无法正确处理公与私、义与理、理与欲的矛盾，意味着企业人力资本与知识资本生机的窒息，企业管理制度理所当然地要规约之，而这正是对人际和谐行为、和谐人格塑造的激励。制度对机会主义行为的规约，实即对人与人交往和交易行为的可预见性的激励。只有在两个人对彼此即将投入的行为动机和行为方式有了相互了解和认同，有了一定的可预见性，两个人才会有进一步交往和交易的可能性，否则

① Jensen M C. Organization Theory and Methodology [J]. *Accounting Review*, 1983, . 58: 319－339.

两个人之间不可能发生交互主体性的行为。从过程效应看，管理制度规约功能的展开就是其激励功能的显现，激励与规约同在。好的企业管理制度总是开放的、普适性的，因而对每个人在原则上和道义上都是公平的，人们都会严格地遵守以不损害他人利益为前提的原则性，同时从别人的良好表现而受到组织或他人认可与称赞中，看到自己的希望。

第二节　企业管理制度的规律依循和价值追求

任何行之有效的管理制度都必定要依循客观规律，具有合规律性，否则它就不能合理尽情地规范人们的言行，达不到预期的管理效果，同时，它还必须体现合理的价值追求，符合主客体关系协调的要求，否则它就不能被个人和组织所认同，达不到预期的管理目的。管理制度的效用性和目的性决定着其合规律性与合价值性的趋向性。企业管理制度也不例外。

一、企业管理制度的规律依循

首先，依循客观规律是企业管理制度形成的科学基础。企业管理制度的形成通常是以对其管理效用的预测为前提的，而这种预测必须从满足企业（人）与社会的某种需要或价值出发，基于人类已然的管理经验，立足于实然的管理过程，展望未然的管理目标。因此，它必然是面向未来的、认识和掌握规律并正确地运用客观规律的过程。一旦离开了客观规律，企业管理制度就缺乏应有的科学基础。企业管理制度这种面向未来的超前性思维活动和实践活动是根据未来确定现在的状态，规定现在的行为。人们从分析现实发展的可能性与主体自身的条件状况入手，根据对将来的预期来确定和选择企业管理制度的内容和形式。离开对自然发展规律、社会发展规律和人格发展规律的依循，人们只能以主观意向与猜想代替科学预测，是难以设计出科学的切实可行的企业管理制度的。

其次，依循客观规律是管理制度得以实施和功能实现的保证。规律性不仅为企业管理制度的设计提供了科学的依据，而且为企业管理制度的实施提供了现实可能性以及正确的途径和方法。企业管理制度必须基于客观的自然、社会、人格发展规律，但并非完全囿于这些规律，人们在这些规律面前只能小心翼翼，不敢越雷池一步，或者生搬硬套这些规律，而是对这些规律的灵活运用。企业管理本身并不是企业（人）的最终目的，企业（人）的最终目的是通过对规律的灵活运用，改造客观事物，使得客观事物朝着有利于满足人类需求的方向变化，从自在自然之物转化成为人所用之物。因此，可以说企业管理制度是运用规律的灵活方式①。这种灵活性主要表现在对规律作用的条件的把握和运作上，它决定着企业管理制度的针对性和可操作性。离开了客观规律的灵活运用，企业管理制度就变得无法操作。任何合规律性或真理性认识虽有绝对性一面但更具有相对性的一面，因此人类的管理活动不仅要重视遵循客观规律，更要主动地探索和创造性地运用规律。

设计生态文明时代企业管理制度的重点在于对自然生态系统规律、社会生态系统规律、组织生态系统管理规律、人格生态系统规律的依循和灵活运用。

二、企业管理制度的价值追求

价值问题是人们在现实生活中接触最多、议论最多、思考最多的问题之一。人们总是要对周围的自然物、他人甚至自己作出有用或无用、

① 戴木才：《管理的伦理法则》，江西人民出版社2001年版，第102—103页。

有利或无利、是好或是坏、正义或不义、是善或是恶之类的判断，并通过它说明自己与自然、他人或与他人组成的社会以及自己的某种功能性关系。企业管理制度正是这种功能关系的体现。管理制度从其诞生的那一天起就承担着说明人与自然、他人和自己的某种功能利益关系，承担着规约各方面的义务和责任的职能，给定了处理各种义务和责任的参照系。价值主要不是一种实体，而是一种同人的需要的关系，是在主客体关系中产生的，是客体的属性、功能与主体的需要的有机的统一。秩序、公平和个人自由是法律制度的三个基本价值，当然法律制度中所存在着的价值并不仅限于这三种①。好的企业管理制度也主要反映这些价值，例如它追求企业内部的秩序井然，追求企业内部权利义务利益分配的公平，追求企业员工一定程度上的个人自由，追求对自然价值和生命价值的尊重。企业管理制度体现着价值关系，凝结和反映着管理主体的价值追求，它既要满足企业（人）当下的需求，又以目标、理想、宗旨等观念的形式存在着，代表某种程度上的完满性，是一种源于现实又高于现实的超越性存在。企业管理活动不仅指向当下的活动，而且更是指向未来的活动，为未来的活动确定目标。现代企业的卓越领导者就必须始终能够迎接挑战、不断鼓舞士气、激发共同愿景。企业管理制度必须体现人性的要求和尊严，诸如民主、安全、平等、尊重以及荣誉感、幸福感等人类最基本的也是终极价值目标和真、善、美等人类崇高的价值理想，否则它就起不到预期的激励与规约作用，也难以被社会所认同。

事实上，现代企业管理者在设计企业管理制度时，已将管理主体包括管理者和被管理者当下的显在价值追求和应然的未来价值追求融于其中。管理制度因价值而生，为企业生产的各要素之间的权力（权利）—义务关系而生。管理制度规约着现实的当下的权力（权利）—义务关系，制导着管理主体的行为始终向着愿景目标迈进。因此，可以这么说，企业的管理制度是体现着“应如何”的规范尺度和愿景目标或价值观念

① ［英］彼得·斯坦、约翰·香德：《西方社会的法律价值》，中国法制出版社2004年版，第2—3页。

两层蕴意，包含着处理权力（权利）—义务关系和制度本身对于管理主体的意义之必然的规范性因素，为管理主体提供行为范式，也包含着为管理主体指明其向往的理想境界之抽象的价值性因素。企业管理制度之所以具有价值的蕴含，是因为制度本身就体现着企业（人）对自然、社会、人格价值的认同、遵循、维护和珍视，引导着企业（人）去追求、去创造、去体现自然、社会、人格价值，在于它能够服务于管理主体的价值理想的实现①。

与前述相联系，设计生态文明时代企业管理制度的重点在于对基于三态和谐的生态资本、社会资本、心理资本、知识资本价值的尊重和合理追求。

三、规律依循与价值追求的契合

行之有效的企业管理制度不仅要符合规律性和价值性，而且要做到规律依循与价值追求的有机统一。具体地说，它要做到规律依循与价值追求自身的契合以及规律依循与价值追求之间的契合。

企业管理制度作为一个体系，乃是多样性的统一，包括了一系列的单项制度，其内容遍及企业的计划、组织、人员、领导、创新和控制诸环节。每一个单项制度，都要依循相应的规律，符合相应的价值目标。这些规律之间、价值之间的管理导向和运作效果既有统一的一面，也可能有冲突的一面。比如促进企业尊重自然价值的管理制度所要依循的生态规律与促使企业资本增值的管理制度所依循的经济规律，在生态文明时代固然有相通之处，但在现实运作中往往相互矛盾，前者可能使企业增加成本支出，后者则要求降低成本。这也就是所谓资本逻辑与生态逻辑的冲突，它要求企业（人）在企业管理制度上从总体和长远考虑，谋求两者的契合。同理，企业的组织价值目标与员工个人的价值目标的不

① 戴木才：《管理的伦理法则》，江西人民出版社2001年版，第99—101页。

一致也可能使企业（人）在设计管理制度时左右为难，需要人们去系统思考、统筹安排。生态文明时代先进的企业管理制度必须实现自然、社会、人格规律依循的契合，个人价值、组织价值、社会价值追求的统一，形成有机的制度体系。为了实现上述有机的制度体系，在实践操作中，企业特别应该注意它的章程必须契合规律性与价值性，因为企业章程是企业的根本制度，效力比其他企业制度更强。当企业章程契合规律性与价值性之后，渊源于它的原则性规定，再对其他企业制度进行规律依循与价值追求是否契合的考量。

另一方面，合规律性的本质是遵从客观性法则，是实现企业管理制度的科学性要求，合价值性的本质是尊重主体性的需要，是实现企业管理制度的目的性要求。企业管理制度的设计与实施必定是在某种价值追求的驱使下进行的。实现主体的价值目标，满足主体的价值需求，是管理活动的出发点与归宿点。对规律的运用只是手段，而对价值的追求才是管理的目的。手段为目的服务。因此，设计与实施企业管理制度时根据价值导向选择规律类型以及运用规律的方式，即根据个人、组织、社会的价值目标体系选择自然、社会、人格的规律类型及具体运用方式。同样，管理活动中的价值目标的选择和确定必须以对规律的认识和把握为前提。价值在本质上是客体对主体的一种意义或作用关系，而不是一种实体。客体所具有某种属性和运动规律规定着它能够对主体产生某种意义，显现某种作用，带来某方面的利益，形成某种价值。一定价值形成的原因和基础在于客体的某种属性和运动规律。因此，对价值的认识，应当是对规律与主体的关系及其对主体的意义的认识，即客体的规律性与主体需要的关系的认识。人们只有以现实的或理想的价值目标为基础，以客观规律为依据，方能设定并创造科学合理的管理制度。从哲学的角度来看，规律性包含着价值性，规律性认识就是真理性认识，真理本身就具有价值，人们对真理的追求本身就包含着价值目的，一切以探讨真理为目的的科学决策行为，本质上都是以人类的客观需要为前提的，人类的价值需要是追求真理的动机和动力。“知识就是力量”就是真理具有价值的真实写照。另一方面价值中也含有真理性因素，价值的实现过程离不开对真理、对客观规律的认识与运用，任何价值的实现都必须以价值客体及其属性的真实存在和对主客体之间的一定价值关系的认识为基础和前提。因此，设计和实施规律依循与价值追求相互规定与映射的企业管理制度是完全可能的。

在企业管理活动中，价值因素意味着制度构建的必要性，客观规律的运用则意味着制度实现的可能性。但必要性与可能性不等于可行性与现实性。企业管理制度的可行及其程度的高低、效果的好坏取决于与管理制度实施相关的各种条件。任何企业管理制度的运用都是有条件的，都是与具体的特定的条件相联系的。离开特定的环境条件，再科学的企业管理制度都不可能发挥应有的作用，再符合美好价值目标的企业管理制度，也只能是可望而不可及的海市蜃楼，合规律性和合价值性的契合也就失去了现实基础。如果忽视依循某一规律和价值目标的条件，在条件不具备的情况下，盲目地实施某个企业管理制度，即使它反映了客观规律，其结果也不可能成功地实现企业（人）所要达到的目标。从广义上讲，企业管理制度是规律、价值、条件的统一体。具体的价值、具体的规律、具体的条件规定了具体的企业管理制度。价值追求的实现依赖于对规律的合理运用，规律的选择和运用则受价值目标的引导，两者又依据一定的条件形成有机的统一体①。因此，企业必须根据自身的具体条件设计与实施规律依循与价值追求相契合的企业管理制度，从而赋予自然、社会、组织、人格相贯通以现实性，例如对于技术入股型公司，设计它的管理制度时就要特别注重绿色技术入股与绿色技术创新，以便在生态文明时代的市场竞争中占得先机和优势；对于具有人合性法律特征的有限责任公司，设计它的管理制度时就要特别注重股东之间权利义务的分配，以便股东之间和谐相处共谋公司发展。

管理实践是检验企业管理制度的设计与实施规律依循与价值追求契

① 戴木才：《管理的伦理法则》，江西人民出版社2001年版，第106页。

合正确性与有效性的标准。企业管理制度合规律性的体现和合价值性的实现最终都要落实到人们的管理实践过程之中，其效率和效果如何，都要在管理实践过程中展示和检验，并不断地在管理实践过程中去进行再认识、再修正、再调整，使之不断完善。生态文明时代的企业管理制度能够促使企业真正成为自然、社会、组织、人格之存在有机性的生生和谐、环境适应性的协变和谐、价值合理性的臻善和谐的承担者和生态文明时代的弄潮儿。

第三节　生态文明时代的企业管理制度

规律依循和价值追求相契合既是对生态文明时代企业管理制度的本质要求，也为对生态文明时代企业管理制度的设计和建构提供了依据。生态文明时代企业管理制度既要依循自然规律、社会规律和人格发展规律，尤其是要依循自然生态系统规律、社会生态系统规律、组织生态系统管理规律、人格生态系统规律，又要体现三态和谐的价值追求，尤其是要体现对生态资本、社会资本、心理资本、知识资本价值的尊重和合理追求，从而实现自然、社会、组织、人格的四维贯通，凸显企业在生态文明时代的竞争优势。

生态文明时代的企业管理制度必须有助于对自然价值的尊重、企业社会资本的优化和企业人和谐人格的塑造。对自然价值的尊重，实质上是对人与自然和谐的追求，是为了解决科学技术和经济发展造成的人口膨胀与资源稀缺的矛盾、人类的生产生活与环境的承载力的矛盾。对企业社会资本的优化，实质上是对人与人和谐的追求，是为了解决人与人之间的利益矛盾。对企业人和谐人格的塑造，实质上是对人自身和谐的追求，是为了解决人性之中知情意行、真善美、灵与肉的矛盾。因此从本质上看，生态文明时代的企业管理制度乃是生发三大和谐的制度体系，亦即生态和谐管理制度，它旨在正确处理人与自然、人与人、人与自身的关系，基于对自然规律、社会规律和人格发展规律的认识和把握，在管理制度和管理过程中体现和实现客观规律和人的价值的有机统一，使自然、社会、组织、人格在人的全面发展的基础上实现四维贯通。

一、生态文明时代企业管理制度体系解析

生态文明时代的企业管理制度，从其“规制”的不同领域和协调的不同功能关系来看，可分为三个维度：一是揭示和运用自然界发展的规律属性、尊重自然界的生命价值和正确处理人与自然功能关系的管理制度，包括个人和组织的环境意识和生态意识，企业的环境管理战略，政府和社会有关生态保护和环境保护的法律法规如国有土地管理法、森林保护法、草原法、海洋法、资源保护法、环境保护法以及海洋生物保护法等。二是揭示和运用社会发展的规律属性、尊重人类的基本价值和正确处理人与人之间功能关系的管理制度，包括企业内部的劳动用工、奖励和惩罚、员工培训与教育、利益分配、企业学习型组织、人力资源、知识资源、社会资源管理等规章制度与企业文化，政府制定的诸如劳动法、合同法、企业法、反不正当竞争法、反垄断法、消费者权益保护法等法律法规，以及社会福利政策、社会保障措施、社会安全措施、人才培养、就业政策、社会舆论等社会公共政策。三是揭示和运用人格发展的规律属性、尊重自我价值和正确处理自我不同心理人格要素之间的矛盾的管理制度，包括个人的文明礼貌、行为规范，心理资本的培育机制和激励措施等。

企业的管理制度还可以根据起源和实施激励与规约的方式不同区分为内在制度和外在制度、正式制度和非正式制度。内在制度是企业内随着经验的积累和演化而形成的规则；外在制度则是根据企业当下的实际状况和社会政治经济发展的现实设计出来由上而下地作用于企业的规则。企业的内在制度包括各种习惯（这类规则对于行为受其控制的个人来说是有明显的、直接的好处的，而违反这类规则就会损害这些个人的自我

利益)、内化规则(主要指个人的是与非、善与恶、正义与不义、荣与辱、自卑与自尊以及内心信念和良心等，违反这些规则将主要受到内疚或良心谴责的惩罚)、习俗礼貌(违反它主要会受到来自他人反应的非正式惩罚，不懂礼貌的人往往会陷于孤立，甚至丧失名誉和信誉)和正式化的内在规则(组织内惩罚性的规章制度和行业性法律，比如将违规的上市公司逐出证券市场等等)。其中，前三类属于非正式的内在制度，在这些制度中，对违背社会预期的行为施加的惩罚都不通过有组织的方式来定义和运用，并表现出柔性的特征。第四类属于正式化的内在制度，这种制度对惩罚的规定和实施都要通过有组织的机制来进行，并表现出刚性的特征。企业的外在制度也有正式与非正式之分。正式的外在制度主要由普适的禁令性规则构成，包括民法、刑法、合同法、商法、企业法、反不正当竞争法、土地法、草原法、森林法等法律制度和货币政策、财政政策、就业政策、社会保障政策等社会公共政策①以及 ISO9000、ISO14000、OHSAS18000 等认证标准。非正式的外在制度由主流文化规则构成，包括伦理规范、文化习俗、文化风尚等要素。内在制度与外在制度存在着相互作用，这种相互作用可以为正，也可以为负。在生态文明时代，当然要求内、外制度的相互作用协同于人与自然、人与人、人自身三态和谐，叠加于自然、社会、组织、人格的四维贯通。内在制度与外在制度还存在着相互转化。先进企业的内在制度，通过范式外化，可以转变成普遍性的社会规范，从而成为其他企业的外在制度；同样，外在制度通过企业的消化吸收可以转化为其内在规范，从而成为企业的内在制度。

二、依循自然规律和尊重自然价值的企业管理制度

马克思指出："人类是自然的产物。"② 自然不是一种可供操纵的工

---

① 柯武刚、史漫飞著：《制度经济学——社会秩序与公共政策》，韩朝华译，商务印书馆 2002 年版，第 110—130 页。

② 《马克思恩格斯全集》第 3 卷，人民出版社 1979 年版，第 74 页。

具，而是在全部人类活动中必须得到保存的生命之源。人生的最终目的不是满足一切物欲，而是达到同自然的现实和谐及其愉悦体验。《薄伽梵语》中说得好："向往感性东西，人就变得迷恋；由迷恋又生出渴望；渴望中又生出了愤怒；愤怒又造就了幻觉；幻觉引起记忆力丧失；记忆力丧失后，辨别力就毁掉了；辨别力毁掉后，人就该寿终正寝了。"[①] 对自然某组成部分的破坏将波及包括人类在内的其他自然组成部分。

企业数量之多、作用之大，对社会生活产生巨大影响，因此在人与自然的和谐化发展中，企业居于重要地位。要实现人与自然的和谐，必须在企业设计和建构行之有效的依循自然规律和尊重自然价值的管理制度，即切合生态文明时代要求的企业管理制度。

生态文明时代的企业管理制度必须以生态自然观和生态价值观为依据和归宿。生态自然观和生态价值观作为对生态系统规律及人与自然关系的正确认识和把握，是设计和建构生态文明时代企业管理制度的依据和归宿。它要求企业在设计和建构其管理制度时，必须体现人与自然的和谐统一，尊重自然的价值，对自然进行"道德关怀"，关心和保护生物多样性，促进环境和文化的多样化，力求技术对高效利用和节约各种自然资源及能源，最大限度地减少污染，处理好"代内"与"代际"的公平，为子孙后代的生存福祉思虑，让人类和自然的生存与发展永葆活力。人类已经意识到，"征服"自然的信条必须让位于"与自然和谐相处"、"可持续开发利用"的理念。如同所有其他形式的生命一样，人类作为其中的一个高级物种，就个体而言也是地球上的过客，所以有责任最大限度地保存自然生态系统。只有这样，子孙后代才能在将来享受到生活的甘美[②]。从现行法律上说，单个自然人的民事权利能力始于出生终于死亡，但是从人类历史发展长河角度看，那些尚未出生的后代人也应

---

① 杰里米·里夫金、特德·霍华德：《熵：一种新的世界观》，上海译文出版社1987年版，第188页。

② 杰里米·里夫金、特德·霍华德：《熵：一种新的世界观》，上海译文出版社1987年版，第192页。

该享有充分的生存、发展权利，这体现了当代人与后代人的代际公平，而公平正是良法追求的基本价值之一，对此我们的法律必须明确具体（而不是宣示性的）规定当代人切实履行满足后代人生存和发展权利的义务。后代人的权利、动植物的权利和当代人的权利必须一体保护，这应当成为所有法律不可偏离的航向。

生态文明时代的企业管理制度必须有助于个人和组织生态角色意识的强化。企业中的个人和组织是生态价值观的承担者和实践者，强化生态角色意识是生态价值观通向实践的中介，更是解决企业与环境关系的主体性前提。因此，生态文明时代的企业管理制度要能够促使投资者充当生态使者，把有限的人、财、物投入到有环境价值的地方（经由相关专业部门进行环境影响综合评估），使每项投资既能促进生态效益又能得到正常的投资回报。同时，生态文明时代的企业管理制度还要能够促使企业中的个人在环境保护方面发挥重要作用，促使企业中的组织（尤其是消耗自然资源的企业组织）有计划地培养内部管理者和员工的生态角色意识，在组织内部营造生态文化氛围，使每个员工从自我做起，树立“人均”意识，在每道工序和环节上节能降耗，通过实际行动来保护资源和环境。还有，生态文明时代的企业管理制度要能够激励先进员工发挥示范效应和扩散作用，带动其他成员增强生态角色意识，使他们在社会生活和工作实践中逐渐意识到，人人都为节能和环保做点事，我们的生态环境系统才能良性循环，我们的生存和发展才会有保障。

生态文明时代企业管理制度的设计和建构必须关注当今世界的发展趋势，具有国际视野。尽管西方少数贸易大国借环境保护之名、行贸易保护之实，推行“绿色贸易壁垒”政策，但从经济发展与环境保护相协调、人的进化与生态进化相耦合，从总体上提高人类生存与发展环境质量的角度看，推行绿色设计、实施清洁生产、发展生态经济和低碳循环经济乃生态文明时代的大势所趋。绿色设计是绿色消费的要求，是可持续发展的必然选择，也是消除绿色贸易壁垒的最有效途径。面对巨大的“绿色”消费市场需求，清洁生产以绿色科技为基础，绿色设计为先导，绿色工艺为依托，一改传统的粗放型生产模式，将产品设计与环境保护融为一体，使产品从材料、设计上满足环保要求，并与包装材料的视觉效果及保护功能等各方面结合起来，最终获得绿色产品。其实质是“从生态—经济大系统的整体优化出发，对物质转化的全过程不断采取战略性、综合性和预防性措施，以提高物料和能源的利用率，减少以及清除废料的生成和排放，降低生产活动对资源的过度使用以及对人类和环境造成的风险”[①]，实现“经济—社会—生态”巨系统的可持续发展。与其相配套的管理制度主要有绿色会计、绿色审计和ISO14000系列标准。绿色会计的核心是要求在对企业生产的成本核心中计入自然成本，绿色审计的核心是对企业生产过程的环保属性进行监督，ISO14000系列标准的核心是对企业管理诸环节和诸方面的生态化运作进行认证。

生态文明时代企业管理制度的设计和建构还必须关注国家出台的生态经济制度、环境法律制度（含企业生态环境监管制度），并将这些外部制度转化成企业的内部制度。

我国的生态经济制度主要包括市场主体准入制度、竞争制度、产业政策、政府采购和税收补贴制度等方面的内容。在市场主体准入制度上，我国禁止或限制污染企业、高耗能企业的设立，而鼓励绿色技术型企业的设立，即由国家扶持（初期国家可安排部分种子资金），成立风险投资公司，设立风险投资基金，鼓励对绿色技术型企业的风险投资；国家适当安排一部分预算内基本建设资金，用于绿色技术型企业的基础设施建设和产业化项目；政府有关部门为绿色技术型企业在国内外上市融资创造条件。在竞争制度上，我国颁布有《中华人民共和国反垄断法》。工程研究发现许多制造流程有着适度的规模报酬递增[②]。事实上，企业规模结构偏小是导致企业资源浪费、能源消耗高的一个重要原因，因此

① 钱易、唐孝炎主编：《环境保护与可持续发展》，高等教育出版社2000年版，第323—324页。

② ［美］保罗·萨缪尔森、威廉·诺德豪斯著：《经济学》，萧琛主译，人民邮电出版社2008年版，第98页。

《中华人民共和国反垄断法》没有禁止中小型企业的合并，这是适当的，有利于提高生产率，构建生态经济。《中华人民共和国反垄断法》禁止垄断协议，但是经营者能够证明所达成的协议属于下列情形之一的除外：为提高产品质量、降低成本、增进效率的；为提高中小经营者经营效率，增强中小经营者竞争力的；为实现节约能源、保护环境、救灾救助等社会公共利益的，而这些情形有利于生态经济的构建。需要指出，经营者还应当证明所达成的协议不会严重限制相关市场的竞争，并且能够使消费者分享由此产生的利益。在产业政策上，我国扶持绿色产业。我国实行社会主义市场经济，但是市场经济无形之手也有失灵之处，例如市场经济主体有唯利性特点，这可能导致部分生态科技产业鲜人问津的情形，而这些生态科技产业又关系到我国整个国家利益或社会公共利益，因此必须对这种情形纠偏。国家扶持绿色产业的政策，体现了国家科技发展的宏观战略部署和重点优先顺序，有利于指引市场主体的科技投资方向与科技产业方向，有利于生态经济的建设。与此相配套，国家需要对绿色产业进行认定。对绿色产业的扶持主要体现为资金扶持、税收扶持等。在政府采购上，各级国家机关、事业单位和团体组织要优先采购资源节约型产品，环境标志产品，促进绿色技术入股，推动企业节约、替代、循环和环保的技术进步等。在税收政策上，一方面让企业与个人把对环境的污染计入成本，使其外部成本内在化，将环境税收纳入现行的国家税收体系，从而引导企业与个人放弃或收敛破坏环境的生产活动和消费行为；另一方面，国家对绿色技术入股型公司在税收上采取优惠政策，对消费者购买绿色节能商品在税收上采取优惠政策，对资源利用率高的行业（如城市公交）施行补贴政策。

上述在市场主体准入制度上的适度干预体现了国家对生产领域的直接管理，有利于从源头上构建生态经济，在竞争制度、产业政策、政府采购、税收补贴政策等多方面的适度干预有利于增强生态经济的动力。这些制度都与企业直接相关，生态文明时代的企业管理制度必须与其相适应。

我国已经初步建立了环境法律制度体系，其中蕴涵了丰富的企业生态环境监管内容。为保护和改善生活环境与生态环境，防治污染和其他公害，保障人体健康，促进社会主义现代化建设的发展，我国于1989年12月26日通过并施行《中华人民共和国环境保护法》。为了保护和改善海洋环境，保护海洋资源，防治污染损害，维护生态平衡，保障人体健康，促进经济和社会的可持续发展，我国制定了《中华人民共和国海洋环境保护法》（1982年通过，1999年修订）。为防治大气污染，保护和改善生活环境和生态环境，保障人体健康，促进经济和社会的可持续发展，我国制定了《中华人民共和国大气污染防治法》（1987年通过，1995年和2000年修订）。为防治环境噪声污染，保护和改善生活环境，保障人体健康，促进经济和社会发展，我国制定了《中华人民共和国环境噪声污染防治法》（1996年通过）。为了防治水污染，保护和改善环境，保障饮用水安全，促进经济社会全面协调可持续发展，我国制定了《中华人民共和国水污染防治法》（1984年通过，1996年和2008年修订）。我国直接针对企业的环境法律制度及其生态环境监管制度主要包括环境标准制度、环境影响评价制度、“三同时”制度、排污收费制度、环境保护目标责任制度、排污申报登记和排污许可证制度、限期治理制度、环境监测制度和现场检查制度等。

环境标准制度是关于企业环境质量标准、污染物排放标准、环境基础标准和环境方法标准的制定和执行的法律制度总和。国务院环境保护行政主管部门和省、自治区、直辖市人民政府依据国家有关法律规定，对环境保护工作中需要统一的各项技术规范和技术要求，制定环境标准，旨在防治环境污染，维护生态平衡，保护人体健康。环境标准分为国家环境标准、地方环境标准和国家环境保护总局标准。国家环境标准包括国家环境质量标准、国家污染物排放标准（或控制标准）、国家环境监测方法标准、国家环境标准样品标准和国家环境基础标准。地方环境标准包括地方环境质量标准和地方污染物排放标准（或控制标准）。

环境影响评价制度要求企业在投产、扩建及其他可能对环境造成影响的活动中需要接受环境影响预测和评估，并对此采取相应措施。《中华人民共和国环境保护法》第十三条规定："建设污染环境的项目，必须遵守国家有关建设项目环境保护管理的规定。建设项目的环境影响报告书，必须对建设项目产生的污染和对环境的影响作出评价，规定防治措施，经项目主管部门预审并依照规定的程序报环境保护行政主管部门批准。环境影响报告书经批准后，计划部门方可批准建设项目设计任务书。"实施环境影响评价制度能够把企业发展与环境保护有机结合起来，使社会经济又好又快发展。

"三同时"制度要求企业在新建、改建与扩建项目中以及可能对环境造成损害的其他项目中，必须与主体工程同时设计、同时施工、同时使用。"三同时"制度系我国首创。实施"三同时"制度可以避免西方国家以前的"先污染、后治理"的老路，能够有效阻止新污染源的产生。

排污收费制度是指向环境排放污染物或超过规定的标准排放污染物的排污者，依照国家法律和有关规定按标准缴纳费用的制度。征收排污费的目的，是为了促使排污者加强经营管理，节约和综合利用资源，治理污染，改善环境。根据《中华人民共和国环境保护法》第二十八条规定，排放污染物超过国家或者地方规定的污染物排放标准的企业事业单位，依照国家规定缴纳超标准排污费，并负责治理；征收的超标准排污费必须用于污染的防治，不得挪作他用。此外，国务院颁布了《排污费征收使用管理条例》，该法自 2003 年 7 月 1 日起施行，这是中国排污收费制度逐步完善的标志，是排污收费的政策体系、收费标准、使用、管理方式的一次重大改革和完善。

环境保护目标责任制度是指对企业负责人在任期内规定应达到的环境保护目标和任务，并建立相应的考核和奖惩办法。凡可能产生环境污染、生态破坏和其他公害的企事业单位，必须根据国家有关环境保护法律、法规和当地政府的环境保护规章，确定环境保护目标责任制内容，包括维护生态平衡、节约资源和能源，综合利用"三废"、清洁生产、污染防治、污染物总量控制和达标排放等指标。环境保护目标责任制度能够规约和激励企业保护环境，实现绿色生产。

排污申报登记是指凡是排放污染物的企业，须按规定向环境保护行政主管部门申报登记所拥有的污染物排放设施，污染物处理设施和正常作业条件下排放污染物的种类、数量和浓度，而排污许可证制度则规定许可排污企业排放什么污染物，许可污染物排放量，许可污染物排放去向等。“许可证制度的一个新的发展动向是许可证交易制度或者‘买卖许可证’制度，在污染防治领域主要表现为‘排污权交易’制度。……排污权交易的基本内容是：在满足社会公众对环境质量要求的前提下，确立合法的污染物排放权，并允许这种权利在市场上进行交易，以此来进行污染物排放总量的控制。”① 排污申报登记制度是实行排污许可证制度的基础，排污许可证是对排污者排污的定量化。实施排污申报登记和排污许可证制度，旨在加强对企业生态环境的监管，控制污染物排放总量。

限期治理制度是指对造成环境严重污染的企业，限定一段时间进行污染治理的环境保护法律制度。《中华人民共和国环境保护法》第二十九条规定：“对造成环境严重污染的企业事业单位，限期治理。”其目的在于及时消除企业污染对环境造成的损害。

环境监测制度是指设立监测机关或人员，按照企业环境标准，监测企业污染物的排放的制度。其目的在于全面、及时、准确地掌握企业活动对环境影响的水平、效应及趋势，以便及时采取应对措施，防止污染的产生。

现场检查制度是指国家环境监督管理部门依法可以深入企业现场，检查环境法的执行情况，对此被检查企业应该予以配合的法律制度。国家环境监督管理部门采取现场检查行为，可以采取下列措施：进入被检查的企业的营业场所或者其他有关场所进行检查；询问被检查的企业、

① 曹明德：《生态法新探》，人民出版社2007年版，第262—263页。

利害关系人或者其他有关单位或者个人，要求其说明有关情况；查阅、复制被检查的企业的有关材料；查封、扣押相关证据等。国家环境监督管理部门及其工作人员对执法过程中知悉的商业秘密负有保密义务。被检查的企业、利害关系人或者其他有关单位或者个人应当配合国家环境监督管理部门依法履行职责，不得拒绝、阻碍国家环境监督管理部门的检查。

显然，生态文明时代的企业内部管理制度必须符合国家环境法律制度及其生态环境监管制度的要求。

三、依循社会规律和关注组织价值的企业管理制度

如前所述，企业社会资本乃促进企业价值增值的和谐的人与人之间的关系网络，知识资本是企业所拥有的能够给企业带来价值增值的、以员工和组织的技能知识为基础的、可规范化的智力资源。这里的价值主要包括企业组织按照社会管理运行所产生的知识价值和社会价值，其本质是企业组织的价值。因此，生态文明时代的企业管理制度不仅要依循自然规律和尊重自然价值，能够促进人与自然的和谐，而且要依循社会规律和关注组织价值，能够促进人与人的和谐，优化企业的社会资本，增加企业的知识资本。这主要包括企业的民主参与式管理制度、权益规范制衡制度、客户关系管理制度以及潜藏于其中的相关伦理规范。

在传统的管理制度中，管理者和被管理者泾渭分明、截然不同，管理者是控制者，被管理者则是控制对象；前者发号施令，后者只能奉命唯谨，积极性、主动性和创造性受到限制。就拿劳动态度来说，人类的劳动缺少真正实在的价值，提高劳动生产率和实现经济增长则成为经济发展的惟一目的。在这里劳动仅仅被视为达到物之满足这一目的的手段。E. F. 舒马赫在他的《佛教经济学》中这样写道，劳动价值具有三重性质："使人得以利用、发展他的才能；在人们共同工作中，克服自我为中心的倾向；为恰当的生存提供产品和劳务"，"为了使人能利用和发展他

的才能”[①]，劳动首先要给劳动者尊严和目的，必须遵守人道原则，还要有某种有效的组织形式和制度体系。工作不再仅仅是人们谋生的手段，人们在工作中还追求归属感、安全感、成就感、幸福感以及自尊与社会尊重、自我价值的实现和人性的提升。但随着科技和经济的发展，生活和教育水平的提高，参与民主制也就成了受宠之物。这并不仅仅是基于道德观或哲学观，而且也因为参与民主制将能量流通降低到最低的限度，并由此减少了混乱的积累（从制度经济学的角度来说，就是降低了交往或交易的可能成本）。民主参与式管理的核心思想是让员工也参与组织的计划、控制与决策的管理制度。民主参与式管理“其立法旨趣，乃在于促进劳资关系之和谐，并冀望有助于公司之营运。”[②] 民主参与式管理有助于克服主观主义和官僚主义，及时发现问题并有效地处理问题，增加制度的透明度；有助于增强员工的自我意识和责任感，在参与的过程中，他们能够体会到领导和组织对他们的信任和重视，会激发起他们的主动精神和创造性[③]。这不仅有利于他们的聪明才智的发挥，也有利于他们自身的成长和发展；员工在参与的过程中，会产生一种肯定的、积极的态度，进而激发出一种内在的驱动力，鼓舞他们想方设法采取措施、全力以赴地保证计划的实现；能够激发员工的团队意识，培养他们的团队合作精神，可以化解传统的管理所带来的相互不信任和猜忌等等。德国经济学家史漫飞和澳大利亚经济学家柯武刚从管理制度的适用领域、组织设计、运行和控制模式、主要的动机形成原则、领导人关注的焦点以及理想的条件等六个方面对泰勒的科学管理和民主参与式管理进行了全面的比较（表 11 -1）[④]。显然，伴随生态文明时代企业组织的网络化与扁

① 杰里米·里夫金、特德·霍华德：《熵：一种新的世界观》，上海译文出版社 1987 年版，第 189 页。

② 刘连煜：《公司治理与公司社会责任》，中国政法大学出版社 2001 年版，第 116 页。

③ 齐振海：《未竟的浪潮——现代科学技术革命与社会发展》，北京师范大学出版社 1996 年版，第 109 页。

④ 柯武刚、史漫飞著：《制度经济学——社会秩序与公共政策》，韩朝华译，商务印书馆 2002 年版，第 337 页。

平化趋势，消费者个性化需求的凸现，企业人自主意识的增强以及合作竞争的“双赢”效应，参与式管理制度业已成为先进企业的最佳选择。

表 11－1　　科学管理与参与式管理之比较

	科学管理（泰勒制）	参与式管理
主要适用领域	工业性大批量生产、标准化产品的质量控制、规模经济	市场导向的小批量、服务业、灵活的自发调整、按客户要求定制的生产、范围经济
运行和控制模式	层级控制和纵向交流、自上而下的质量控制、对业绩不佳者实施惩罚（“棍棒”）	留有决策余地和对质量的自我控制、依赖以激励（“胡萝卜”）和惩罚（“棍棒”）为后盾的自我推动和自发性横向交流
主要的动机形成原则	命令和控制、设计下个工作计划、基于职位的权威、靠下属避免不利后果	通过隐性契约实现激励、共同的总目标、对整体运作不良、机会主义实施惩罚和对实现目标提供有差异的报酬奖励、多重技能
领导人关注的焦点	良好的计划、严密的监管、确保遵命和顺从	全体职员共同协商、共同的企业文化、实施培训以增强生产潜能和创造潜能、全体员工对信息的反映性
理想的条件	稳定的可预见环境、低技能和低主动性的工人、大批量的生产	可变的多样化市场、高技能和高积极性的合作者、复杂的生产工艺

需要指出的是，根据 2005 年修订的《中华人民共和国公司法》规定，监事会应当包括股东代表和适当比例的公司职工代表，其中职工代表的比例不得低于三分之一，具体比例由公司章程规定；两个以上的国有企业或者两个以上的其他国有投资主体投资设立的有限责任公司，其董事会成员中应当有公司职工代表，其他有限责任公司和股份有限公司董事会成员中可以有公司职工代表。这些规定说明我国公司职工参与监事会程度已经令人满意，但是参与公司董事会，以决定公司之经营计划和投资方案方面尚需要继续完善。在这方面，德国的企业管理制度堪为

典范。它按照国家颁布的《共同决定权修改法》所建立的工人参与管理促成劳资和谐的企业运作规范，值得我们认真研究和借鉴。

在早期的自然人企业中，自然人既是投资主体，又是经营管理主体，甚至是劳动主体，企业凭借所有权扮演着组织中的各种角色，拥有企业的各种权益和责任，他的意志往往就是企业的制度。伴随企业生产规模的扩大以及投资主体的多元化，经营管理的专业化，先后出现了投资者所有权与企业法人财产权、企业法人财产权与经营管理权、企业内部经营管理权的三次分离，这就要求在企业经营管理活动中，相应实行决策权、指挥权和监督权的分离。于是，以“股东会——董事会（经理层）——监事会”三驾马车为依托的现代企业制度应运而生，其中股东原则上以其投资额为限承担公司的风险与责任，分享公司的经营成果；股东组成股东会，股东会是公司的最高权力机关，决定公司的经营方针和投资计划，并选举和更换非由职工代表担任的董事、监事，决定有关董事、监事的报酬事项；董事会对股东会负责，执行股东会的决议，决定公司的经营计划和投资方案，并掌握挑选和聘任经理人员的权力；经理对董事会负责，对决策的组织实施和生产经营的行政指挥，既要对出资者负责，争取利润最优化，又要兑现企业法人财产权，尤其要努力使企业提高效益，并承担具体的与其职权相应的经营管理责任，同时根据权责的大小和经营成果获得相应的利益；监事会负责对决策和指挥的监督与考核，并根据考核结果对各方利益进行合理分配与调整。监事会组成中必须有员工代表参加，以保证其利益的实现。另外，从趋势上看，国际上近来有学者通过分析和实证研究提出扩大股权分散的公众商业公司股东权，例如允许股东发起和通过游戏规则决议以改变公司特许状，允许股东干预公司的一些决议①。总之，“股东会——董事会（经理层）——监事会”三者之间既相互独立，又相互联系，形成有机的权力

① Lucian Arye Bebchuk：The Case for Increasing Shareholder Power，Harvard Law Review，2005，vol. 118，pp. 833－914. 转引自朱双庆：《试论技术入股股东的权利、义务与法律责》，《现代法学》2006 年第 1 期，第 92—100 页。

链、责任链、利益链体系，从而实现所有者、经营管理者和劳动者权益的规范与制衡，调动各方积极性，激发各方创造性，在和谐的合作关系中求得企业发展与个人发展的统一。与此配套的还有“以人为本”的用人制度，用工制度，薪酬制度，这里就不赘述①。

当代高新技术企业的出现，又给现代企业制度提出了创新的要求。较传统工业企业而言，高新技术企业的投资方式更为丰富多样，它对高新技术的依仗，决定了高新技术成果参股入股的必要性（入股高新技术成果包括发明专利权、实用新型专利权、专利申请权、非专利技术权、计算机软件著作权、集成电路布图设计权、植物新品种权和植物新品种申请权），因此，以高新技术骨干人员为所有权主体的股份制的创新业已成为普遍的现实。与此相联系，在收益权的行使方面，将企业的利润和效益与科技人员的智力奉献结合起来的利益驱动机制正在形成和完善之中，针对经理人员的年薪制度、期权制度也正在探索之中；在决策权的行使方面，“集中战略决策，分散业务决策”的决策制度在一些企业也建立起来；在知识产权保护方面，技术成果的建档登记制度已成为高新技术企业不可或缺的制度环节②；在组织机构方面，由于技术商品发展速度快、更新周期短、实质变化大的特点，另外，相对其他公司而言，高新技术企业中的“知识工作者”较多，这些特点就要求在高新技术企业治理中采取扁平化的Z型结构，而不是传统的金字塔式的A型结构。“Z型结构优点：信息传递反馈速度快，失真可能性较小；有利于发挥下属工作的积极性和创造性；组织对外部环境反应灵敏。Z型结构缺点：主管用于协调管理下属的工作时间增多，有时可能会造成管理失控；信息传递反馈中信息冗余较高，会造成信息利用的准确性下降”③。这些制度对于化解高新技术企业的特殊矛盾，促进高新技术企业在和谐的人与人

---

① 姜利军：《论现代企业管理制度中的责任链》，《现代财经》1996年第6期。

② 朱斌、雷德森：《高技术企业管理制度若干问题探讨》，《福州大学学报》（社会科学版）1995年第9期。

③ 杨善林主编：《企业管理学》，高等教育出版社2004年版，第59页。

关系中实现知识资本高速增值，取得良好效益起着重要的规范制衡作用，标志着企业权益规范制衡制度的时代性和针对性。

客户是企业的生命线，拥有客户数量的多少，现有客户生命周期的长短以及关系质量的高低决定着企业的市场竞争力，从而影响着企业的生存和发展，因此在市场经济条件下，设计与建立起行之有效的客户关系管理制度就成为企业致胜的关键所在。要赢得客户，产品质量必须过硬。为了保证产品质量，企业必须建立起质量管理制度。一般的产品质量管理制度，已经比较成熟了，这里所要强调的是企业应当因应ISO9000系统标准的要求，名副其实地进行ISO9000认证工作，并在认证之后，运用计算机软件，实现人机结合，在基于信息化的人机和谐中巩固乃至优化认证的成果。服务是顾客满意度的又一内在变量。企业为客户提供产品，在本质上是满足客户的需求，为客户提供便利，使客户在产品的享用中获得自由。若没有优质的服务作保证，客户就可能为物所役乃至为物所累，造成人与物的对立，这是任何客户都不愿意见诸现实的。这就要求企业设计与建立起以“服务”为核心的机制与模式，包括优质服务的理念系统，客户潜在价值的预测模式，持续使用电子商务的动力机制，关于消费者持续愿望和产品使用的信息反馈机制，人性化的敏捷服务机制，个性化的产品提供与服务模式等等①。这些制度的要旨是在企业与客户的和谐中优化企业市场知识资本，提高企业的市场占有率和效益，具有现实的合理性，因而具有探索和实行的必要性。

以上优化社会资本、知识资本的企业管理制度贯穿着也体现了公平、人道、效率等外在伦理规范以及责、权、利、信、序、和等内在伦理规范。换言之，管理的外在和内在伦理规范的倡扬，有助于优化社会资本、知识资本的企业管理制度的创新与践行。在这里，企业刚性的管理制度与柔性的管理规范必须实现有机的结合。

---

① Kannan P K, Raghav Rao H. Introduction to the Special Issue: Decision Support Issues In Customer Relationship Management and Interactive Marketing for E - commerce [J]. *Decision Support Systems.* 2001 (32): 83 - 84.

四、依循人格规律和追求人格价值的企业管理制度

无论是依循自然规律和尊重自然价值的企业管理制度还是依循社会规律和关注组织资本的企业管理制度的实现都是以行为主体的“高度自治”为根本前提的，生态和谐、人态和谐最终要以“现实的人”的人格和谐为出发点和落脚点。因此，企业还必须设计与建立起依循人格规律和追求人格价值，即塑造和谐人格、优化心理资本的管理制度。这主要包括促使主体从他律走向自律的机制的设计，学习型组织的建立以及职工安全制度的制定。

他律是指外在于行为主体的规律。管理制度上的他律可以理解为行为主体据以行为的规范和驱动均来自外在的理性命令，而非主体内心自愿的欲望和意向。在这种外在规则与权力的支配下，行为主体如果遵从就会受到肯定和褒奖，反之则遭到批评和惩罚。显然，在这种外在规则与权力驱动下的他律排斥或忽略了行为主体行为的内在动机与精神需求。行为主体的受动性、工具性、排斥性也就成为他律的基本代价而使管理制度降低甚至失去效率。

自律是指自己对自己的规定。管理制度上的自律可以理解为行为主体将外在的规范和命令变为内在的自觉认识和理解信念，按照自己立下的行为准则，自主地规约自己、限制自己。与他律相比，由自律引发的行为活动不再是迫于外在的命令或被动的服从，而是主动地接受与创造。这种行为是行为主体在充分了解和掌握了外在规范要求命令的基础上，将外在的规范命令内化为自己心中的要求和信念，因而，这种行为是主体的一种自觉行为，是行为主体外在的规约与内在的自我规约的有机统一。行为主体自己为自己立法，把外在的要求内化为心中的行为准则，行为主体既是立法者，又是守法者；既是人生舞台上的编剧和导演，又是演员和剧中人①。自律体现出行为主体的一种能力品质，这种品质能使

① 戴木才：《管理的伦理法则》，江西人民出版社2001年版，第77页。

在没有外在具体行为规范、制度规约或无他人在场的情况下也能依靠自律的品格引导自己的行为并实现自身的精神价值，即达到一种“慎独”的精神状态。美国社会心理学家马斯洛说，通常自律只在自我实现的、真正的、名副其实的人身上发现，而在平常的人身上并没有发现自律。他还说，在自我实现的身心健康的人身上，我们发现责任和愉快是一回事，工作和娱乐、利己和利他、个人主义和忘我无私也是一回事。只有对自律的人、完全能够负起责任的人，我们才可以让他按照自己的意愿干①。

任何一种管理制度从形式上讲都是外在的、他律的，问题在于一种好的制度，它能一方面不断吸纳和转化个体的内在精神要求使之成为规则与规范的基本内容；另一方面通过相应机制把外在的规范内化为人们心中的道德命令，转化为人们心中的自律准则。正是这种双向互动使管理制度由“刚”转“柔”，使行为主体由被迫服从转为自愿遵守，从而既提升人们的精神境界，造就人们的完美和谐人格，促进人的全面发展，也使组织（企业）收获了由于行为主体的主动性、创造性所带来的管理效率和心理资本的增值。与以往和现存的管理制度相比，塑造企业人和谐人格的管理制度就是要对组织的管理理念和运作模式进行根本变革。这些变革包括领导威望从权威取向向平权取向转化，价值取向从社会取向向自我取向转化，制度原则从特殊主义向普遍主义转化，控制手段从外控取向向内控取向转化，绩效评价从简单否认向理智吸纳转化，职工心态从依赖取向向独立取向转化等等②。这实质上是要求企业设计与构建体现生态和谐（广义）管理理念的文化机制，引导和激励企业人实现这种转化，塑造和谐人格，培育心理资本。

从“组织—个人”的关系维度看，坚持和谐人格管理和心理资本培育的组织必须充分、不断地吸纳与转化员工内在的精神需求，建立起“走进人心”、“走近人性”的行为规范和规则体系。如保护和尊重员工

① 马斯洛等著：《人的潜能与价值》，林方主译，华夏出版社1987年版，第83—84页。

② 李维：《学习心理学》，四川人民出版社2000年版，第451—459页。

的工作权利、不被无辜解雇的权利、享受自由与安全的权利、享有健康的工作环境和自我不断发展的权利等。坚持和谐人格管理的组织还必须建立起与规范和规则体系相适应的保证公平、淡化权威、重视激励、体现“柔性”的管理程序与管理机制，如协议公平、权利公平、薪酬公平、机会公平、鼓励创造、激励发展等。处于这种人性、人态制度环境中的员工也必定是个性舒展、体现创造、追求发展、自我管理、主动自律的个体。组织成为员工个性发展的舞台，从而使员工在创造的过程中体现和享受生命的意义；员工成为组织个性的赋予者，组织文化的建设者和组织形象的传播者，从而使组织获得了永续发展、兴盛不衰的“生命力”。

从“管理者—被管理者”的关系维度看，坚持和谐人格管理和心理资本培育的制度尽管仍然存在管理层次（管理者—被管理者）的划分，但与传统及现存的管理制度相比，管理者与被管理者明确的外在界线将日益转化为个体内在的管理与被管理的关系。一方面，人人均在管理之中。由于外在制度规范与规则源于个体内在的精神需求，体现了员工的情感、价值和愿景，因此，主动接受外在规约与遵从内心道德准则，他律与自律将日益交错与融合。另一方面，人人都是管理者。由于和谐人格管理重视对员工情感和人格价值的关注，管理手段更倾向于“柔性”的一面，因此，自我管理与接受管理、自我创造与组织创造、自我个性张扬与组织个性塑造将相互接近与叠加。组织和个体“双赢”成为和谐人格管理和培育心理资本实践的“硬币（一体两面）收益”。

设计和建立塑造和谐人格、培育心理资本的管理制度实质上就是要在组织（企业）构建体现生态和谐管理理念的文化机制。显然，反映求变时代与速度时代特点，在人类由工业社会向生态社会转变的背景和环境下出现的学习型组织理论是实现这一任务最直接、有效的理论资源。

学习型组织是能够透过各种有效的途径、培训体系与具体措施，促进其成员养成终身学习的习惯，从学习过程中激发个人生命潜能，并提升人生价值以充分实现自我，并以此带动组织的创新与进步，以形成良好的组织气候与组织文化，实现组织顺应变迁和持续发展的能力的组织（中国台湾吴明烈观点）。学习型组织把学习的过程理解为组织、团队与个体品质修炼与境界提升的过程，突出自我超越、改善心智模式、建立共同愿景、团队学习和系统思考的修炼①。鉴于此，学习型组织是让人真正懂得学习、善于学习、能够学习并终身学习的组织；是能够激发人的潜在能量，提升人的精神境界，增进成员相互了解，活出个体生命意义的组织；是能够实现个体的理想与组织的目标合一，组织的发展与个体的提升一致，个人与组织荣辱与共、命运一体的组织；是能够塑造组织独具魅力的品质、意志、精神和风采，从而顺应时代与环境变化，实现持续发展，永不衰竭的组织。对个体而言，学习型组织是提升人的境界、扩展人的心胸、历练人的意志、体会生命意义有效的途径。

能赋予学习型组织以特质并使之与其他组织相区别的必定是文化——学习型组织的文化。因之，设计和建立塑造和谐人格、培养心理资本的管理制度就是要在生态和谐理念的基础上充分吸纳、转化和诠释学习型组织的文化内涵。具体表现在以下几个方面：

其一，在组织中建立起“快乐工作文化”。实施“感恩”管理。员工要懂得感恩，组织也要懂得感恩，对自然要学会珍惜；对工作要学会尽心；对自己（组织与个体）要学会克制。实施善念管理，始终以善良、积极的心态去思考问题，关注并赞美对方的优点与成功，还要实施包容管理。组织要为员工创造一个大胆试验、包容失误、鼓励创造、追求完美的工作环境。

其二，在组织中建立起“反思共享文化”。一个善于反思的员工是一个品格高尚的人，一个肯于反思的组织才是值得合作的组织。组织的决策层要善于进行决策反思，执行层要善于进行行动反思，并将反思所悟到的经验与教训形成理论在组织内实现共享。使失误与教训成为走向成功的基础与源泉。

① 彼得·圣吉著：《第五项修炼——学习型组织的艺术与实务》，郭进隆译，上海三联书店2000年版，第163页。

其三，在组织中建立起“速度与创新文化”。个体要以自我内在的改变促进组织的改变，以适应外部急剧改变的时代与环境。避免组织与社会、个体与组织、个体与个体之间的矛盾、冲突与危机，将对外部变化速度的追踪与跟进转化为组织与个体内在的持续创新与永恒发展。

职工安全是企业人本管理的基本要求，它理所当然成为生态文明时代企业管理制度的基本内容。企业必须因应 OHSAS18000 标准的要求，按照伦理道德、法律、经济学有关原则，设计与建立确保员工卫生和安全工作环境的管理制度，以实现企业人的身心和谐，优化企业人的心理资本。

需要指出的是，生态文明时代的管理制度只是“管理制度丛林”中的一棵新树，虽然它已经在一些企业管理实践中得到了初步验证，但是它还需要继续在实践的土壤中发育成长。

研究结论与展望

本书在系统梳理生态文明时代我国企业管理面临的现实问题和挑战，深入分析国内外面向生态文明时代的和谐管理研究进展的基础上，按照本研究的哲学性质和管理哲学的研究范围，针对现有管理理论和实践在历史考察、理念提升、人性观、价值观、技术观、心理观、组织观、伦理观、制度观诸方面存在的不足和盲区，运用调研—体认法、生态论方法、综合创新法和体系构建法进行辩证探索和有机集成，得出如下研究结论：

第一，生态和谐管理的历史必然性和现实合理性。基于管理实践和理论的历史事实，考察了管理发展的历史轨迹及其和谐走向，揭示了从农业文明时代原始综合型经验管理，到工业文明时代分化与否定型科学管理，再到生态文明时代辩证综合型和谐管理（生态和谐管理）的辩证历史过程，从而得出生态文明时代辩证综合型和谐管理（生态和谐管理）的产生具有历史必然性和现实合理性的结论。

第二，生态文明时代和谐管理的基本理念是生态和谐理念。首先在对生态进行感性直观、知性分析的基础上，厘清生态的形上意义——生生、协变、臻善，再运用现代系统辩证法对以《国语》为代表的中国传统和谐理念进行典型考察，梳理出和谐理念的四个规定性多样的统一、关系的协调、力量的平衡和功能的优异，进而将“生态”与和谐相融通，形成广义的生态和谐理念，指出广义的生态和谐是具有自然有机性的生生和谐，环境适应性的协变和谐和价值合理性的臻善和谐，认为生态文明理念是生态文明时代和谐管理的逻辑元点和实践准则。

第三，人性假设是生态和谐人假设。将生态和谐理念在管理人性观层面予以展开，便演绎出生态和谐人假设。人的发展是与社会经济发展协同俱进的。社会经济的不断进步必然伴随人向全面发展的切近。工具人、经济人、社会人是与工业文明时代相适应的人性假设，而理性生态人乃至生态和谐人则是与生态文明时代相适应的人性假设。它的设计既具有历史的必然性，又符合生态文明时代和谐管理依据人性、提升人性的现实需要，而且自统计规律而言，生态文明时代的企业人的生态和谐人性特征已显示出“大数定律”和递增趋势。生态和谐人，作为以身心和谐、人生幸福为目的，需要结构的和谐为条件，生态和谐、人态和谐为契机的自然人，具有两个显著特征，一是在身心和谐中创造幸福人生，二是理性和情感高度统一。他在企业活动中所遵循的规范和原则具有明显的生态文明时代的特点，这就是生态和谐观、三维效益观、综合安全观和广义生态方法论。生态和谐人的型塑遵循着人格健康、教育和学习的一般机制，其关键路径包括“疏解—升华”、“内化—外化”两个方面。

第四，生态文明时代和谐管理的价值生态是对三态和谐的整体动态追求。将生态和谐理念在管理价值观层面予以展开，便显现为以人与自然的生态和谐（狭义）、人与社会及人与人的人态和谐、人自身的心态和谐这三态和谐为根本追求的企业价值生态。人本管理作为物本管理的对立物，强调人在企业管理中的主体和主导地位，主张重视人、依靠人、发展人、为了人的价值取向，注重人的潜力的激发，人的全面发展的趋向以及在潜力激发、人的发展中人文精神和价值理性（人道）的凸显。生态和谐管理则进一步要求在企业管理中必须奉行物本与人本的结合，提倡自然力、人文力和经济力协同作用的管理力本观。而物本、人本与力本的综合实即以三态和谐为企业管理的基本价值取向，于此，企业人不仅是生态和谐（广义）的责任主体，而且是生态和谐的创新主体和享用主体。生态和谐在企业人沿着“责任—创新—享用”的路径推移过渡、螺旋上升显然是对人本管理的新超越，以此为基本价值取向的整体动态追求就构成生态文明时代企业和谐管理的价值生态。

第五，生态文明时代和谐管理所遵循的效益逻辑是经济效益、社会效益与生态效益相统一的三维效益观。将生态和谐理念在管理效益观层面予以展开，则衍生出经济效益、社会效益与生态效益相统一的三维效益观。在工业文明时代，不管是“看不见的手”，还是“看得见的手”，都是对经济效益的单纯追求，体现的是一种对自然的主宰征服观。可持续发展理论的提出扬弃了传统西方经济学的片面性，强调“经济—社会—生态”的整体可持续发展；科学发展观的提出，要求企业实现其目标的变革，奉行企业生态和谐文明观和企业人际公平整体观。这是对企业单纯追求经济效益的辩证否定。由此我们可以演绎出利润与伦理和谐统一，天道与人道一同遵循、经济与生态同时兼顾的企业三维效益观。其核心在于要求企业从“利润最大化”的目标追求转向“利润最优化”的目标追求，实行“深绿式”发展。

第六，生态文明时代企业管理要素运作的努力方向是形成生态和谐管理系统，进行尊重自然价值的技术选择，培育企业心理资本的和谐人格塑造，促进企业知识资本增值的组织协调，优化企业社会资本的伦理规范，贯通自然、组织、社会、人格的制度设计和实施，从而打造和强化能够支撑企业长期竞争优势的核心能力。企业管理的结构要素可划分为生产技术、心理行为、组织部门、伦理规范、制度规则五个层面，用生态文明时代和谐管理的基本理念——生态和谐理念加以统贯，则相应包括尊重自然价值的技术选择，培育企业心理资本的和谐人格塑造，促进企业知识资本增值的组织协调，优化企业社会资本的伦理规范，将自然、组织、社会、人格予以贯通的制度整合，即生态文明时代的企业生产技术必须突出对自然价值的尊重，应追求生态和谐（狭义）；企业人心理行为必须伴生企业心理资本的培育和和谐人格的塑造，应趋于心态和谐；组织部门、伦理规范必须能促进企业知识资本增值和社会资本的优化，应指向人态和谐；企业制度，必须能将自然、组织、社会、人格予以贯通，应追求三态一体的生态和谐（广义）。按此运作企业管理五大要素，形成企业生态和谐管理系统，可以使企业具有支撑企业长期竞争优势的核心能力，在生态文明的大潮中劈波斩浪，持续发展。基于以上结论，作以下展望：

生态文明时代亦即知识经济时代，两者所处的时间区间几乎一致，展开的过程几乎同步。生态文明时代主要是相对于农业文明时代和工业文明时代而言，知识经济时代主要是相对于以物质资本为核心生产要素的传统经济时代而言，两者视角不同。在产业层面，生态文明时代的显著特征是产业生态化的发展趋势，强调运用当代生态技术改造和重组产业结构，把产业活动对自然资源的消耗和对环境的影响纳入生态系统物质、能量、信息的总交换过程中，实现产业活动与生态系统的良性循环①；知识经济时代的突出表现是产业知识化的发展趋势，强调将知识和信息作为最重要的资源和资本，以知识和信息的生产、分配和使用为基础，通过传统产业的高新技术化和高新技术的产业化，改造和加速产业的发展②。而且，当代产业发展的生态化趋势与知识化趋势业已呈现出明显的合流走向——产业生态化以产业知识化为基础，产业知识化以产业生态化为导向③。它们作为解决工业文明所造成的生态、社会、经济的不协调而提出的新发展模式，互动互补，正在改善并将进一步改善人们的生产方式和消费方式，提高人们的生存质量，优化人们的发展条件，不断贴近人与自然、人与社会及人与人、人自身的整体动态和谐。

产业中观层面与企业微观层面是血肉相连的，当代产业的知识化与

---

① Norton Bryan G. Intergenerational Equity and Environmental Decisions: A Model using Rawls' Veil of Ignorance [J]. *Ecological Economics*. 1989 (1): 137 -159; Clyde F. Kiker, Water Milon J, Alan W. Hodges. Adaptive Learning for Science - based Polity: the Everglades Restoration [J]. *Ecological Economics*. 2001 (37): 403 -416.

② 联合国经济合作与发展组织（OECD）：《以知识为基础的经济》，杨宏进、薛澜译，机械工业出版社1997年版，第1—5页。

③ 黄志斌、吴椒军、张本照：《当代产业的知识化与生态化》，安徽人民出版社2000年版，第44—45页。

生态化的整合必须依仗于当代企业的知识化与生态化运作。生态和谐管理理论的主旨就是要将可持续发展理论和战略、科学发展观以及知识经济有关原理特化到企业管理的理念体系、过程环节和结构要素之中，以促使企业（人）成长为生态文明时代亦即知识经济时代产业知识化与生态化运作的承担者和实践者。笔者尽己所能在这方面作出了不懈的努力，提出了企业既要培育心理资本、增殖知识资本、优化社会资本，又要发展生态技术、尊重自然价值、投资与增殖生态资本的经营方略，但对企业管理知识化与生态化整合机制这一重要问题的研究还有待今后进一步探索。

另一方面，管理学的发展有着自身的规律性，其中最重要的一条规律就是理念先行，技术跟进。科学管理理念在泰罗时期就已明确提出，但科学管理的定量化、操作化技术直到现代“管理丛林”时期方算尘埃落定。行为管理理念在“霍桑实验”时就已问世，而行为管理的具体技术迄今尚在探索之中。生态和谐管理论作为一种企业管理哲学，属于企业管理的一种元理论与方法，它为企业管理实践所提供的仅仅是一种新的价值原则、理想目标和运作航标。它的定量化、可操作化则有待有关具体工具和技术的研究，需要我们作出更为艰辛的学术跋涉。本书所阐述的思想观念不乏理论新意和实践指导意义，但它毕竟主要属于管理哲学层面的思辨论证，有待我们进一步展开深入细致的实证。本书中的许多内容体现了现在与未来、现实与理想的统一，昭示了我国企业的努力方向，但具体到不同行业、不同发展阶段的企业，究竟如何实施和操作，还需要我们进行过细的调查研究，分析现实条件和现状差距，制定切合实际的实施战略，选择行之有效的实施方案。

参考文献

1. 胡锦涛：《高举中国特色社会主义伟大旗帜，为夺取全面建设小康社会新胜利而奋斗》，人民出版社 2007 年版。

2. 任文伟、郑师章编著：《人类生态学》，中国环境科学出版社 2004 年版。

3. 黄志斌：《绿色和谐管理论——生态时代的管理哲学》，中国社会科学出版社 2004 年版。

4. 郭因、黄志斌等：《绿色文化与绿色美学通论》，安徽人民出版社 1995 年版。

5. 黄志斌、刘志峰：《当代生态哲学及绿色设计方法论》，安徽人民出版社 2004 年版。

6. 黄志斌：《绿色和谐文化论——构建社会主义和谐社会的文化理念与原理及其现实追求》，中国社会科学出版社 2007 年版。

7. 樊浩：中国人文管理（内部文稿），1994 年。

8. 刘湘溶：《生态文明论》，湖南教育出版社 1999 年版。

9. ［美］赫尔曼·E. 戴利：《超越增长——可持续发展的经济学》，诸大建、胡圣等译，上海译文出版社 2001 年版。

10. ［美］彼得·德鲁克：《21 世纪的管理挑战》，朱雁斌译，机械工业出版社 2006 年版。

11. ［美］彼得·德鲁克：《下一个社会的管理》，蔡文燕译，机械工业出版社2006年版。

12. ［美］莱斯特·R. 布朗：《生态经济——有利于地球的经济构想》，林自新、戢守志等译，东方出版社2002年版。

13. ［德］赫尔曼·舍尔：《阳光经济——生态的现代战略》，黄凤祝、马黑译，生活·读书·新知三联书店2000年版。

14. ［日］岩佐茂：《环境的思想》（修订版），韩立新等译，中央编译出版社2006年版。

15. ［美］保罗·霍肯：《商业生态学》，夏善晨等译，上海译文出版社2001年版。

16. ［英］查尔斯·汉迪：《管理之神：组织变革的今日与未来》，崔姜薇译，北京师范大学出版社2006年版。

17. ［英］查尔斯·汉迪：《饥饿的灵魂——个人与组织的希望与追寻》，赵永芬译，中国人民大学出版社2006年版。

18. ［英］查尔斯·汉迪：《觉醒的时代》，周旭华译，中国人民大学出版社2007年版。

19. ［英］保罗·格里斯利：《管理价值观——企业经营理念的变革》，经济管理出版社2005年版。

20. 郭咸纲：《西方管理思想史》（第二版），经济管理出版社2002年版。

21. 孙耀君：《西方管理学名著提要》，江西人民出版社1998年版。

22. 张立文：《和合学概论》，首都师范大学出版社1996年版。

23. 田广清：《和谐论》，中国华侨出版社1998年版。

24. ［美］拜瑞·J. 内勒巴夫、亚当·M. 布兰登勃格：《合作竞争》，王煜昆、王煜全译，安徽人民出版社2000年版。

25. ［英］安德鲁·坎贝尔、凯瑟琳·萨姆斯·卢克斯：《战略协同》，任海通、龙大伟译，机械工业出版社2000年版。

26. 席酉民：《和谐理论与战略》，贵州人民出版社1989年版。

27. 席酉民、尚玉钒：《和谐管理理论》，中国人民大学出版社2002

年版。

28. 郑天一主编、任佳等著：《现代企业管理模式——和谐理念》，经济科学出版社1999年版。

29. 黄如金：《和合管理》，经济管理出版社2006年版。

30. 冯军：《管理价值研究》，中国社会科学出版社2006年版。

31. 史会学：《管理价值论——现代管理价值实现研究》，中共中央党校马克思主义哲学（专业）博士论文，2002年。

32. 卢风：《人类的家园》，湖南大学出版社1996年版。

33. 徐嵩龄：《环境伦理学进展——理论与阐释》，社会科学文献出版社1999年版。

34. 欧阳康、张明仓：《社会科学研究方法》，高等教育出版社2001年版。

35. 曾仕强：《中国管理哲学》（第3版），（台）东大图书股份有限公司1986年版。

36. [美] 成中英：《C理论——中国管理哲学》（修订本），学林出版社1999年版。

37. Gallagher R.，Appenzeller T.，《超越还原论》，载戴汝为主编：《复杂性研究论文集》，1999年版。

38. 于景元：《钱学森的现代科学技术体系和综合集成方法论》，《中国工程科学》2001年第3期。

39. 张岱年、程宜山：《中国文化与文化论争》，中国人民大学出版社1997年版。

40. 萧焜焘：《关于辩证法科学形态的探索》，《中国社会科学》1980年第2期。

41. 黄志斌：《传统和谐理念的当代阐释》，《哲学研究》2006年第11期。

42. [美] 大卫·雷·格里芬：《后现代精神》，中央编译出版社1998年版。

43. [挪威] 奈斯：《深层生态运动：某些哲学的方面》，转引自《环境伦理学新进展：评论与阐释》，社会科学文献出版社 1999 年版。

44. [美] 哈罗德·孔茨、海因茨·韦里克：《管理学》（第 9 版），郝国华译，经济科学出版社 1993 年版。

45. [俄] 康定斯基：《论艺术的精神》，中国社会科学出版社 1987 年版。

46. 黄志斌：《绿色辨义：从感性直观到知性分析再到理性综合》，《科学技术与辩证法》2003 年第 3 期。

47. 汤一介：《儒学与廿一世纪》，华夏出版社 1997 年版。

48. 竹立家：《道德价值论》，中国人民大学出版社 1998 年版。

49. 芮明杰：《中国企业发展的战略选择》，复旦大学出版社 2000 年版。

50. 刘献君：《大学之治与大学之思》，华中理工大学出版社 2000 年版。

51. 蔡秀玲、杨智馨：《情绪管理》，安徽人民出版社 2001 年版。

52. 樊浩：《伦理精神的价值生态》，中国社会科学出版社 2001 年版。

53. [英] 凯恩斯：《就业、利息和货币通论》（第 2 版），徐毓枬译，商务印书馆 1983 年版。

54. [美] 小艾尔弗雷德·D. 钱德勒：《看得见的手——美国企业的管理革命》，重武译，商务印书馆 1987 年版。

55. [德] 彼得·科斯洛夫斯基：《伦理经济学原理》，孙瑜译，中国社会科学出版社 1997 年版。

56. [印度] 阿马蒂亚·森：《伦理学与经济学》，王宇、王文玉译，商务印书馆 2000 年版。

57. 石毓彬、程立显等编：《当代西方著名哲学家评传：道德哲学卷》，山东人民出版社 1996 年版。

58. 黄志斌、吴椒军、张本照：《当代产业的知识化与生态化》，安徽人民出版社2000年版。

59. [美] 杰里米·里夫金、特德·霍华德:《熵:一种新的世界观》,吕明、袁舟译,上海译文出版社1987年版。

60. [美] 利奥波德:《沙乡年鉴》,吉林人民出版社1997年版。

61. [美] 霍尔姆斯·罗尔斯顿:《哲学走向荒野》,刘耳、叶平译,吉林人民出版社2000年版。

62. 余谋昌:《文化新世纪:生态文化的理论阐释》,东北林业大学出版社1996年版。

63. 钱俊生、余谋昌主编:《生态哲学》,中共中央党校出版社2004年版。

64. 张坤民主笔:《可持续发展论》,中国环境科学出版社1997年版。

65. 叶文虎:《可持续发展引论》,高等教育出版社2001年版。

66. 苏勇:《管理伦理学》,东方出版中心1998年版。

67. 王海明:《公正、平等、人道》,北京大学出版社2000年版。

68. 刘光明:《中外企业文化案例》,经济管理出版社2000年版。

69. 蔡增正:《西方经济学》,高等教育出版社1999年版。

70. 黄顺基:《走向知识经济时代》,中国人民大学出版社1998年版。

71. 张德:《人力资源开发与管理》,清华大学出版社1996年版。

72. 张纲:《人力资本、组织资本与组织创新》,《科学学研究》2000年第1期。

73. 孙健:《网络经济学导论》,电子工业出版社2001年版。

74. 张春兴:《现代心理学》,上海人民出版社1994年版。

75. 刘光明编著:《企业文化》,经济管理出版社2001年版。

76. 张世英著:《天人之际》,人民出版社1995年版。

77. 张华夏:《现代科学与伦理世界》,湖南教育出版社1999年版。

78. 陈昌曙:《哲学视野中的可持续发展》,中国社会科学出版社

2000 年版。

79. 黄志斌、王卓君、彭纪生等：《科技创造心理学》，安徽人民出版社 1989 年版。

80. ［美］巴里·康芒纳：《封闭的循环——自然、人和技术》，侯文蕙译，吉林人民出版社 1997 年版。

81. ［美］H. T. 奥德姆：《系统生态学》，蒋有绪、徐德应等译，科学出版社 1993 年版。

82. ［美］詹姆士·M. 库塞基、贝瑞·Z. 波斯纳：《成功领导人》，兰州大学出版社 1998 年版。

83. 郑雪主编：《人格心理学》，暨南大学出版社 2007 年版。

84. ［奥地利］弗洛伊德：《精神分析引论》，彭舜译，陕西人民出版社 2001 年版。

85. ［美］路桑斯等：《心理资本》，李超平译，中国轻工业出版社 2008 年版。

86. ［瑞士］皮亚杰：《教育科学与儿童心理学》，傅统先译，文化教育出版社 1981 年版。

87. 王兴元、成冰：《企业知识资本内涵及其评价研究》，《科学学与科学技术管理》2003 年第 9 期。

88. 李涛：《现代企业知识资本管理模式探讨》，《商业经济》2004 年第 12 期。

89. 范徵：《核心竞争力——基于知识资本的核心能力》，上海交通大学出版社 2002 年版。

90. 赵杰：《企业知识资本经营模式探索》，《经营管理》2009 年第 1 期。

91. 韦文辉、黄继征：《企业知识资本的管理策略》，《情报科学》2003 年第 10 期。

92. 田凯：《科尔曼的社会资本理论及其局限》，《社会科学研究》2001 年第 1 期。

93. 詹姆斯·科尔曼：《社会理论的基础（上册）》，邓方译，社会科学文献出版社 1999 年版。

94. 张海东、杨隽：《转型期的社会关系资本化倾向》，《吉林大学社会科学学报》2000 年第 1 期。

95. 李惠斌、杨雪冬：《社会资本与社会发展》，社会科学文献出版社 2000 年版。

96. 陈柳钦：《社会资本及其主要理论研究观点综述》，《东方论坛》2007 年第 3 期。

97. 边燕杰、丘海雄：《企业的社会资本及其功效》，《中国社会科学》2000 年第 2 期。

98. 李爱国、彭长征：《社会大转型时期的非正式组织再造》，《经济管理》2002 年第 6 期。

99. 沈烘涛、沈艺峰：《公司社会责任思想起源与演变》，上海人民出版社 2007 年版。

100. 陈湘舸、陈艳婷：《企业社会责任与企业效率关系辨证》，《理论探索》2008 年第 2 期。

101. 樊浩：《道德形而上学体系的精神哲学基础》，中国社会科学出版社 2006 年版。

102. 付泳：《企业社会责任的若干思考》，《经济研究导刊》2009 年第 11 期。

103. 聂飞：《资本研究的新领域：社会资本研究综述》，《前沿》2009 年第 4 期。

104. [美] 斯蒂芬·P. 罗宾斯、玛丽·库尔特：《管理学》，孙健敏等译，中国人民大学出版社 2004 年版。

105.《布莱克维尔政治学百科全书》，中国政法大学出版社 1992 年版。

106. [美] 诺思：《经济史中的结构与变迁》，上海三联书店 1997 年版。

107. [德] 柯武刚、史漫飞著：《制度经济学——社会秩序与公共政策》，韩朝华译，商务印书馆 2002 年版。

108. 沈洪涛、沈艺峰：《公司社会责任思想起源与演变》，上海人民出版社 2007 年版。

109. 高兆明：《制度公正论》，上海文艺出版社 2001 年版。

110. 戴木才：《管理的伦理法则》，江西人民出版社 2001 年版。

111. 钱易、唐孝炎主编：《环境保护与可持续发展》，高等教育出版社 2000 年版。

112. 齐振海：《未竟的浪潮——现代科学技术革命与社会发展》，北京师范大学出版社 1996 年版。

113. 姜利军：《论现代企业管理制度中的责任链》，《现代财经》1996 年第 6 期。

114. 朱斌、雷德森：《高技术企业管理制度若干问题探讨》，《福州大学学报》（社会科学版）1995 年第 2 期。

115. [美] 马斯洛等：《人的潜能与价值》，林方主译，华夏出版社 1987 年版。

116. [美] 彼得·圣吉：《第五项修炼——学习型组织的艺术与实务》，郭进隆译，上海三联书店 2000 年版。

117. [英] 彼得·斯坦、约翰·香德：《西方社会的法律价值》，中国法制出版社 2004 年版。

118. [美] 保罗·萨缪尔森，威廉·诺德豪斯：《经济学》，萧琛主译，人民邮电出版社 2008 年版。

119. 曹明德：《生态法新探》，人民出版社 2007 年版。

120. 刘连煜：《公司治理与公司社会责任》，中国政法大学出版社 2001 年版。

121. 杨善林主编：《企业管理学》，高等教育出版社 2004 年版。

122. 李维：《学习心理学》，四川人民出版社 2000 年版。

123. Anders Allander, "Successful Certification of an Environmental

Product Declaration for an ABB Product", *Corporate Environmental Strategy*, 2001, 8 (2).

124. Sarah Diefendorf, "Venture Capital & The Environmental Industry", *Corporate Environmental Strategy*, 2000, 7 (4).

125. Orley Kantz, "Volvo's Holistic Approach to Environmental Strategy", *Corporate Environmental Strategy*, 2000, 7 (2).

126. Mark Haveman and Mark Dorfman, "CES Focus: Linking Product Development with Environmental Management", *Winter*, 1999, 6 (1).

127. Mark O'Reilly and Matthias Gelber, "ISO14031: Effective Mechanism to Environmental Performance Evaluation", *Corporate Environmental Strategy*, 2000, 7 (3).

128. Betty J., David Terkia, "The Environmental Industry in Massachusetts: From Rapid Growth to Maturity", *Corporate Environmental Strategy*, 2000, 7 (3).

129. Steve W. Percy, "Environmental Sustainability and Corporate Strategy: Why a Firm's Chief Environmental Officer Should Be Its 'CEO'", *Corporate Environmental Strategy*, 2000, 7 (2).

130. Jenkins T. N., "Economics and the Environment: a Case of Ethical Neglect", *Ecological Economics*, 1998 (26).

131. Roger A. Hinson, David L. Deephouse and Barbara D., "The Green Company: A Case of Labor Management and Employee Empowerment in Small Business", *International Food and Agribusiness Management Review*, 1998, 1 (2).

132. Sklar F. H., Fitz H. C., Wu Y., Van Zee R. and Mcvoy C., "The Design of Ecological Landscape Models for Lverglades Restoration", *Ecological Economics*, 2001 (37).

133. Ans Kolk, "The Internet as a Green Management Tool", *Corporate Environment Strategy*, 1999, 6 (3).

134. Peter A. Coming, "Synergy: Another Idea Whose Time Has Come", *Journal of Social and Evolutionary System*, 1998, 21 (1).

135. Andrew Crouch, "Reframing the Strategic Problem: An Accommodation of Harmony and Belligerence in Strategic Management", *Journal of Business Research*, 1998 (41).

136. Michael Goold, Andrew Campbell, "Taking Stock of Synergy: A Framework for Assessing Linkages Between Businesses", *Long Range Planning*, 2000 (33).

137. John A. Weber, Utpal M. Dholakia, "Including Marketing Synergy in Acquisition: A Step - wise Approach", *Industrial Marketing Management*, 2000 (29).

138. Peter White, "Sustainability Through the Market: Making Markers Work for Everyone", *Corporate Environmental Strategy*, 2001, 8 (1).

139. Andren G. Qliver, "Can Sustainable Development and the Market Co - exist", *Corporate Environmental Strategy*, 2001, 8 (1).

140. Gerrit Bruggen, Berend Wierenga, "Matching Management Support Systems and Managerial Problem - solving Modes: The Key to Effective Decision Support", *European Management Journal*, 2001, 19 (3).

141. Giovanni Azzone, Giuliano Noci, "Introducing Effective Environ Metrics to Support Green Product Design", *Engineering Design & Automation*, 1998, 4 (1).

142. Lori L. Kosta, etc, "Trade - offs Among the Elements of Flexibility: A Comparison from the Automotive Industry", *Omega*, 2000 (28).

143. Dennis A. Rondinlli, Gyula Vastay, "Global Corporate Environmental Management Practices at Alcoa", *Corporate Environmental Strategy*, 2000, 7 (3).

144. Kannan P. K., Raghav Rao H., "Introduction to the Special Issue: Decision Support Issues in Customer Relationship Management and Inter-

active Marketing for E – Commerce", *Decision Support Systems*, 2001 (32).

145. Collins N. L., "Working Models of Attachment: Implications for Explanation, Emotion, and Behavior", *Journal of Personality and Social Psychology*, 1996, 71 (4).

146. Viscusi W. K., "The Value of Risks to Life and Health", *Journal of Economic Literature*, 1993, 31 (4).

147. Norton Bryan G., "Intergenerational Equity and Environmental Decisions: A Model using Rawls' Veil of Ignorance", *Ecological Economics*.1989 (1).

148. Clyde F. Kiker, Water Milon J., Alan W. Hodges, "Adaptive Learning for Science – based Polity: the Everglades Restoration", *Ecological Economics*. 2001 (37).

149. Regan, Tom, *The Case for Animal Rights*, University of California Press, 1986.

150. Taylor, W. Paul, *Respect for Nature: A Theory of Environmental Ethics*, Princeton University Press, 1986.

151. Callicott, J. Baird, *In Defense of the Land Ethic: Essays in Environmental Philosophy*, N. Y., 1989.

152. Nash, Roderick Frazier, *The Right of Nature: A History of Environmental Ethics*, University of Wisconsin Press, 1989.

153. Fox, W., *Toward a Transpersonal Ecology: Developing New Foundation for Environmentalism*, Boston, 1990.

154. Armstrong, Susan and Richard G. Botzler etc., *Environmental Ethics: Divergence and Convergence*, New York: Mc – Graw – Hill, 1993.

155. Regan, Tom, The and Nature Possibility of Environmental Ethics, *Environmental Ethics*, 1981 (3).

156. Sessions, George etc., *Deep Ethics for the 21 Century*, Boston: Shambhals Publication, 1995.

157. Sterba, James P. etc., *Earth Ethics*, *Englewood Cliffs*, NJ: Prentice Hall, 1995.

158. Norton B. Environmental Ethics and Weak Anthropocentrism, *Environmental Ethics*, 1984 (6).

159. Rolaton H., *Philosophy Gone Wild*, New York: Prometheus Books, 1986.

160. Worster D., *Natrue's Economy*: *A History of Ecological Ideas*, Cambridge: Cambridge University Press, 1985.

161. Attfield R., *The Ethics of Environmental Concern*, *Athens and London*: The University of Georgia Press, 1991.

162. Bookchin M., *The Philosophy of Social Ecology*, Montreal: Black Rose Books, 1990.

163. Brennan. Andrew, *The Ethics of the Environment*, Aldershot: Dartmouth Publishing Company Limited, 1995.

164. McLaughlin A., *Regarding Nature*: *Industrialism and Deep Ecology*, Albany: State of New York Press, 1993.

165. Liu Zhifeng and Liu Guangfu, Preliminary Discussion on Evaluation Index System of Green Product. Proceedings of Joint "Young Scientists Conference on Manufacturing Science" and "The 3rd S. M. Wu Symposium on Manufacturing Science", Wuhan, China, 1998.

166. Hong C. Zhang and Tsai C. Kuo, Environmentally Conscious Design and Manufacturing: A State of the Art Survey, *Journal of Manufacturing Systems*, 1997, 16 (5).

167. Leo Alting Teal., The Life Cycle Concept as a Basic for Sustainable Industrial Production, *Annals of the CIRP*, 1993, 42 (1).

168. Weule H., Life cycle Analysis Element for Future Productsand Manufacturing Technologies, *Annals of the CIRP*, 1993, 42 (1).

169. Boothroyd G., Design for Assembly and Disassembly, *Annals of the*

CIRP, 1992, 41 (2).

170. Alting L., Wenzel H. and Hauschild M., Elements in a New Sustainable Industrial Culture Environmental Assessment in Product Development, *CIRP International Symposium —— Advanced Design and Manufacture in the Global Manufacturing Era*, HongKong, 1997.

171. Scott McGlothlin and Ehud Kroll, Systematic Estimation of Disassembly Difficulties: Application to Compyter Monitors, *IEEE*, 1995 (5).

172. Colleen Mizuki, Peter A. Sandborn and Greg Pitts, Design for Environment——A Survey of Current Practices and Tools, *IEEE*, 1996 (3).

173. Suga T., Saneshige K. and Fujimoto J., Quantitative Disassembly Evaluation, *IEEE*, 1996 (3).

174. Giovanni Azzone and Giuliano Noci, Introducing Effective Environmetricsto Support "Green" Product Design, *Engineering Design & Automation*, 1998, 4 (1).

175. Jhon L. Warren and Krith A. Weite, Development of an Integrated Life Cycle Cost Assessment Model, *IEEE*, 1994 (6).

176. Seligman, M. E. P., & Csikszentmihalyi, M. Positive psychology [J]. *American Psychologist*, 2000.

177. Luthans F., & Youssef, C. M. (2004). Human, social, and now positive psychological capital management: Investing in people for competitive advantage [J]. *Organizational Dynamics*, 2004 (33).

178. Luthans, F., Luthans, K., & Luthans, B. Positive psychological capital: Going beyond human and social capital. [J]. *Business Horizons*, 2004, 47 (1).

179. Hosen, R, Solovey - Hosen, D, and Stern, L. Education and capital development: Capital as durablepersonal, social, economic and political influences on the happiness of individuals [J]. *Education*, 2003, 123 (3).

180. Avolio, B. J., Gardner, W. L., Walumbwa, F. O., Luthans,

F., & May, D. R. Unlocking the mask: A look at the process by which authentic leaders impact follower attitudes and behaviors [J]. *Leadership Quarterly*, 2004, 15.

181. Hobfoll, S. Social and psychological resources and adaptation [J]. *Review of General Sychology*, 2002, 6.

后 记

本书是我10多年来研究成果的总结。1988年，在人杰地灵的江淮大地上成立了安徽省绿色文化与绿色美学学会。我作为该学会的第一届、第二届副会长和现任会长，一直致力于绿色和谐文化理论及其与经济管理的内在关系和作用机理研究。1995年，《绿色文化与绿色美学通论》一书由安徽人民出版社出版，书中从历史与逻辑相统一的高度对人与自然、人与人、人自身三态和谐的理论内容进行了较为系统的展开，这标志着绿色文化理论框架的初步形成。但接踵而来的问题是：作为一种新兴理论必须有其基本的范畴（理念）和原理，必须建立自己的理论基础，如此才能成为"多种规定统一"的"思维中的具体"。这些年来，我一直为探索此问题进行着艰难的跋涉，提出了绿色和谐文化的基本理念、基本原理，并将其贯彻到自然、社会、自然与社会复合系统诸领域，阐论三态和谐的目标设计、运作机制和实践方略。

2000年，我在不惑之年考入东南大学攻读博士学位，师从樊和平教授，把生态时代的管理哲学这一新领域作为攻读方向，力图将绿色和谐文化的研究拓展到经济管理领域。三年寒窗，虽苦犹乐，我在2003年完成了博士论文《绿色和谐管理论——生态时代的管理哲学》，获得博士学位。2004年，该论文修订后由中国社会科学出版社出版。出版后被学术界广泛引用，并被一些企业和政府部门用于发展战略和规划的制定，产生较大的社会影响。2005年我获得国家社会科学基金资助（项目名称：基于科学发展观的管理哲学，项目编号：05BZX017），该项目结项时被评为优秀。2008年中南财经政法大学的刘思华教授约我参加他所主持的“十一五”国家重点图书规划项目《生态文明与绿色低碳经济发展》论丛的撰写工作，给我的任务是完成其中《生态文明时代的和谐管理》一书的撰写。我觉得这是一个良好的学术机遇，便欣然接受。2009年，我领衔申报的国家社会科学重大项目“中西部地区资源节约型和环境友好型社会建设战略研究”获得中标立项（项目编号：08&ZD043），正好可以将该书的写作与重大项目理论部分的研究结合起来。一年来，我系统梳理了自己的前期研究成果，广泛搜集最新相关研究资料，并到有关企业进行调研，以我的博士论文和国家社会科学基金项目研究报告为基础，深入思考生态文明时代和谐管理的应有之义以及资源节约型和环境友好型社会建设的理论架构，终于在2010年新春伊始完成了书稿。相对于我的博士论文和国家社会科学基金项目研究报告，该书的结构更加完善，“生态”特征更为显著，观点更为鲜明，材料更为新颖，阐证更为充分，希望能对我国管理理论的研究和管理实践的运作起到抛砖引玉和新的推进作用。

在本书撰写过程中，中南财经政法大学的刘思华教授、东南大学的樊和平教授审阅了论著提纲，并提出了宝贵意见；安徽省高校人文社科重点研究基地同仁朱浩、陈绪新、任雪萍、朱双庆、魏荣、陈宝兰提供了部分章节的材料，并对论著的部分内容进行了补充；许多学者的研究成果给了我有益的启示和参考；中国财政经济出版社的领导和责任编辑给予了大力支持和帮助。在此，我一并表示由衷的感谢！

关于生态文明时代和谐管理的探索在学术界尚处于起步阶段，因本人学识有限，加之时间仓促，书中难免有疏漏、偏颇之处，祈望同行及读者指正。不断深化、完善生态文明时代的和谐管理理论，构建中国特色的生态和谐管理哲学体系，使之成为生态文明时代我国企业管理的一种元理论与方法，将是我不懈的学术追求。

黄志斌

2011年2月于合肥工业大学斛兵塘畔